安徽现代农业职业教育集团
服务"三农"系列丛书
安徽省自然科学基金项目(1708085MC78)

Danshuiyu Yangzhi Shiyong Jishu

淡水鱼养殖实用技术

肖明松　主编

内容提要

《淡水鱼养殖实用技术》结合现代淡水渔业养殖技术,主要介绍了淡水鱼养殖品种、鱼类形态学、池塘施肥、鱼类饲料等基础知识;详细叙述了主要养殖鱼类的人工繁殖、鱼苗鱼种的培育和运输、池塘养殖、稻田养殖、常见鱼病害防治技术以及无公害水产品的生产管理规范、质量要求及申报、认证等;重点介绍了鳜鱼、乌鳢、黄颡鱼、长吻鮠等名贵经济鱼类的养殖实用技术。本书内容详实,集科学性、指导性和可操作性于一体,可作为高等(中等)农林院校水产养殖专业的教材,也可供广大水产养殖专业户和专业技术人员参考。

图书在版编目(CIP)数据

淡水鱼养殖实用技术/肖明松主编. —合肥:安徽大学出版社,2017.4
(安徽现代农业职业教育集团服务"三农"系列丛书)
ISBN 978-7-5664-1401-4

Ⅰ.①淡… Ⅱ.①肖… Ⅲ.①淡水鱼类－鱼类养殖 Ⅳ.①S965.1

中国版本图书馆 CIP 数据核字(2017)第 119691 号

淡水鱼养殖实用技术

肖明松 主编

出版发行:北京师范大学出版集团
　　　　　安徽大学出版社
　　　　　(安徽省合肥市肥西路3号 邮编230039)
　　　　　www.bnupg.com.cn
　　　　　www.ahupress.com.cn
印　　刷:合肥远东印务有限责任公司
经　　销:全国新华书店
开　　本:148mm×210mm
印　　张:11.375
字　　数:300千字
版　　次:2017年4月第1版
印　　次:2017年4月第1次印刷
定　　价:35.00元
ISBN 978-7-5664-1401-4

策划编辑:李　梅　武溪溪	装帧设计:李　军
责任编辑:武溪溪	美术编辑:李　军
责任印制:赵明炎	

版权所有　侵权必究

反盗版、侵权举报电话:0551-65106311
外埠邮购电话:0551-65107716
本书如有印装质量问题,请与印制管理部联系调换。
印制管理部电话:0551-65106311

丛书编写领导组

组　长　程　艺
副组长　江　春　　周世其　　汪元宏　　陈士夫
　　　　　　金春忠　　王林建　　程　鹏　　黄发友
　　　　　　谢胜权　　赵　洪　　胡宝成　　马传喜
成　员　刘朝臣　　刘　正　　王佩刚　　袁　文
　　　　　　储常连　　朱　彤　　齐建平　　梁仁枝
　　　　　　朱长才　　高海根　　许维彬　　周光明
　　　　　　赵荣凯　　肖扬书　　李炳银　　肖建荣
　　　　　　彭光明　　王华君　　李立虎

丛书编委会

主　任　刘朝臣　　刘　正
成　员　王立克　　汪建飞　　李先保　　郭　亮
　　　　　　金光明　　张子学　　朱礼龙　　梁继田
　　　　　　李大好　　季幕寅　　王刘明　　汪桂生

丛书科学顾问

（按姓氏笔画排序）

王加启　张宝玺　肖世和　陈继兰　袁龙江　储明星

序

解决"三农"问题,是农业现代化乃至工业化、信息化、城镇化建设中的重大课题。实现农业现代化,核心是加强农业职业教育,培养新型农民。当前,存在着农民"想致富缺技术,想学知识缺门路"的状况。为改变这个状况,现代农业职业教育必然要承载起重大的历史使命,着力加强农业科学技术的传播,努力完成培养农业科技人才这个长期的任务。农业科技图书是农业科技最广博、最直接、最有效的载体和媒介,是当前开展"农家书屋"建设的重要组成部分,是帮助农民致富和学习农业生产、经营、管理知识的有效手段。

安徽现代农业职业教育集团组建于2012年,由本科高校、高职院校、县(区)中等职业学校和农业企业、农业合作社等59家理事单位组成。在理事长单位安徽科技学院的牵头组织下,集团成员牢记使命,充分发掘自身在人才、技术、信息等方面的优势,以市场为导向、以资源为基础、以科技为支撑、以推广技术为手段,组织编写了这套服务"三农"系列丛书,全方位服务安徽"三农"发展。本套丛书是落实安徽现代农业职业教育集团服务"三农"、建设美好乡村的重要实践。丛书的编写更是凝聚了集体智慧和力量。承担丛书编写工作的专家,均来自集团成员单位内教学、科研、技术推广一线,具有丰富的农业科技知识和长期指导农业生产实践的经验。

淡水鱼养殖实用技术

  丛书首批共22册,涵盖了农民群众最关心、最需要、最实用的各类农业科技知识。我们殚精竭虑,以新理念、新技术、新政策、新内容,以及丰富的内容、生动的案例、通俗的语言、新颖的编排,为广大农民奉献了一套易懂好用、图文并茂、特色鲜明的知识丛书。

  深信本套丛书必将为普及现代农业科技、指导农民解决实际问题、促进农民持续增收、加快新农村建设步伐发挥重要作用,将是奉献给广大农民的科技大餐和精神盛宴,也是推进安徽省农业全面转型和实现农业现代化的加速器和助推器。

  当然,这只是一个开端,探索和努力还将继续。

安徽现代农业职业教育集团
2013年11月

前 言

淡水鱼养殖在我国有着悠久的历史,最早可追溯到3000多年前的殷末周初,当时就有关于养鱼的记载。公元前460年前后,我国历史上著名的养鱼始祖范蠡根据当时的养鱼经验编写了世界上第一部养鱼著作——《养鱼经》。如今经过几千年的养殖实践,人们积累了丰富的养鱼技术和经验,促进了我国渔业的发展。我国陆地面积辽阔,境内气候类型多样,地形复杂,江河纵横,湖泊众多。据不完全统计,我国是世界上内陆水域面积最广的国家之一,内陆各类水域包括江河、湖泊、地塘、水库等,约有1760万公顷。另外,还有可以用于养鱼的水稻田276多万公顷。这些水域绝大部分处于亚热带和温带地区,气候温和,雨量充沛,为丰富多样的淡水鱼类养殖提供了良好的生存条件。

淡水鱼养殖是适合在农村推广发展的致富项目之一,具有广阔的发展前景。淡水鱼养殖依据资源投入量的多少和经营方式不同,可分为精养、半精养和粗养三大类型。精养方式也称为"设施养殖",可分为流水养殖、池塘高密度精养、网箱养殖和工业化养殖(高度集约化养殖)等。大多数湖泊、水库、江河等采用粗养方式。一般小型湖泊、水库等采用半精养方式。一般根据养殖种类、水体特点、养殖技术和市场需要等选择科学合理的养殖方式。由于淡水鱼养殖周期短,尚存在养殖管理无序、养殖良种选育滞后、养殖户技术与管理运营水平低下、产业链发展不平衡、效益提升乏力等问题,因此,如何把淡水鱼养好,使其具有较好的经济效益,就成了广大淡水鱼养殖者普遍关心的一个问题。本书从淡水鱼类的生物学习性、养殖水域的生态环境、施肥与投饲、营养、人工繁殖(亲鱼培育、催产和孵化)、苗种培育、成体饲养(包括大型水体鱼类增殖)、越冬和苗种、成体运输、鱼病防治等主要生产环节进行系统阐述,为正在或准备进行淡水鱼养殖的养殖者或技术人员所写,有助于拓宽养殖者的思路,促进淡水渔业由低产、低效向高产、高效转型。

由于编者水平有限,书中可能存在错误和不足之处,恳请广大读者批评指正。

主　编
2017年2月

目 录

第一章　鱼类形态学 …… 1

第一节　鱼类的外部形态和构造 …… 1
第二节　鱼类的皮肤及其衍生物 …… 5
第三节　鱼类的内部构造与机能 …… 8

第二章　主要养殖鱼类的生物学 …… 13

第一节　形态特征 …… 13
第二节　食性 …… 18
第三节　生长 …… 20
第四节　繁殖 …… 23
第五节　栖息习性 …… 27

第三章　养殖水域生态环境与控制 …… 31

第一节　养殖水域的水环境特征 …… 31
第二节　养殖水体的主要物理化学特性 …… 37
第三节　池塘的生物类群 …… 55
第四节　养殖水域的土质 …… 60

第四章　池塘施肥 … 63
第一节　有机肥的种类及使用 … 63
第二节　无机肥的种类及使用 … 66
第三节　环境因素对施肥的影响 … 69

第五章　鱼类饲料 … 70
第一节　养殖鱼类的营养需求 … 70
第二节　鱼类饲料的种类 … 75
第三节　配合饲料 … 82
第四节　饲料投喂技术 … 91

第六章　主要养殖鱼类的人工繁殖 … 93
第一节　鱼类人工繁殖的生物学基础 … 93
第二节　青、草、鲢、鳙、鲮的人工繁殖 … 101
第三节　鲤、鲫、鲂的人工繁殖 … 117

第七章　主要养殖鱼类的鱼苗、鱼种培育 … 123
第一节　鱼苗和鱼种生物学 … 124
第二节　鱼苗培育 … 129
第三节　鱼种培育 … 141

第八章　池塘养鱼 … 152

第九章　天然水域鱼类的养殖 … 174
第一节　湖泊、水库粗放式养鱼 … 174
第二节　大水面捕捞技术 … 188
第三节　湖泊、水库集约化养鱼 … 192

目录

第十章 稻田养鱼 …………………………………… 210

第十一章 活鱼的运输 ………………………………… 218
 第一节 影响运输鱼类成活率的主要因素 ………… 218
 第二节 运输的准备和运输工具 …………………… 221
 第三节 活鱼运输方法 ……………………………… 223

第十二章 鱼类常见疾病的防治技术 ………………… 233
 第一节 鱼病预防 …………………………………… 233
 第二节 鱼病治疗 …………………………………… 243

第十三章 名贵鱼类养殖 ……………………………… 264
 第一节 鳜鱼养殖 …………………………………… 264
 第二节 乌鳢养殖 …………………………………… 276
 第三节 长吻鮠养殖 ………………………………… 286
 第四节 黄颡鱼养殖 ………………………………… 291
 第五节 黄鳝养殖 …………………………………… 305
 第六节 泥鳅养殖 …………………………………… 314
 第七节 虹鳟养殖 …………………………………… 321
 第八节 翘嘴红鲌养殖 ……………………………… 327

第十四章 无公害水产品的生产技术、质量要求及申报、认证 ……………………………………………… 335
 第一节 无公害水产品的质量标准 ………………… 335
 第二节 无公害水产品的申报、认证 ……………… 339
 第三节 无公害水产品的生产技术 ………………… 343

主要参考文献 ………………………………………… 349

第一章
鱼类形态学

鱼是终生生活在水中的脊椎动物,但生活在水中的脊椎动物并不都是鱼,如鲸鱼、海豚、江豚等,就不是鱼。只有那些以鳃呼吸、以鳍运动、体被鳞片(有些鱼没有)的水生变温脊椎动物才是鱼。

第一节 鱼类的外部形态和构造

鱼类生活在水中,其外形适应于各自栖息的环境。由于鱼所生活的环境十分复杂,有浅海、深海、远洋等,因此,其生活方式也各不相同,有些活泼、游泳迅速,有些底栖、活动缓慢,有些在洞内穴居,有些埋在沙泥底中。鱼生活在不同环境中,其生活方式也各不相同,从而具有各种不同的体型。

一、鱼类的体型

鱼类能在阻力(密度)远比空气大的水中自由地畅游,迅速地追捕食物,机警地逃避敌害,与它们的体型特点是分不开的。鱼类独特的体型在水中可以用较少的能量来获得最有效的功。由于鱼类的生活习性及所处的环境条件不同,因而产生了各种不同的体型,这是鱼类在长期的自然发展过程中,对环境的适应及自然选择的结果。

1. 纺锤型

纺锤型是最常见的一种鱼类体型(如图1-1),从体轴看,头尾轴最长,背腹轴次之,左右轴最短。鱼体头尾稍尖细,中段粗大,横切面为椭圆形。这种体型有利于减小水的阻力,大部分游动迅速的鱼类具有这种体型,它们能以最小的能耗获取较大的游速,较为典型的如鳡鱼、金枪鱼等。

图 1-1　纺锤型

它们的体表润滑,富含黏液,鳞片致密细小;具有尖细的吻部、可以紧闭的口、严密镶嵌的眼和紧紧合拢的鳃盖;细小而强有力的尾柄和上下极端张开的新月形尾鳍,足以使它们拥有最快的游速。

2. 侧扁型

侧扁型(见图 1-2)在硬骨鱼类中较为普遍,有的呈长刀状,如翘嘴红鲌;有的接近菱形,如鲂、鲳等。侧扁型鱼类大多数栖息于中下层水流较缓的水域,一般运动不甚敏捷,较少作长距离洄游。

图 1-2　侧扁型

3. 平扁型

平扁型(见图 1-3)鱼大多数栖息于水底,行动迟缓,捕食底栖动物,如软骨鱼类中的鳐、魟等,淡水硬骨鱼类中的爬岩鳅、平鳍鳅等。

图 1-3　平扁型

图 1-4　棍棒型(鳗型)

4. 棍棒型或鳗型

棍棒型或鳗型鱼类(见图 1-4)在游泳时一般呈波浪式屈曲前进,从头至尾能够弯曲,并且坚强有力,如鳗鲡、黄鳝等。它们一般体形如蛇,常常出入于泥土中,或居于岩窟石洞之内,行动不甚敏捷,胸鳍或腹鳍常退化或消失。

5. 其他类型

一般的鱼类都可归入上述4种基本体型内,然而,还有些鱼类为了适应它们的栖息环境和独特的生活方式,形成了一些特殊体型。有的呈带型,如带鱼;有的呈海马型,如海马;有的呈球形,如刺鲀、东方鲀等;有的呈箱型,如箱鲀;有的呈不对称型(原为侧扁型),如鲽形目鱼类。由于鲽形目鱼类长期单侧平卧于水底生活,故其头部向一侧扭转,口已偏歪,颌齿的强度两侧不相等,两眼均位于头部的同一侧,鱼体两侧的斑纹色泽也不相同,有眼侧的色泽往往与其栖息环境的底色保持一致,以利于躲避敌害侵袭。

二、鱼体外部分区

鱼类的体型虽然多种多样,但可清楚地区分为头部、躯干部和尾部三部分。

1. 头部

无鳃盖的圆口类和板鳃类鱼的头部自吻端开始到最后一对鳃孔为止;有鳃盖的硬骨鱼类的头部自吻端开始到主鳃盖骨后缘为止。

2. 躯干部

自头部以后到肛门或生殖孔的后缘为躯干部,比目鱼除外。

3. 尾部

躯干部后面的部分为尾部。

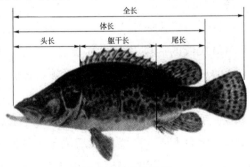

图1-5 鱼类的外形

三、头部器官

尽管鱼类的头型多种多样,但各种鱼类的头部着生的器官都和鲤鱼相似,基本分为摄食器官和呼吸器官,主要包括吻、口、须、眼、鼻孔和鳃孔等。

1. 吻

吻是头部最前方的部分,有口和鼻等。吻会发生变异,有些鱼类的吻特别长,如烟管鱼、颌针鱼、海马等;有些鱼类的吻弯曲成钩状,如长吻鱼等。吻的主要功能有:作为攻击工具,如剑鱼、锯鲨等;帮助铲掘泥沙、寻找食物,如鲟鱼等。

2. 口

口是鱼类摄食的基本工具之一,也是鳃呼吸时水流进入鳃腔的通道。由于各种鱼的生活习性、觅食方式和食物的性质有很大区别,因此,口的形状、大小和位置变化很大。

(1) 圆口类的口,位于头的前端,呈漏斗状,无上下颌,如七鳃鳗。

(2) 板鳃类的口,位于头的腹面,如鲨鱼的口,呈新月形。

(3) 硬骨鱼类的口。

①上位口,如翘嘴红鲌等。

②端位口,如鳡鱼、鲢鱼、鳙鱼等。

③下位口,如鲟鱼等。

3. 须

有些鱼类在口或口的周围及其附近长有一些须,须上分布有味蕾,司味觉,可辅助鱼类觅食。如鲤鱼有2对须,普通泥鳅有5对须。

4. 眼

眼是头部的主要器官之一。各种鱼的眼睛大小和位置随鱼的体型和生活方式的变化而不同。鱼类的眼睛位于头的两侧,没有眼睑,不能闭合,也不能进行较大范围的转动。由于鱼眼的角膜平坦,水晶体呈圆球形,其曲度不能改变,因此,可以推测鱼类总是近视的。

5. 鼻孔

鱼眼的前上方左右各有一个鼻腔,其间有膜相隔,分为前后两鼻孔,后者不与口腔相通,故鱼类的鼻孔没有呼吸功能,只有嗅觉功能。鼻孔是嗅觉器官的通道,水流通过鼻孔进入鼻凹窝中,与嗅觉器官——嗅囊发生接触,从而使鱼类感受到外界的化学刺激。

6. 鳃孔

头的后部两侧鳃盖后缘有一对鳃孔(只有鳝鱼特殊,其左右鳃孔合成一个,位于腹面),它是鱼类呼吸时出水的通道。

四、鳍

鳍是鱼类特有的外部器官,通常分布在躯干部和尾部,是鱼体运动和维持身体平衡的主要器官,按其所着生的位置,可分为背鳍、胸鳍、腹鳍、臀鳍和尾鳍。鱼在水中游动时,各鳍相互配合,保持身体的平衡,并起推进、刹制和转弯的作用。鳍是鱼类最富于变化的器官之一,

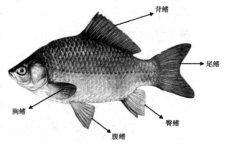

图 1-6 鱼类的鳍

其数目、位置、形状和大小各不相同,快速游动的鱼的鳍发达,而不善于运动的鱼或穴居鱼的鳍退化甚至消失,如黄鳝。有的鱼在背中线上靠近末端处还有一片富含脂肪的鳍,称为"脂鳍",如长吻鮠。

第二节　鱼类的皮肤及其衍生物

鱼类的皮肤与其他脊椎动物的皮肤一样,与外界环境接触最为密切。皮肤除了有外层的表皮和内层的真皮外,尚有许多由其衍生出来的构造,如黏液腺、毒腺、鳞片、色素细胞等。鱼类皮肤主要用来保护身体,但某些鱼类的皮肤能辅助呼吸,吸收少许营养物质或接受

外界多种刺激等。

一、皮肤

1. 表皮

表皮起源于外胚层,由于鱼类栖息于水中,其表皮薄而柔软,都由活细胞组成,故其角质化程度极低。

2. 真皮

真皮起源于中胚层,位于表皮层的下方,由纵横交错的纤维结缔组织组成,细胞数量较少。

二、皮肤衍生物

1. 黏液腺

鱼类的黏液腺能不断分泌黏滑的液体,即分泌物。分泌物中含有的多糖和纤维等入水后,纤维部分膨胀发黏成为黏液。黏液的主要功能有:

(1)保护鱼体不受病菌、寄生虫等的侵袭。

(2)有凝结和沉淀水中悬浮物的作用。

(3)有助于皮肤调节渗透作用。

(4)润滑鱼体,减少摩擦,使其易于运动和逃脱。

2. 毒腺

一般海水鱼带有毒腺的种类较多,淡水鱼中带有毒腺的种类较少,如黄颡鱼。

3. 鳞片

大多数鱼类的体表都披有坚实的鳞片,它是皮肤的衍生物,通常呈覆瓦状排列,具有保护作用。有些鱼类(如鳗鲡和鳝鱼)的鳞片已退化,也有残留少数鳞片的鱼类,如镜鲤。无鳞鱼类有现存的圆口类,真骨鱼类中鲶形目的多数种类无鳞。目前,绝大多数真骨鱼类体外被鳞。鱼类体表不管是否有鳞或缺鳞,都能分泌大量的黏液,可起到润滑和保护鱼体的作用。

4. 侧线和侧线鳞

侧线是鱼类特有的感觉器官,是深藏于皮下的管状系统结构,与神经系统紧密连接,有许多小管穿过鳞片产生小孔,与外界相通。这些小孔在体侧表面排列成线状。常见的淡水鱼类的侧线只有一条,从头后部大致沿体侧中线直到尾鳍基部。但尼罗非鲫的侧线中断,分上、下两段。侧线是鱼类感知低频振动的器官,用于察知水波的动态、水流方向、周围生物的活动情况以及游泳途中的固定障碍物(如河岸和岩石)等。

侧线鳞即被侧线管通过的鳞片。侧线鳞的数目是鱼类分类的重要依据之一,常以鳞式表示,即计算侧线本身、侧线上方(至背鳍起点)和下方(至腹鳍或臀鳍起点)的鳞片数,按一定格式记录下来。如鲤鱼的鳞式为 5～6/32～36/4－V,式中 32～36 表示侧线鳞片数,5～6 表示从背鳍起点至侧线之间(不包括侧线鳞)的鳞片数,4－V 表示侧线与腹鳍之间的横行鳞片数。

三、色素细胞

鱼类体色的形成,主要是由于皮肤的真皮里存在各种色素细胞,同时,光的干涉现象也能产生一定的色彩效果。鱼类有 4 种色素细胞,即黑色素细胞、黄色素细胞、红色素细胞和光彩细胞。

1. 黑色素细胞

黑色素细胞呈星状,有很多突起,有 1 个细胞核,含有黑色、棕色或灰色的色素颗粒,不溶于脂肪。鱼类体表上的黑色素细胞最为常见,如眼球底部、肠系膜、腹腔膜、血管及神经周围等处均有分布。

2. 黄色素细胞

黄色素细胞具有 2 个细胞核,色素颗粒较小,水溶性,在光线透射时呈橙色或深橙色,在光线照射下易褪色。

3. 红色素细胞

红色素细胞的构造类似于黑色素细胞,有1个细胞核,含有红色素颗粒,水溶性,易褪色,大多见于热带鱼类。

4. 光彩细胞(反光体或镜子细胞)

光彩细胞的色素颗粒是鸟粪素颗粒,能折光,使鱼体呈银白色。

四、体色

鱼类的体色主要取决于色素细胞的数量和排列方式,也是鱼类对环境长期适应的结果。在养殖生产上,鱼类的体色会影响其售价的高低。因此,探讨鱼类体色变化的规律和原因,找到快速、有效的解决办法具有实际应用意义。除此之外,在生产上,饲料也是造成鱼类体色变化的重要因素,如饲料中总盐分含量过高、油脂总量不足、油脂氧化副产物中的自由基不足、矿物质铜的含量不足、动物性蛋白质不足等都会引起鱼体色的变化。因此,有人建议在饲料中不要添加食盐,同时尽量选择含盐量低的饲料原料,尤其是鱼粉、肉粉等动物蛋白质原料的选择,更应该注意。对于体色易变化的鱼类,在饲料中不要使用氧化油脂原料,尽量选择不饱和脂肪酸含量低的油脂原料,并适当增加饲料中油脂的用量。

第三节 鱼类的内部构造与机能

一、骨骼系统

鱼类的骨骼系统由中轴骨和附肢骨构成,附肢骨用于支持鳍。

1. 中轴骨

中轴骨分为头骨和脊柱,头骨用于保护脑等头部的各种器官,脊柱分化简单,仅有躯干椎和尾椎2种。鲤科鱼的前3枚躯椎分化为韦伯氏器,用于将鳔中气体的波动传至内耳。随着鱼类的进化,肌间骨（鱼刺）逐渐减少至完全消失，如低等的鲤鱼、鲢鱼等有肌间骨，而高等的鳜鱼、鲈鱼、乌鳢等的肌间骨消失。

2. 附肢骨

附肢骨包括鳍骨和带骨。带骨不与脊柱相连是鱼类的特点。骨骼系统的功能在于支持身体，保护内部器官，并配合肌肉产生各种与生命有关的动作。有些骨骼可用于判断鱼类的生长特性及鉴定年龄。

二、肌肉系统

鱼类肌肉分布在头部、躯干部和尾部。头部的肌肉种类繁多，结构复杂。躯干部肌肉主要为体侧肌，肌节呈"Σ"形排列，尖端向后，肌节间有结缔组织构成的肌隔。尾部的肌肉最为发达。有些鱼类有由肌肉衍生的发电器官，如电鳐的胸鳍内侧肌肉能发电，电鳗的尾部肌肉能发电。

三、消化系统

消化系统由位于体腔中的消化道及联附于其附近的各种消化腺组成，包括口、咽、食道、胃、肠（小肠和大肠）、直肠、肛门、肝脏和胰脏等。上下颌围成口，口是捕食和攻击的重要器官，颌的起源是脊椎动物演化发展的重要标志。上下颌边缘有齿，但齿无咀嚼作用，只能作为捕食之用。牙齿的形状多与食性有关，肉食性鱼类的牙齿比较尖锐，草食性鱼类的牙齿多呈切齿状或磨形，以浮游生物为饵料的鱼类，齿较细弱或呈绒毛状。

鳃耙着生在鳃弓的内源，密而长，为鳃部的过滤器官，鳙鱼每个鳃弓上有600多条鳃耙，鲢鱼的鳃耙更多更密，第一鳃弓上约有1700条鳃耙，草食性的鲤鱼每个鳃弓上有20～30条外鳃耙。

草食性或杂食性鱼类的胃肠分化不明显，肠管较长，为其体长的4～8倍；肉食性鱼类的胃肠分明，肠管较短，为其体长的$1/4 \sim 1/3$，如乌鳢。软骨鱼肠内具螺旋瓣。

大多数鱼类具有明显定型的肝脏和胰脏，有的硬骨鱼的胰脏为弥散型，位于肝周围，一部分甚至全部埋入肝中，构成肝胰腺。

软骨鱼的直肠开口于共殖腔，输尿管和生殖管均开口于此。硬骨鱼的直肠有独立的开口，位于生殖孔之前，为泄殖腔。

四、呼吸系统

鱼类终生生活在水中，主要以鳃呼吸，利用水中的氧气，少数鱼类能利用辅助呼吸器官进行呼吸。例如，鳗鲡和弹涂鱼利用皮肤呼吸，黄鳝利用口咽腔黏膜呼吸，泥鳅利用肠呼吸，乌鱼和胡子鲇利用褶鳃呼吸，肺鱼和雀鳝利用鳔呼吸等。但多数鱼类主要依靠鳃来吸取溶解于水中的氧气，因而水中的溶氧量与鱼的生命息息相关。当每升水中的含氧量降到1毫克以下时，放养鱼类就容易因缺氧而出现"浮头"甚至"泛塘"现象（养殖鱼类全部因缺氧而出现浮头或死亡）。鱼苗和鱼种在水中的耗氧量要比成鱼高几倍，因此，它们需要更高的溶氧量。

多数硬骨鱼类具有薄囊形的鳔，鳔是身体比重的调节器，用于控制沉浮。鲤科鱼等有和食道相通的鳔管，称为"喉鳔类"，气体排放通过鳔管；鲈鱼等多数鱼类无鳔管，称为"闭鳔类"，气体调节依靠鳔内壁的红腺放出气体和鳔后背面的卵圆区（室）吸收气体，两者有许多毛细血管，气体能渗透到其中。少数底栖鱼类和迅速升降游动的硬骨鱼不具有鳔，软骨鱼类也无鳔。

五、循环系统

鱼类循环系统由心脏、血管和血液等构成。心脏由一心房、一心室组成，心房后面有静脉窦，心室前方有动脉圆锥（软骨鱼）或动脉球（硬骨鱼）。窦房间、房室间以及动脉圆锥内皆有瓣膜，可防止血液倒流。

鱼类的心脏位于最后一对鳃弓的后面腹侧,接近头部,心脏所在的腔为围心腔,借横隔与腹腔分开。鱼类血管还有一系列动脉和静脉的分化。左、右出鳃动脉收集了经过气体交换后的净血,在背部正中线上汇合成一条粗大的血管,即背主动脉,由此将血液送到全身各器官。背主动脉从头部发出后,紧贴脊柱下方向尾部延伸,在尾部进入尾椎的脉弓中,即尾动脉。

脾脏具有造血和储血的功能,相当于高等动物的脊髓,手术切除脾脏后鱼即死亡。

六、排泄系统

鱼类的肾脏位于腹腔的背部,为一对狭长的紫红色器官,属于中肾,鱼类还具有残留的无功能的头肾。雄性鲨的中肾仅作输精用,副肾作输尿管用。鱼类终生生活在水中,因此,它们的肾脏除具有泌尿功能外,还能调节渗透压,使体内渗透压保持恒定。

七、神经系统和感觉器官

鱼类的神经系统由中枢神经系统、外周神经系统和植物性神经系统等三部分组成。中枢神经系统由脑和脊髓构成,不是很发达,有明显的五脑,即大脑、间脑、中脑、小脑和延脑,但大脑所占的比例很小。脑神经和脊神经构成外周神经系统,而植物性神经系统管理内脏的生理活动。

鱼类的感觉器官由视觉器官、皮肤感觉器官、侧线感觉器官及位于头部的嗅觉器、听觉器官等组成。眼为视觉器官,由于水的透光度比空气差,故鱼在水中看不远,但对运动的物体非常敏感。由于水有折射作用,故鱼能看到空气里的东西,并且所看到的距离比实际距离要近。侧线器官为皮肤特化的感觉器官,是鱼类适应水生生活的重要器官。味觉器官主要集中在口腔内,在唇、舌、触须、头部、鳃弓、鳃耙、咽、食道、鳍膜、体表及尾部皮肤上也有分布。嗅觉器官由鼻腔内的嗅囊构成,嗅觉器官呈梭形、椭圆形或不规则形,基部后端有嗅神经末梢分布。听觉器官由3个半规管(内耳)组成,无外耳,听觉不好,体表不见耳痕。

八、尿殖系统

尿殖系统由泌尿系统和生殖系统两部分组成。泌尿系统由肾脏、输尿管、膀胱等器官构成,执行代谢废物的排泄及渗透压的调节等功能。生殖系统由生殖腺和生殖导管组成。雄性的生殖腺为精巢,通常呈圆形或长形;雌性的生殖腺为卵巢,有裸卵巢(无膜,卵成熟后落入腹腔,如板鳃类、全头类和部分真骨鱼)和被卵巢(有腹膜形成的卵囊包裹,大部分为真骨鱼)。大多数鱼类成熟的精巢呈白色,卵巢呈淡黄色。成熟精子或卵子分别由输精管或输卵管输出,经尿殖孔或泄殖孔开口产于体外。

第二章
主要养殖鱼类的生物学

我国的水产养殖业历史悠久,技术精湛,是世界上养鱼最早的国家。正确选择合适的养殖鱼类,是养鱼获得成功的先决条件之一。根据长期养殖实践,从中选择出符合人们要求的淡水养殖鱼类。近年来,虽然全国各地都在大力发展名特优水产品养殖,但在总产量中仍然以传统的鲢鱼、鳙鱼、草鱼、青鱼等"四大家鱼"和鲤鱼、鲫鱼、团头鲂、鳊鱼、鲮鱼等鱼类为主。因此,有必要首先介绍这些鱼类的形态特征、食性、生长、繁殖、栖息习性等方面的生物学基础知识,以便根据这些特性,科学地从事生产管理,不断提高养殖的经济效益。

第一节 形态特征

一、鲢鱼

鲢鱼(*Hypophthalmichthys molitrix* C. et V.)属于鲤形目、鲤科、鲢属,又名"白鲢""鲢子""水鲢""跳鲢""胖头鱼"(东北)等,是著名的四大家鱼之一。背鳍条 3,7;臀鳍条 3,12~14;侧线鳞 101~120;脊椎骨 35~42;咽齿 4/4,齿面有细纹和小沟。肠长为体长的 6~10

图 2-1 鲢鱼

倍;体长为体高的2.9~3.7倍,为头长的2.6~4.2倍。体形侧扁、稍高,呈纺锤形,背部略带棕黑色,两侧及腹部为白色。头较大,眼睛位置很低,鳞片细小。腹部正中角质棱自胸鳍下方直延达肛门。胸鳍不超过腹鳍基部,各鳍呈灰白色。鲢鱼的形态和鳙鱼相似,性急躁,善跳跃。其肉质鲜嫩,营养丰富,是较适宜养殖的优良鱼种之一,为我国主要的淡水养殖鱼类之一。目前,发现的最大个体达40千克。

二、鳙鱼

鳙鱼(*Aristichthys nobilis* R.)属于鲤形目、鲤科、鳙属,又名"花鲢""大头鲢"(两广)"胖头鱼"(江、浙)"黄鲢""包头鱼"等,是著名的四大家鱼之一。背鳍条3,7;臀鳍条3,11~14;侧线鳞95~115;脊椎骨38~42,体长可达112厘米;咽齿4/4,齿面光滑,无细纹和小沟。肠长为体长的5倍左右。

图2-2 鳙 鱼

鳙鱼的体形与鲢鱼相似,头较鲢鱼肥大,头长约为体长的1/3。口亦宽大,稍上翘;眼位低。身体各部分比例随个体大小不同而有较大的变化。腹棱仅自腹鳍基部至肛门;胸鳍末端超过腹鳍基部。头部、背部为灰黑色,间有浅黄色泽,腹部为银白色,体两侧散布着不规则的黑色斑点。目前,发现的最大个体约为50千克。

三、草鱼

草鱼(*Ctenopharyn g odon idellus* C. et V.)属于鲤形目、鲤科、草鱼属,又名"鲩""白鲩"(两广)"草鲩""草根子""棍子鱼""混子"等,是著名的四大家鱼之一。背鳍条3,7;臀鳍条3,8;侧线鳞35~46;脊椎骨39~42;咽齿两行,5,2~3/2,4,梳状。体形略呈圆筒形,头部稍扁平,尾部侧扁,身体各部分比例随个体大小不同而有差异。口呈弧形,无须;上颌略长于下颌;体色为茶黄色,背部为青灰色,腹部为银白色,胸鳍和腹鳍略带灰黄,其他各鳍为浅灰色。其体型较长,腹部无棱。背鳍和臀鳍均无硬刺,背鳍和腹鳍相对。目前,发现的最大个体约为35千克。

图2-3 草 鱼

四、青鱼

青鱼($Mylopharyngodon\ piceus$ C.)属于鲤形目、鲤科、青鱼属,又名"黑鲩"(两广)"青鲩"等,是著名的四大家鱼之一。背鳍条3,7;臀鳍条3,8~9;侧线鳞39~45$\frac{6\sim7}{4\sim5-V}$;脊椎骨36~40;咽齿1行,4/5,臼齿状,齿面光滑;肠长为体长的1.2~2.0倍;体形似草鱼,头稍尖;体色为青灰色,背部较深,腹部为灰白色,各鳍均为黑色。目前,发现的最大个体约为70千克。

图2-4 青 鱼

五、鲤鱼

鲤鱼($Cyprinus\ carpio$ L.)属于鲤形目、鲤科、鲤属,又名"鲤拐子""鲤子"等,为了与人工培育的品种相区别,也称"野鲤"。体侧扁,腹部略圆。背鳍条3(4),15~22;臀鳍条3,5;背鳍和臀鳍都有硬刺,后缘呈锯齿形。侧线鳞33~39$\frac{5\sim6}{5\sim6-V}$;脊椎骨34~36;咽齿3行,1、1、3/3、1、1,内侧齿呈臼状;肠长为体长的1.5~2.0倍。体侧扁,腹稍圆;口角有2对须。背部和体侧呈暗黑色,尾鳍下叶呈橘红色,腹鳍、胸鳍和臀鳍均呈金黄色。目前,发现的最大个体约为40千克。

图2-5 鲤 鱼

六、鲫鱼

鲫鱼（Carassius auratus L.）属于鲤形目、鲤科、鲫属，又名"喜头"（湖北）、"鲫爪子"（东北）等。鲫鱼的体型与鲤鱼相似，但身体较高。背鳍条3,15～19；臀鳍条3,5～6；背鳍和臀鳍都有硬刺，后缘呈锯齿形。侧线鳞 $27 \sim 30 \frac{6 \sim 7}{5 \sim 6 - V}$；脊椎骨29～30；咽齿1行，4/4，齿体侧扁。肠长为体长的2.5～3.1倍；口角无须。目前，发现的最大个体约为1.5千克。

鲫鱼分布广泛，适应能力强。生活在不同水域的鲫鱼的性状有一定的变异和分化。鲫鱼的体型分为低

图2-6 鲫鱼

型和高型2种，低型的体高为体长的40％以下，高型的体高为体长的40％以上，有的高达46％。高型鲫鱼的生长速度比低型鲫鱼快。

1. 银鲫

银鲫（Carassius auratus gibelio Bloch）是鲫鱼的一个亚种，它与鲫鱼的主要区别是：侧线鳞29～33，平均30.4；体型较高，体长仅为体高的1.90～2.45倍（平均2.16倍）；第一鳃弓外侧鳃耙较多，为43～53。目

图2-7 异育银鲫

前，银鲫自东北地区（黑龙江水系）被推广至全国各地，发现的最大个体约有5千克。

2. 白鲫

白鲫（Carassius auratus cuvieri T. et S.）又称"日本河内鲫"，是源悟郎鲫的一个品种，于1976年3月引入我国广东省。背鳍软条16.7±0.84；侧线鳞31.5±0.90；脊椎骨29.1±0.45；鳃耙102.8±

8.44；肠长为体长的 5.68±0.91 倍。白鲫与鲫鱼相比，其体型较大，高而侧扁，前背部隆起较明显，但头稍小，尾柄较细长，体呈银白色，鳃耙多，长而密。

七、团头鲂

团头鲂（*Megaiobrama amblyocephala* Yih）属于鲤形目、鲤科、鲂属，又名"武昌鱼"和"团头鳊"。背鳍条 3，7；臀鳍条 3，25～30；侧线鳞 $50\sim58\dfrac{11\sim13}{9-V}$；脊椎骨 37～39，咽齿 3 行，2、4、5/4、4、2。鳃耙 12～16，肠长为体长的 2.7 倍，体型似三角鲂和长春鲂，体高而侧扁，呈长菱形。腹棱只限自腹鳍至肛门。团头鲂与三角鲂

图 2-8 团头鲂

的主要区别为前者口裂较宽，上、下颌角度小，背鳍硬刺短，尾柄较高而短。胸鳍较短，不到或仅达腹鳍基部。其鳃耙数一般比三角鲂少 5～6 枚；鳔的中室大于前室。目前，发现的最大个体约为 4 千克。

八、鳊鱼

鳊鱼（*Parabramis pekinensis* R.）属于鲤形目、鲤科、鳊属，又名"草鳊""长春鳊"。体型侧扁，呈菱形，背鳍有一硬棘，后缘光滑。臀鳍条 27～34；侧线鳞 51～62；咽齿 3 行；腹棱自胸鳍至肛门。头小，口端位，斜裂，上颌比下颌

图 2-9 鳊鱼

稍长。鳔 3 室，中室最大，后室最小。体披较大的圆鳞。侧线完全，尾鳍深分叉；体背及头部背面为青灰色，带有浅绿色光泽，体侧为银灰色，各鳍边缘为灰色。最大个体约为 3 千克。

九、鲮鱼

鲮鱼（*Cirrhinus molitorella*）属于鲤形目、鲤科、野鲮亚科、鲮属，俗名"土鲮""雪鲮""鲮公"和"花鲮"。体型延长侧扁，呈纺锤形，腹部较圆而无腹棱，口下位，呈弧形，上颌角质化。具有 2 对颌须；咽齿 3 行，5、4、2/2、4、5，齿形侧扁，齿面狭而平直。鳞片中等大小，尾鳍分叉较深，胸鳍基部后上方有 8～15 个鳞片，具宝石蓝色，连成一块菱形彩斑。鱼体背部为青灰色，腹部为银白色，背鳍为淡灰，其余各鳍的末端为赭红色。

图 2-10　鲮　鱼

第二节　食　性

不同种类的鱼，其食性亦不同。鱼苗阶段的食性基本相似，仔鱼期的食性开始分化，稚鱼期的食性差异明显，而幼鱼阶段的食性往往接近成鱼。不同的鱼类由于其取食器官构造不同，故其食性亦有明显差异。鱼类根据其食性主要分为 4 种类型：滤食性鱼类，如鲢、鳙等；草食性鱼类，如草鱼、团头鲂、长春鳊等；杂食性鱼类，如鲤鱼、鲫鱼、鲮鱼、尼罗罗非鱼等；肉食性鱼类，如鳜鱼、鳡鱼、红鳍鲌、乌鳢、青鱼、黄颡鱼、江黄颡鱼、鲇鱼、长吻鮠等。

一、鲢鱼和鳙鱼的食性

鲢鱼和鳙鱼为典型的滤食性鱼类。它们靠滤食器官获取浮游生物，鲢鱼主要吃浮游植物，鳙鱼主要吃浮游动物，同时滤食有机腐屑及其上的细菌；在池塘饲养条件下，它们也取食人工投喂的饲料，如饼渣、糠、糟、麸皮等。鲢鱼和鳙鱼不能消化纤维质、果胶质、几丁质等，如大部分蓝藻、细胞衰老的绿藻和裸藻、具有几丁质外膜的浮游动物的卵等;而对不是由上述物质构成壳、膜等的浮游生物则能消化利用,如金藻、隐藻、硅藻和部分甲藻、黄藻、绿藻、裸藻、蓝藻以及浮游动物、细菌等。

二、草鱼和青鱼的食性

草鱼和青鱼的摄食方式和食物组成与鲢鱼和鳙鱼不同,前者主要吞食较大型的水生动植物。因此,它们的鳃耙短而少(草鱼 15～24;青鱼 15～21),咽齿强壮,角质垫发达。

草鱼主要摄食高等水生植物,如枯草、轮叶黑草、眼子菜、浮萍等和其他一些植物性食物,是典型的植食性的鱼类。青鱼则为肉食性鱼类,主要吃底栖动物,如蚌、蚬、螺蛳等,也吃虾和昆虫幼体。这两种鱼在池塘中都摄食人工饲料,如饼类、糠、麸皮等。

三、鲤鱼和鲫鱼的食性

鲤鱼和鲫鱼是典型的杂食性鱼类,鲤鱼的食性偏动物性,鲫鱼的食性偏植物性。它们的摄食方式都是吞食,在自然状态下,鲤鱼主要吃摇蚊幼虫、螺蛳、蚬、幼蚌、淡水壳类等底栖动物以及虾类等,也吃一定数量的水生植物、丝状藻类、植物种子和有机腐屑。鲫鱼和银鲫的食物组成主要有腐屑碎片、硅藻、水绵、水草和植物种子,它们也吃一定数量的螺类、摇蚊幼虫、水蚯蚓等底栖动物和枝角类、桡足类等浮游动物。这两种鱼对人工投喂的动植物饲料,如饼渣、糠、糟、麸皮、蚕蛹等,也都喜食。

四、鳊鱼和鲂的食性

鳊鱼和鲂的食性与草鱼相似,也是草食性鱼类。但三角鲂属于杂食性鱼类,除水生植物外,也吃软体动物。

五、鲮鱼的食性

鲮鱼是典型的杂食性鱼类,鱼苗孵出4天后开始摄食浮游动物,如轮虫、桡足类和小型枝角类等浮游动物。孵出后10天,体长1.4厘米以上,除了吃浮游动物外,也摄食浮游植物。此后,摄食越来越多的浮游植物,直到孵出后40天左右,体长4厘米以上时,便以吃浮游植物为主。同时,鲮鱼喜欢舐刮水底泥土表面或岩石表面生长的藻类,此外,还吞食少量浮游动物和有机碎屑。在池塘养殖条件下,鲮鱼可摄食米糠、花生麸等饲料。

第三节 生 长

鱼类的生长包括体长和体重的增加,各种鱼类都有自己的生长特性。各种鱼类的生长速度,除了与其遗传因素有关外,也与其生长环境密切相关。鱼类栖息的水体环境、水温、光照、营养、盐度、水质、鱼种的密度、养殖管理水平等均能影响鱼类的生长,其中尤以水温与饵料等对鱼类的生长速度影响最大。下面仅叙述在一般自然状况下几种主要养殖鱼类的生长情况。

一、鲢鱼的生长

鲢鱼生长速度较快,雌、雄个体的生长没有显著差异。体长的增加在前3~4年较快,以第2年最快,长江中鲢鱼1龄可达0.5千克,2龄为2.5~3.0千克,3龄生长最快,环境适宜者达6千克,5龄进入性成熟期,生长显著减慢。黑龙江和珠江流域的鲢鱼个体较小。在池塘养殖条件下,其生长速度比在天然水体中慢,食用规格为0.5~1.0千克,养殖周期为2年。目前,发现的最大个体可达40千克。

在长江中,1~6龄鲢鱼的体长与体重的增长速度见表2-1。

表2-1　长江鲢鱼体长、体重增长状况

年龄	体长(厘米)	年增加(厘米)	体重(千克)	年增重(千克)
1	29.8	29.8	0.49	0.49
2	48.2	18.4	2.03	1.54
3	58.4	10.2	3.50	1.47
4	66.7	8.3	5.31	1.81
5	72.9	6.2	7.62	2.31
6	82.7	9.8	10.76	3.14

二、鳙鱼的生长

鳙鱼的生长通常比鲢鱼稍快些,4龄前,雌、雄个体的生长速度相似,5龄后雌鱼的体重增长比雄鱼快,体长增加以1~3龄最快,3龄增重最快。在池塘养殖条件下生长稍慢,食用规格为0.5~1千克,养殖周期为2年。目前,发现的最大个体达50千克。长江鳙鱼的增长速度见表2-2。

表2-2　长江鳙鱼体长、体重增长状况

年龄	体长(厘米)	年增加(厘米)	体重(千克)	年增重(千克)
1	23.0	23.0	0.27	0.27
2	53.4	30.4	2.60	2.33
3	75.5	22.1	7.40	4.80
4	84.0	8.5	10.10	2.70
5	92.0	8.0	13.50	3.40
6	97.1	5.1	16.6	3.10
7	100.4	3.3	20.0	3.40
8	102.8	2.4	21.5	1.50

三、草鱼生长

草鱼的生长速度较快,长江草鱼体长增加以1~2龄最快,2~3龄增重最快,5龄后生长明显变慢。食用鱼规格为1~1.5千克,养殖周期为 2～4 年。目前,发现的最大个体达 35 千克。长江草鱼的增长速度见表 2-3。

表 2-3　长江草鱼体长、体重增长状况

年龄	体长(厘米)	年增加(厘米)	体重(千克)	年增重(千克)
1	34.5	34.5	0.78	0.78
2	60.0	25.5	3.60	2.82
3	68.8	8.8	5.40	1.80
4	75.7	6.9	7.00	1.60
5	79.8	4.1	8.10	1.10

四、青鱼的生长

青鱼也是生长速度较快的鱼类。长江中的青鱼 1 龄可达 0.5 千克,2 龄为 2.5～3.0 千克,3 龄生长速度最快,环境适宜者达 7.5 千克,5 龄进入性成熟期,生长速度显著变慢。在池塘养殖的条件下,第 1 年体重为 50～150 克,第 2 年为 500～750 克,食用鱼规格为 2～5 千克,养殖周期为 2～4 年。最大个体约为 70 千克。长江青鱼的增长速度见表 2-4。

表 2-4　长江青鱼体长、体重增长状况

年龄	体长(厘米)	年增加(厘米)	体重(千克)	年增重(千克)
1	33.1	33.1	0.46	0.46
2	58.2	25.1	2.93	2.47
3	77.8	19.6	7.63	4.70
4	91.0	13.2	12.78	5.15
5	98.6	7.6	16.65	3.87
6	104.6	6.0	20.23	3.58
7	108.8	4.2	23.03	2.80

五、鲤鱼的生长

鲤鱼的生长速度快,体长增加以 1～2 龄最快,体重增加以 4～5 龄最快,雌鱼比雄鱼生长快一些,同时,不同水域中鲤鱼的生长差异很大。人工养殖条件下,1龄鱼体重为250~800克,2龄鱼体重为1.2~1.5千克,3龄鱼体重为2千克。鲤鱼寿命长,部分个体可存活50年,目前,发现的最大个体为40千克。

六、鲫鱼的生长

鲫鱼的生长速度较慢,不同水域的鲫鱼生长速度有一定的差异。在自然水体中,1龄鱼体重71.6~95克,2龄鱼体重159~177克,3龄鱼体重约582克,最大个体可达1.5千克。在人工养殖条件下,生长速度明显加快,一般1龄鱼体长为15~20厘米。

七、团头鲂的生长

团头鲂生长较快,以1~2龄生长最快,以后逐渐减慢。团头鲂1冬龄体长为16~18厘米,体重为100~200克;2冬龄体长为30厘米,体重为300~500克;3冬龄体长为39厘米,体重为700~1000克。在人工养殖情况下,当年可培育成大规格鱼种,次年体重为400~500克。目前,发现的最大个体重达4千克。

八、鲮鱼的生长

鲮鱼的生长速度慢,1龄鱼体重为70克,2龄鱼体重为250克,3龄鱼体重为350克,4龄鱼体重为500克。天然水体中1千克以上者常见,最大个体可达4千克。市场上常见的人工养殖鲮鱼,其体重以0.3~0.5千克居多。

第四节 繁 殖

一、"鲢、鳙、草、青"四大家鱼的繁殖

1. 产卵场和环境条件

(1)产卵场。鲢鱼、草鱼和青鱼的天然产卵场分布较广,长江、

淮河、珠江、钱塘江、黑龙江等流域均有其产卵场。鳙鱼的产卵场则主要分布在淮河以南,其中以长江、珠江的产苗最多,产卵场规模最大。

(2)环境条件。四大家鱼产卵场的条件基本相似,通常位于江面宽窄相间的江段。当涨水时,同一流量从宽的江面进入窄的江面就产生地段性的流速增加,形成家鱼产卵所需要的流态复杂的水流条件。家鱼产卵要求有一定的涨水和水温条件(水温大于18℃)。

2. 性成熟年龄

四大家鱼的性成熟年龄和规格,随所在水域纬度的不同而不同。长江流域的雌鲢鱼性成熟期一般为4龄,最小为3龄,体重约为5千克;雌鳙鱼性成熟期一般为5龄,体重约为10千克;雌草鱼性成熟期一般为4龄,最小为3龄,体重约为5千克;雌青鱼初次成熟不整齐,一般在4~5龄,体重为10千克左右。雄鱼一般比雌鱼早一年成熟,规格也略小一些。珠江流域的四大家鱼比长江流域的早一年成熟,黑龙江流域的四大家鱼比长江流域的晚1~2年成熟。

南方的四大家鱼性成熟较早,北方的则较迟。长江流域的雌鲢鱼一般4龄成熟,生殖期为5~6月份,有时可延迟至8月中旬,体重约为5千克,珠江流域的早一年成熟,黑龙江流域的则迟1~2年成熟。亲鱼多于4月下旬至6月,当水温达18℃以上,江水上涨或流速加剧时,在有急流泡漩水的河段繁殖,卵具有漂浮性。4.5~8.4千克的鲢鱼怀卵量为63万~120万粒。

长江流域的雌鳙一般5龄成熟,体重在10千克以上,珠江流域的则4龄成熟。鳙鱼最适的繁殖年龄:雌鱼为5龄以上,雄鱼为4龄以上;最适的人工繁殖体重在7千克以上。亲鱼的人工催产季节约为5月中旬到6月上旬,体重8千克的亲鱼卵巢重达1.5千克,怀卵量为108万粒;天然江河中,体重30千克的亲鱼怀卵量可达346万粒。体重14~30千克的亲鱼怀卵量为100万~350万粒。通常雄鱼比雌鱼早一年成熟。鳙鱼的生殖习性和孵化情况与鲢鱼的相似。

在长江流域,雌草鱼通常在 4 龄、体重 6 千克左右达到性成熟,在每年的春夏之交产卵,雄鱼一般早一年成熟。珠江流域雌草鱼比长江流域的早一年成熟,黑龙江流域的一般比长江流域的晚 1~2 年成熟,其怀卵量随体重增加而增加,6~12 千克的草鱼怀卵量约为 30 万粒。草鱼的生殖习性和鱼卵孵化情况与青鱼的相似,不能在静水中产卵,生殖期为 4~7 月份,比较集中在 5 月。当水温稳定在 18℃左右时,草鱼才大规模产卵。卵受精后,卵膜吸水膨胀,卵径可达 5 毫米,顺水漂流,在 20℃左右发育最佳,30~40 小时后孵出鱼苗。

长江流域的雌青鱼通常在 4~5 龄、体重 15 千克左右达到性成熟,雄鱼一般早一年成熟。青鱼常在螺、蚬较多的通江湖泊中生长、肥育。春季,性成熟的亲鱼洄游到江河中逆流而上,在水流湍急、流速为 1.3~2.5 米/秒、流态混乱的江段产卵。产卵的适宜水温为 22~28℃,水温低于 18℃则不产卵。青鱼的天然卵场分布很广,在长江、西江和珠江流域的产卵期为 4~6 月份,在东北地区稍迟。产卵前,雌、雄亲鱼在产卵场互相追逐,产卵,排精。怀卵量随个体大小而不同,体重 18 千克的怀卵量为 150 万粒,体重 25 千克的怀卵量在 200 万粒以上。刚产出的卵呈淡青色,卵径为 1.5~1.9 毫米,卵膜薄而透明,无黏性。卵在流水中受精后呈半漂浮状态,水温在 22~23℃时,35 小时后鱼苗孵化出膜。刚出膜的鱼苗各类器官还未发育完善,缺乏主动游动能力。出膜后 3~4 天鳔充气,鱼苗能平游,卵黄囊基本消失,开始主动摄食。

二、鲤鱼和鲫鱼的繁殖

鲤鱼和鲫鱼产黏性卵,其繁殖习性与四大家鱼不同,不仅可在江河中产卵,也能在湖泊、水库、池塘等静水体中产卵。这是鲤鱼和鲫鱼分布广泛的重要原因。长江流域的鲤鱼,2 龄雌、雄鱼都成熟,成熟鱼体长一般在 30 厘米以上,鲫鱼 1 龄开始成熟,体长一般在 9 厘米以上。珠江流域的鲤鱼和鲫鱼通常 1 龄成熟,我国北方地区各水域的鲤鱼和鲫鱼性成熟年龄较长江流域的推迟1～2龄。鲤鱼和鲫鱼的繁殖力强,2冬龄鲤鱼便开始产卵,且产卵数量大。在我国北方,每年的5月上旬至中旬(长江以南地区早些),雄、雌鲤鱼相互追逐,游到岸边浅水区——水草稀疏处(无水草则找岸边僻静处),进行交尾和产卵,卵贴于水草或其他物体上发育,最终孵化成幼鱼。在华东、华南地区,鲫鱼1龄可达性成熟,每年3～8月份在浅水湖或河湾的水草丛生地带分批产卵,卵黏附于水草或其他物体上发育。鲫鱼的生殖时期最早在3～4月份,当水温达15℃时即可产卵,一直可持续到7月上旬。卵呈黏性,常附着在水草枝叶或人工鱼巢上进行发育。在自然界中,鲫鱼的雌鱼比雄鱼多,比例约为4:1,也有雌、雄同体的鲫鱼。

三、鳊鱼和团头鲂的繁殖

鳊鱼在有流水的湖泊或河流中产卵。生殖季节为4～8月份,6～7月份为繁殖盛期。卵为半漂浮性,透明、淡青色,卵径为0.9～1.2毫米,吸水膨胀后卵径为3.5～4.7毫米。长江流域的鳊鱼2～3龄达性成熟,体重在150克左右;黑龙江流域的4龄达性成熟,体重在320克以上,怀卵量为2.8～9万粒。冬季,鳊鱼群集在江河或湖泊的深水处越冬。

团头鲂在长江流域一般2龄达性成熟,体长为25厘米,体重为0.4～0.5千克,引种至北方的团头鲂推迟1～2年成熟。在长江中下游地区,其生殖季节为4月中旬至6月中旬,5月至6月中旬为繁殖盛期。2～3龄且体重在0.25千克以上团头鲂即达性成熟,繁殖力强,怀卵量大,1尾4龄雌鱼可怀卵30万粒。团头鲂产黏性卵,繁殖时需准备鱼巢或进行脱黏流水孵化。团头鲂的繁殖期一般比鲤鱼的稍迟,比家鱼的稍早。

四、鲮鱼的繁殖

鲮鱼的繁殖期为 4 月下旬至 7 月上旬,5 月初至 6 月中旬为繁殖盛期。鲮鱼性成熟年龄一般为 3 龄,体重约为 500 克,少数体重为 250 克的个体也能成熟繁殖。雄鱼的个体略小些。鲮鱼产半浮半沉卵;区别雌、雄鱼较容易,雄鱼在胸鳍第 1~5 鳍条上有圆形白色追星,第一鳍条上分布最多,用手摸时,有粗糙感,头部也有追星。雌鱼的胸鳍等处光滑无追星,腹部明显膨大柔软,生殖孔红肿,向外突出。

第五节　栖息习性

一、鱼类栖息水层

鱼类栖息水层是对生活习性与食性的一种适应。根据栖息水层的不同,养殖鱼类可以分成三大类:中上层鱼类、中下层鱼类和底层鱼类。这种划分是相对的,只是为了便于理解。实际上,鱼类的栖息水层依季节、水温以及鱼的年龄、规格、生理状况和饵料分布等因素而变化。

1. 中上层鱼类

鲢鱼和鳙鱼通常栖息在水体的中上层,鲢鱼在上层,鳙鱼的栖息水层偏下。鲢鱼性情活泼、暴躁,善跳跃,有的能跃出水面 1 米多高。鳙鱼性温顺,行动迟缓,易捕捞。

2. 中下层鱼类

草鱼、青鱼、团头鲂、三角鲂、短盖巨脂鲤、鲈、鲷等多为中下层鱼类。草鱼多在水体中下层活动,觅食时也在上层活动。团头鲂和三角鲂适合栖息于底质为淤泥、有沉水植物的敞水区。鲈、鲷和短盖巨脂鲤等喜欢栖息于静水或微流水中,尤其是水草繁茂的湖泊、河流或水库的岩缝中。

3.底层鱼类

鲤、鲫、鲮、泥鳅、黄鳝、胡子鲶、乌鳢等均属底层鱼类。

二、主要养殖鱼类栖息习性

鲢鱼、鳙鱼、草鱼、青鱼和鳊鱼、鲂鱼等自然栖息在江河及与江河相通的湖泊或水库中,在与江河不相通的湖泊、水库、池塘中没有自然分布,而鲤鱼和鲫鱼在上述水域中则有自然分布。

1.鲢鱼和鳙鱼的栖息习性

鲢鱼栖息在水体上层,喜欢在浮游生物丰富的水体中生活,行动敏捷、性情急躁,网捕时易跳出网外,遇水流易逆水潜逃。鲢鱼白天潜于深水处,夜间上游水面摄食浮游生物,食性以浮游植物为主,以浮游动物为辅。鲢鱼还吞食大量有机碎屑(在大量施肥的池塘中,鲢鱼肠内有机碎屑可占50%～60%)、细菌和溶解有机物(通过胶体的絮凝作用形成食物团)以及人工投喂的豆饼、糠、麸等商品饲料。

鳙鱼栖息于水的中上层,但越冬期要进入水体的最深部位,喜欢在浮游生物丰富的水体中生活。鳙鱼性温顺,行动迟缓,受惊也不逃窜,网捕时不跳跃,易捕捞,具有生长快、疾病少、不需专门投饲等特点,能适应各种水体(池塘、湖泊、水库等)。鳙鱼的食性以浮游动物为主,也摄食部分大型浮游植物,还摄食有机碎屑、细菌和溶解有机物絮凝的食物团以及人工投喂的豆饼、糠、麸等饵料。

2.草鱼和青鱼的栖息习性

草鱼通常生活于水体的中下层,性情活泼,游泳快,受惊时会跳出水面,喜欢清新的水质;在被水淹没的浅滩草地和泛水区域及水草丛生的湖泊、河道中生活;以水生植物及江湖岸边被淹没的陆生植物为食。在人工养殖的条件下,草鱼摄食豆饼、糠饼、麦麸等。草鱼对草类的消化率较低,摄食量较大,对草类的摄食量约为体重的40%,最大可达70%。草鱼净增1千克,需水草60～80千克或黑麦草20～25千克。

第二章 主要养殖鱼类的生物学

青鱼为温水性淡水鱼类,栖息于江河、湖泊、水库的中下层。青鱼性情温和,常藏身于石头缝隙或水生植物丛中。喜清新水质,耐肥水的能力比草鱼强。主食螺蛳、蚬及蚌等,也吃虾类和水生昆虫。在幼苗阶段,以摄食浮游动物为主。在人工养殖的条件下,可摄食配合饲料,如豆饼、糠饼、麦麸等。

3. 鲤鱼和鲫鱼的栖息习性

鲤鱼为温水性淡水鱼类,生活在平原上温水性湖泊中或水流缓慢的河川里,栖居在水草丛生的浅水区以及水体的底层。幼鱼以食浮游动物为主,体长20毫米以后转食小型底栖无脊椎动物;成鱼以各种底栖动物为主要食物,也食水草、藻类及人工饵料,故其食性为杂食偏动物性。鲤鱼吻部长而有伸缩性,能挖掘底泥中的底栖动物;喜弱光,喜活水,胆小,一有动静便立即逃窜;生性好动,到处游弋觅食,有逆水而上的习性;适应能力强,能耐寒、耐碱、耐低氧等。

鲫鱼的适应性强,在各种淡水水域中都能生活,在水温10~30℃内都能正常摄食和消化食物。鲫鱼尤喜栖居在水草丛生的浅水区以及水体的底层;食性为杂食性和广食性,主要以水生植物碎屑、硅藻、丝状藻以及大型浮游动物为食,也食人工饵料。在我国南方,鲫鱼全年都能摄食;在黑龙江流域,鲫鱼在12月份完全停止摄食。体长在6~8厘米时,其摄食种类增加,除了浮游生物以外,还有高等植物的幼芽和嫩叶碎片;长到10~15厘米时,则多食底栖动物。

4. 鳊鱼和团头鲂的栖息习性

团头鲂喜栖于湖泊中,平时生活于底质为淤泥、生长有沉水植物的敞水区的中下层。团头鲂在水温低于8℃时,就开始进入冬眠状态,基本上保持不动或少动,摄食比较少,冬季群集于较深的坑塘中越冬。团头鲂在含盐量较高(0.5%左右)的水体中能保持良好生长。团头鲂为草食性鱼类,幼鱼的食物以枝角类及其他小型甲壳类为主;成鱼的食物以水生高等植物,特别是苦草和轮叶黑藻为主,也很喜欢吃陆生禾本科植物和菜叶等。

三角鲂和长春鳊为温水性鱼类,栖息于水体中下层,喜生活于江河、湖泊及其附属水体的水生植物繁茂处。其食性为草食性,苗种阶段主要摄食浮游动物和藻类,成鱼以食高等水生植物为主。在养殖条件下,也食各种商品饲料。

5. 鲮鱼的栖息习性

鲮鱼性情活泼而善于跳跃,生活在水的底层,对溶氧的要求较低,但对水温的要求较高,适宜生长水温为18～32℃,水温低于13℃时停食,7℃以下死亡。鲮鱼属于杂食性鱼类,在天然水体中,主要摄食藻类、有机碎屑和浮游生物,也喜舐刮水底岩石上的附着物。鲮鱼适宜在肥水中养殖。在人工养殖条件下,可投喂各种商品饲料和配合饲料。

第三章
养殖水域生态环境与控制

养殖水域环境是指水生经济动物生存所需的各种自然条件,它是各种经济水生动物产卵、繁殖、生长育成、越冬、洄游等所需的诸环境条件的统称。它由相互联系的非生物性环境(包括水的物理特性和化学特性、气象、底质、径流等)和生物环境(包括植物、动物、微生物等)所组成。凡适宜水生经济动物生长、繁殖、索饵、越冬及洄游的水域,统称为"增养殖水域"。根据生产习惯,一般把增养殖水域划分为海洋、淡水及咸淡水,或天然水域、人工水域及半人工水域等类型。

第一节 养殖水域的水环境特征

一、江河水

1. 水体更新快

江河水长年保持流动,水流不断更替,其更新期较其他陆地水体短,水流与地表物质接触时间不长,水面蒸发小。与其他陆地水体相比,江河水的矿化度较低,若遭受污染,易于恢复,这是水源保护的有利因素。

2. 受流域内水文气象条件影响,水的化学组成成分变化快

在流动过程中,江河水的成分随着水量增减及支流或坡面水流

汇入而变化。受气象条件影响的大气降水,不仅改变河流水文动态,也增补河水大气中的溶解物。江河水与大气的良好接触使江河水溶有大气中的气体成分。

3. 水化学成分与水生生物活动强弱及水流补给来源有关

水生生物的生命活动过程为河水提供大量的有机物及大气中不含有的极微量的气体成分,但生命活动过程对水中离子和气体成分的作用比较弱,气体成分多以分子形式存在。此外,水中化学组分随水流过程、变化及时间等变化强烈。原因是江河水不仅与地表水之间有交换过程,而且与地下水有着密切联系,因而使江河水化学成分复杂多样。

4. 人类活动频繁的河段易受污染

江河水系是人类社会的主要供给水源,也是人类生产活动较多的场所,它被污染的机会多、途径多,污染物来源广,种类复杂,一旦遭受到污染,就会严重影响人类的生活和生产活动。

二、湖泊水

1. 水流迟缓,湖水的换水周期长

湖泊内的水一般流动性较差,浑浊度较低,透明度较高,但水流不易混合,会出现水质分布不均匀现象,尤其是深水湖泊或容量大的湖泊,不均匀性更为显著。

湖泊的换水周期是指湖泊蓄积的水量被年平均入湖水量替换所需要的时间。换水周期小于1年的湖泊(如我国东部平原区的五大淡水湖),其换水周期短,湖水被利用后可很快得到补充,其水量充沛、水质良好,水资源可被充分利用。换水周期为1～3年的湖泊(如滇池、洱海、博斯腾湖等),其湖水仅可部分利用。如需大量利用这些湖水,必须保护湖泊的生态环境。换水周期大于3年的湖泊,大多位于我国的干旱地区(如乌伦古湖的换水周期为8.5年,羊卓雍错的换水周期为25.5年,青海湖的换水周期为60.4年)。这些湖泊的湖水补充缓慢,因此,湖水资源如被大量利用,其生态环境必然恶化。开发利用这些湖泊时,必须持慎重态度。

2. 矿化度较河流高

由于水对底质的溶蚀作用较强,加上湖面水分蒸发,故一般湖水的矿化度较河流的高。水在湖泊中停留时间较长,这就会增强湖水对湖盆中岩石、土壤的溶蚀作用。同时,湖泊水面较宽广,在强烈的水分蒸发作用下,提高了湖水矿化度,最终导致水质成分的变化。

3. 水质成分变化受湖泊面积大小的影响

湖泊面积大小不仅会影响其水量的调节,而且会导致水质成分的变化。一般大湖泊的水质比小湖泊的稳定,同时,小湖泊的水质具有强烈的区域特征,而大湖泊的水质相当于大区域中水质的平均状态。

4. 水生生物因素对水中气体及生物生成物质的影响大

一般受热条件好、矿化度低的小湖泊中生物活动繁盛,这往往成为水质动态变化的最重要因素之一。对于大湖泊或矿化度高的湖泊,生物作用则减弱。

三、水库水

水库多是由河道修坝构成的人工湖泊。其水文及水质条件因从河流变成湖泊而发生剧烈变化,因此水库的水环境特征与建库的水文特征密切相关。

(一)水库类型

1. 按水库规模大小分类

水库的规模通常按库容或面积大小分为巨型、大型、中型、小型和山塘。其分类法见表3-1。

表 3-1　水库常按库容或面积大小分类

水库类型	巨型	大型	中型	小型	山塘
库容（立方米）	>10亿	1亿～10亿	1000万～1亿	10万～1000万	<10万
面积（公顷）	>6666.7	666.7～6666.7	66.7～666.7	6.67～66.7	<6.67
面积（亩）	>100000	10000～100000	1000～10000	100～1000	<100

2. 按水库形态分类

根据水库所在地区的地貌、淹没后库床及水面的形态，水库可分为以下4种类型。

(1)山谷河流型水库。山谷河流型水库是指建造在山谷河流上的水库。拦河坝常横卧于峡谷之间，水库周围群山环抱，岸坡陡峻，坡度常在30°以上；水库洄水延伸距离大，长度明显大于宽度；库床比降大，水位落差大；一般水深为20～30米，最大水深可达90米。如浙江新安江水库(4万公顷)、安徽梅山水库(5万公顷)、甘肃刘家峡水库(1.06万公顷)等。

(2)丘陵湖泊型水库。丘陵湖泊型水库是指建造在丘陵地区河流上的水库。库周围山丘起伏，但坡度不大，岸线较曲折，多湾汊，洄水延伸距离不是很大，新敞水区往往集中在大坝前一块或数块地区；最大水深为40米，淹没农田较多，水质一般较肥沃。如河南南湾水库(5666.7公顷)、江苏沙河水库(1373.3公顷)、浙江青山水库(566.7公顷)等。

(3)平原湖泊型水库。平原湖泊型水库是指在平原或高原台地河流上或低洼地上围堤筑坝而形成的水库。库周围为浅丘或平原，水面开阔，敞水区大，岸线较平直，少湾汊；与山谷水库相比，单位面积库容较小，水位波动所引起的水库面积变化较大，常有较大的消落区；库底平坦，多淤泥，最大水深为10米左右。如河南宿鸭湖水库(1.49万公顷)、安徽蜀山湖水库(1733.3公顷)等。

(4)山塘型水库。山塘型水库是指为农田灌溉而在小溪或洼地上修建的微型水库,其性状与池塘相似。

(二)水库的水环境特征

水库上游具有河流的特点,中下游则有湖泊的特性。此外,水库还具有其自身的特点。

(1)库水经常处于交换状态,营养物质的输入和循环较快,水温、溶解气体的分布较均匀,因而有利于鱼类和浮游生物的生长和繁殖。特别是在建库初期,大片土地被淹没,大量有机物及可溶性无机盐类进入库内,同时,库内水温增高,水分蒸发加剧及水流透明度提高,这为浮游生物和鱼类繁殖、生长提供了良好的条件。

(2)水库的消落区(随水库水位升降而呈水陆交替变动的区域,称为"消落区")是水库生态系统的重要能量来源。在消落区露出阶段,会有许多陆生植物(特别是湿地植物)大量生长,这些植物吸收太阳能并生产出大量有机物;当消落区被淹、呈水相时,这些有机物就为鱼类及其他水生生物提供了食物或营养(有机物腐烂转化为肥料)。

(3)水库的上游、入库河流某些河段具备一定的流速和流态,由于汛期水流的刺激,故一些江河性产卵鱼类(如草、青、鲢、鳙、鲮、鳡等鱼)的成熟亲鱼可上溯并找到一定的产卵场所。这是水库作为鱼类繁殖环境的一个重要特点。

(4)水库的中下游水较深,水流极为缓慢,其透明度大,溶氧丰富,浮游生物量较大,是鱼类生长育肥的良好场所。

四、地下水

存在于地表下,分布在土壤、岩石的孔隙、裂缝和洞穴中的所有天然水都属于地下水,它是由降水经过土壤地层的渗流而成的。有时也通过地表水渗流得以补给。但由于存在地质条件的差异,故地下水质可能与地表水质有较大差别。

1. 含盐量

地下水含盐量差别很大，低者小于500毫克/升，高者达50克/升，甚至高达300克/升，可用来制盐。与大气降水、河水相比，地下水含盐量相对较高。同一地区不同埋藏深度的地下水的含盐量可能不同。有些地区的地下水含盐量自上而下逐渐增加，依次出现淡水带、咸水带、盐水带、卤水带和浓卤水带。

2. 主要离子

含盐量低的地下水中离子以 HCO_3^- 与 Ca^{2+} 为主；含盐量高的地下水中离子以 Cl^- 和 Na^+ 为主，并且常富含钾、硼、溴、锂和碘等离子；有石膏地层的地下水含有丰富的 SO_4^{2-}，接近油田的地下中 SO_4^{2-} 含量减少。

3. 溶解气体

地下水中溶有氮、氧、二氧化碳、惰性气体、甲烷等气体。地下水中的溶氧主要来自空气，溶氧量随深度增加而逐渐减少，在较深的地下水中缺乏溶解态氧。地下水中游离二氧化碳含量较高，通常为15～40毫克/升，一般低于150毫克/升，部分高于1000毫克/升。甲烷是由于有机物分解时各种生物化学作用的结果而积累在地下水中的。

4. 微量元素

地下水中的微量元素主要有 Fe、Mn、F、Br、I、Cu、Ti、B、Li、Co等。人们将含有某些特殊微量组分或气体成分、具有较高温度、对人体生理机能有益或有一定医疗作用的天然地下水称为"矿水"或"矿泉水"。

5. 含盐地下水在水产养殖中的应用

目前，在辽宁、山东、福建等地，使用含较多盐分的地下水开展海水经济动物养殖，取得了较好的经济效益。但并不是含有一定量盐分的地下水均可直接用于养殖。地下盐水具有水质类型复杂，氨氮、硫化物与有机物含量较高等特点，如用于养殖海水品种，尤其是苗种培育，应注意使水质类型与养殖品种的生理需求相匹配；其次，应将水的含盐量、主要离子含量及其比值进行适当调配;此外,尚应注意其他有关水质指标,如不合适,应作相应的处理。

第二节　养殖水体的主要物理化学特性

　　水作为饲养鱼类的生活环境,与鱼类的生活和生长有着密切的关系。俗话说:"养鱼先养水。"水是鱼类及其他养殖生物的生存介质。鱼类及其他水生生物从繁殖、生长到收获的整个生命过程都在水中度过。水要供给水生生物呼吸作用所必需的氧气;水要供给各种水生生物生长、发育所需的各种营养物质和能量;水是水生生物排泄废物及尸骸分解转化的重要场所;水是一种优良的溶剂,能溶解、分散诸如鱼药、化肥之类的化学物质,达到防病治病、肥水肥鱼的目的;水中还含有一些"信息物质",如水的波动、水中光的反射等,其作用是传递信息,对鱼类索饵、繁殖、逃避危险等行为都有重要影响;水也能传播病害毒物,造成鱼体生病、水体污染甚至大批量鱼体死亡。总之,养殖鱼类及其他水生生物的生长、发育、繁殖等不同阶段均与水质密切相关。

　　水质的好坏可以从物理、化学和生物3个方面反映出来。在池水的物理性质中,和鱼类关系最密切的是水温,其次是水的透明度。池水中含有许多化学物质,和鱼类关系密切的是溶解氧、二氧化碳、氨、溶解盐类及有毒物质。水体中除了养殖鱼类以外的其他生物组成、数量及变化等属于水体的生物性状,它们也和养殖鱼类存在着直接或间接的关系。因此,若要科学养鱼,就必须了解养殖用水的物理、化学和生物性状的变化规律及其对鱼类生长繁殖的影响,并努力控制和改善它们的性状,创造一个更加适宜鱼类生长的生活环境,满足渔业生产的需要。

一、水温

池水的温度是鱼类最重要的环境条件之一,水温不但直接影响鱼类的生长,而且通过影响其他环境条件而间接对鱼类的生长产生作用,几乎所有的环境条件都受温度的制约。因此,在池塘环境条件中,温度是首先要加以考虑的。

1. 水温的变化特点

池塘水温随着气温的变化而变化,表现出季节和昼夜的差异。但由于水本身的热学特性,故池塘水温和气温变化又不尽相同。从昼夜变化看,水温变化的幅度要比气温变化的幅度小得多,一天中下午2~3时水温最高,比气温最高温度出现的时间要晚一些;早上日出前水温最低。水温年变化幅度也比气温小,水温最高与最低月份较气温最高与最低月份要晚一些,一般1月份的水温最低,7~8月份的水温最高。

2. 水温对养殖鱼类的影响

水温直接影响鱼类的代谢强度,进而影响鱼类的摄食和生长。各种鱼类均有其适应的水温范围。一般在适温范围内,随着温度升高,鱼类的代谢加强,摄食量增加,生长速度也加快。我国重要的养殖鱼类,如青鱼、草鱼、鲢鱼、鳙鱼、鲤鱼、鲫鱼、团头鲂等,其生长的适温范围为20~28℃,水温在15℃以上较适宜,水温在15℃以下鱼类食欲下降,生长减慢。另外一些养殖鱼类,如罗非鱼、革胡子鲶等,通常在16~42℃的水中都能生长,但最适生长温度为24~32℃,当水温低于14℃或高于40℃时,鱼体就会感觉不适,当水温降到12℃以下时,鱼就会逐渐死亡。

另外,水温可通过影响水的溶氧量而间接影响鱼类的生长。池塘的溶氧量随水温升高而降低,且水温上升时鱼类代谢增强、呼吸加快、耗氧量增加,因而容易产生池塘缺氧现象。这种现象在夏、秋高温季节特别明显,必须引起注意。

3. 水温状况的改良

目前的生产和技术水平还不可能对一般池塘的水温做到完全人工控制,而部分的调节和控制则是可以做到的。池塘水温的改良方法一般有以下几方面。

(1)春季水温较低时,向鱼池灌入较浅的水,这样有利于池塘水温的提高和鱼类的摄食、生长和池塘天然饵料生物的繁殖。随着季节推进,水温逐渐升高,鱼体长大,池水须作相应加深。

(2)池边不宜种植高大树木,池中不应生长挺水植物(如芦苇等)和浮叶植物(如菱等),以免遮蔽阳光,影响水温的升高。

(3)有条件的地方,可利用地下温泉或工厂温排水来提高池塘水温,从而延长鱼类的生长期。例如,利用温泉养罗非鱼和革胡子鲶,都可以使这些热带鱼顺利越冬,提高单位水体的鱼产量。

二、透明度

透明度是指用测定萨氏盘(黑白间隔的圆板)的深度来间接表示光透入水的深浅程度。其大小取决于水的混浊度(混浊度是指水中混有各种浮游生物和悬浮物所造成的混浊程度)和色度(浮游生物溶解的有机物和无机盐形成的颜色)。在正常情况下,养殖水体中的泥沙含量少,其透明度的高低主要取决于水中的悬浮物(包括浮游生物、溶解的有机物和无机盐等)的多少,透明度与水中悬浮物数量之间呈曲线关系。凡是水中悬浮物多的养殖水体,其透明度必然较小。

在鱼类主要生长季节,精养鱼池水的透明度通常为0.2~0.4米;粗养鱼池水的透明度为1.0~1.5米。浅水的藻型湖泊中藻类丰富,且易受风浪搅动,使底泥悬浮,故其透明度较低,一般为0.3~1.0米,如武汉东湖的平均透明度为0.73米;而浅水的草型湖泊中水草丰富,水中悬浮物少,故其透明度较高。

三、池塘水的运动

水的运动方式主要有波浪、混合、对流等。池塘的面积较小,池塘水的运动没有湖泊水和水库水的运动明显。池塘水运动的主因是风力和水的密度,外来水注入及流出也会使池水运动。池塘水的运动能加速空气中的氧气溶解于水中,促进氧在水中的传递,对于改善水质有一定的作用。

由水的密度差引起的对流是一种重要的运动形式。白天,上层水接受阳光照射而使水温升高,因水的透热性及传递性差,下层水温上升慢,温度低于上层水温,而密度则高于上层水的密度,夏季高温季节里这种现象特别明显,因此,在白天上下水层难以产生池水的对流交换。到了晚上,气温下降速度快于水温,当气温低于水温的表层温度时,上层水温下降,比重增大,并开始下降。而下层水温较高、密度较小的水则上升,从而形成对流。随着时间的推移,对流的范围逐渐向下扩大,最终打破原来的水层间密度的稳定状态,在表层水温继续下降的情况下,使整个池塘水的密度、温度趋于一致。

此外,池塘水的对流还与天气、风力有密切关系,气温下降使对流强度加大,大风能促进上下水层的温度和密度趋于一致。

水的对流与鱼类生长和生存关系密切。通过水体对流,溶氧量较高的上层水被输送至下层,使下层水的溶氧得到补充。这就改善了下层水的氧气条件,同时也加速了下层水和塘泥中的有机物的氧化分解,以增加池塘物质循环强度,提高池塘的生产力。由于白天水的热阻力大,上层池水不易对流,故上层过饱和的高氧水无法被及时输送到下层,到傍晚时,上层水中大量过饱和的溶氧逸出水面而被白白浪费掉。至夜间发生对流时,上层水中溶氧量本已大量减少,此时还要通过密度流将上层溶氧输送至下层,由于下层水的耗氧因子多,故使夜间实际耗氧量增加,溶氧量很快下降。这就加快了整个池塘溶氧的消耗速度,容易造成池塘缺氧,引起鱼类浮头,甚至窒息死亡。

根据这一原理,在鱼类生长季节,可根据当天天气的变化情况来判断上下层水密度差的大小,从而预测鱼类是否会浮头和浮头强弱,这已成为养鱼生产上的重要经验。

四、补偿深度

光照强度随水深的增加而迅速递减,水中浮游植物的光合作用及其产氧量也随即逐渐减弱,至某一深度后,浮游植物光合作用产生的氧量恰好等于浮游生物(包括细菌)呼吸作用的耗氧量,此深度即为补偿深度(单位:米)。补偿深度为养殖水体溶氧的垂直分布建立了一个层次结构。在补偿深度以上的水层称为"增氧水层",随着水层变浅,水中浮游植物的光合作用的净产氧量逐渐增大;在补偿深度以下的水层称为"耗氧水层",随着水层变深,水中浮游生物(包括细菌)呼吸作用的净耗氧量逐渐增大。据测定,在鱼类的主要生长季节,精养鱼池的最大补偿深度一般不超过 1.2 米;北方冬季冰下池水的最大补偿深度为 1.52 米。

五、氧气

氧气(O_2)是一切生物进行新陈代谢不可缺少的重要因素。水中的溶解氧对鱼类的代谢过程有极其重要的影响。水中有一定浓度的溶解氧,才能满足鱼类的生存和生长发育。水中溶解氧不足,会抑制鱼类的摄食强度和体内代谢过程,降低消化速度,提高饲料系数,使鱼体生长缓慢。普通养殖鱼类对水中溶氧量的要求一般在 5 毫克/升以上。当水中溶氧量低于 3 毫克/升时,鱼类的生长发育水平和摄食强度就会显著降低;当水中溶氧量低于 2 毫克/升时,鱼类的呼吸出现困难;当水中溶氧量降至 1 毫克/升以下时,鱼类就会发生浮头并窒息死亡。

1.水中氧气的来源与消耗

(1)水中氧气的来源有以下几种途径。

①大气中的氧气溶解到水中。在一定温度下,水与空气接触越充分,溶入水中的氧气就越多。所以,当增加水与空气的接触面时,如发生流动、出现波浪等,都可以增加氧气溶入水体的速度,同静止时比较,速度能增加100倍之多。使用增氧机和流水进行高密度养鱼,就是利用这一原理。

②水中植物光合作用产氧。静水鱼池中的氧气主要来自光合作用,而池中产生氧气的水生植物主要是浮游植物。在较肥的水体中,浮游植物繁殖增多,除了能给鱼类提供大量的天然饵料外,还能提供大量的氧气。

③加注新水增氧。抽出部分老水,注入部分新鲜水,可以适当地增加池塘的溶氧量。

(2)水中氧气的消耗有以下几种途径。

①水中动植物的呼吸。池塘中养殖鱼类、浮游植物、浮游动物、细菌等的呼吸需要消耗大量的溶解氧。

②水中有机物和动植物残骸的分解。水中含有大量的有机物和动植物的尸体,它们的分解也需消耗大量的溶解氧。

③当表层水中溶氧过饱和时,氧气就会逸出。静止的条件下,氧气的逸出速率是很小的,风对水面的扰动可加速这一过程。中午养鱼池表层水的溶氧经常过饱和,会有氧气逸出,不过所占比例一般不大。

2.水中溶氧的变化规律

(1)昼夜变化。池塘中浮游植物的光合作用使水中溶氧量有明显的昼夜变化。早晨日出后的整个白天水中溶氧量逐渐增加,到下午日落前一段时间溶氧量达到最高值;夜间浮游植物的光合作用停止,池中只进行各种生物的呼吸和分解过程,从而大量消耗水中的溶氧,至黎明前溶氧量降到最低值。在这时,鱼类常常因溶氧不足而产生浮头现象,因此,黎明时有必要开一次增氧机。

(2)垂直变化。由于池塘水的透明度小,白天上层水的光照条件比下层水好得多,而且上下水层中浮游生物的分布很不均匀,上层浮游生物多,下层浮游生物少,因此,上层浮游植物光合作用的强度和产生的氧量要比下层高得多。同时,池塘的受风面小,加之由于白天水的密度差而产生的热阻力(上面水温较高,水的密度较小,下面水温较低,水的密度较大,因此,上下水不能混合),使得上下层水的混合作用不强,尽管上层溶氧很丰富,但下层溶氧被消耗后却得不到及时的补充,故产生很大的上下垂直溶氧差。

(3)水平变化。池水溶氧的水平分布往往也不均匀,这主要是受风力的影响。由于风力作用,下风处的浮游生物密度比上风处的高,同时,风力引起的波浪也是下风处大,混合作用强,因此,白天下风处浮游植物光合作用产生的氧量和从空气中溶入的氧量都比上风处的高。

但清晨池水溶氧的水平变化恰恰与中午相反,即上风处的溶氧量高于下风处的溶氧量。这是由于下风处的浮游生物和有机物质比上风处的多,夜间下风处的耗氧量比上风处的高,清晨浮游植物的光合作用尚未开始。因此,清晨鱼开始浮头时,一般总是趋向上风面。

3. 溶解氧对养殖鱼类的影响

水中的溶氧是鱼类生存和生长的主要环境条件,低氧对鱼类生长是很不利的。国外学者用含氧量2.1~7.2毫克/升的水(水温为22℃)进行鲤鱼饲养,试验表明,鲤鱼的生长量、摄食量和饲料利用率,在含氧量4.1毫克/升以下时急剧下降,当水中含氧量在4.1毫克/升以上,饲料利用率才保持平衡。因此,生长速度和摄食量的突变点为4.1毫克/升(含氧量),而且摄食和生长随含氧量升高而加快。

鱼池中溶氧量过饱和,一般对鱼类没有什么危害;过饱和的氧偶尔会引起鱼类发生气泡病;而溶氧过低,则引起鱼类浮头,严重时造成鱼类窒息死亡。

另外,水中溶氧对有机物质的分解和池塘物质循环起着重要作用。改善池塘溶氧条件,特别是底层水的溶氧条件,能促进有机物的分解,消除或减少有机酸和氨等有害的中间产物,改良水质,增加池塘物质循环强度,从而为鱼类创造良好的生活环境,为鱼类饵料生物的繁殖创造有利条件。

4. 池水溶氧状况的改良

在养殖生产中,应十分重视池塘的氧气条件。改善溶氧状况是取得稳产、高产的重要措施之一。改良池塘溶氧状况的措施主要有以下几方面。

(1)适当扩大池塘面积。增大池塘受风面,加强风力引起的波浪对水的混合作用,以加速空气中的氧溶入水中,提高池塘溶氧量。池面应有良好的通风和日照条件,不应有阻挡通风和遮蔽日光的高等水生植物和高大树木等。

(2)池水不宜过深,防止下层水缺氧。定期消除池底过多的含大量有机物的淤泥,合理施肥和投饵,不要使池水被过多的有机物污染而造成耗氧。

(3)当池水含氧量过低,养殖鱼有轻度浮头时,可及时排出部分老水,加入新水,以补充池塘的溶氧。新水注入量一般使池水面上升10~15厘米,注水在1~2小时内完成,以免鱼类顶水(鱼类有迎水而上的习惯)而消耗过多的能量。

如果池塘周围缺乏良好的水源,也可进行原池冲水,解决暂时缺氧问题,即用水泵抽起池水仍冲回原塘,借以增氧。这种方法的增氧效果不是很好。

(4)利用增氧机增氧。这是目前精养鱼池改善溶氧条件、防止浮头的最好方法。最好采取增氧和搅水相结合的方法,即在鱼类将要浮头或开始浮头时开增氧机,平时在晴天中午开机搅水,造成池水上下流转混合,把上层水中过饱和的氧送到下层去,这样不仅可以改善下层水的溶氧条件,又能预防和减轻第二天早晨鱼类浮头。

使用增氧机一般遵循"三开二不开"的原则:"三开"即晴天中午开,阴天次日清晨开,阴雨绵绵浮头之前开(基本上是黎明时分);"二不开"就是傍晚不要开,阴雨天白天不要开。开机时间一般为1~2小时/次。

(5)化学增氧法。化学增氧法就是利用化学药剂在水中发生化学反应放出氧气进行增氧。现在最常用的药剂是过氧化钙(CaO_2),过氧化钙在水中反应可以连续很久地放出氧气。

$$2CaO_2 + 2H_2O = 2Ca(OH)_2 + O_2 \uparrow$$

从上面反应式可以看出,使用过氧化钙不但可以增加池塘中的溶氧量,而且能产生氢氧化钙,杀死水体中一些敌害生物和病原体,增加水体的碱度和硬度,提高水体的pH,有助于絮凝有机物及胶粒,起到改良水质和底质的作用。初次使用过氧化钙时,用量为20~40千克/亩。

六、氨

养殖水体中的氨(NH_3)来源于3个方面:含氮有机物的分解产生氨;水中缺氧时,含氮有机物被反硝化细菌还原并产生氨;水生动物的代谢一般以氨的形式排出体外。氨易溶于水,在水中生成分子复合物$NH_3 \cdot H_2O$,并有一部分解离成离子态铵(NH_4^+),形成如下化学平衡:$NH_3 \cdot H_2O \Longleftrightarrow NH_4^+ + OH^-$。分子氨($NH_3$)和离子铵($NH_4^+$)的总和称为"总铵"。

1. 氨的毒性机理

当水环境的氨增加时,大多数鱼类的排氨量减少,可引起血液和组织中氨的浓度升高。这会对动物细胞、器官和系统的生理活动带来严重的影响。

(1)氨对细胞的影响。分子氨进入血液后,转变为离子氮,并产生1个氢氧根离子(OH^-),OH^-浓度高时,对酶的催化作用和细胞膜的稳定性有显著的影响。高浓度的氨能吸收三羧循环中的α-酮戊乙酸,从而使谷氨酸脱氢反应逆向进行,同时减少辅酶Ⅰ(NADH)的有效氧化值。由于谷氨酸的氨转化为谷氨酰胺,故降低了细胞中三磷酸腺苷的浓度。

(2)氨对排泄的影响。以NH_3的形式直接排出是大多数鱼类排氨的重要途径。水环境中氨浓度增加造成鱼类排氨困难,鱼类可能先减少或者停止摄食,以减少代谢氨的产生。鱼类停止摄食后,必然降低生长率。

(3)氨对渗透作用的影响。水环境中高浓度的氨影响鱼类的渗透作用。氨增加了鱼类对水的渗透性,从而降低体内的离子浓度。淡水生物是高渗透压的,在含有致死浓度的氨的水体中,虹鳟的排尿量比平时增加6倍。从理论上说,排尿量增加会影响肾脏的吸收能力,从而引起氯化钠、葡萄糖、蛋白质和氨基酸的消耗。

(4)氨对氧运输的影响。氨能严重损害鱼的鳃组织,降低鳃血液吸收和输送氧的能力。赖克巴(1967)发现鱼类在含氨的环境中,红细胞和血红蛋白的数量显著减少。由于血液的pH较低,增加了氧的消耗,破坏了红细胞和造血器官。把虹鳟置于氨氮含量为21微克/升的水环境中培养6个月,鳃发生显著的病理变化,鳃的损害减小了鳃的亲氧面积和运送氧的能力。虹鳟在氨的致死浓度中,氧的消耗量增加了3倍。这可能是由于虹鳟活动量增加,维持水、盐平衡的能量消耗增大,或细胞代谢受到干扰。生活在含氨环境中的银鲑,同样由于酸性代谢产物的积累,使血液的pH下降而减弱血液的输氧能力,血液中氧的饱和程度降低,但银鲑能通过肾脏和呼吸机制使pH恢复正常。

(5)氨对组织的影响。氨的致死或半致死浓度可引起各种鱼类的肾、肝、脾、甲状腺和血液组织变化。鱼类长期生活在含氨的环境中,可引起死亡。

2.氨的致死作用

分子氨对鱼类是极毒的,可使鱼类产生毒血症。分子氨对鲢鱼和鳙鱼苗24小时的半致死浓度分别为0.91毫克/升和0.46毫克/升(雷衍之等,1983)。对不同发育阶段的草鱼鱼种96小时半致死浓度测定表明,随着鱼体增大,分子氨的半致死浓度增加,其中,全长1.73厘米的草鱼的分子氨的半致死浓度为0.469毫克/升;2.62厘米的草鱼为1.325毫克/升;7.07厘米的草鱼达1.386毫克/升(周永欣等,1986)。据报道(Robinetle,1976),水中分子氨浓度为0.12毫克/升对斑点叉尾鮰的生长有明显影响;冷水性鱼类对分子氨很敏感,欧洲内陆渔业咨询委员会以分子氨对鲑鱼和鳟鱼类的慢性毒性实验资料为依据,建议将0.021毫克/升的分子氨作为渔业用水标准。我国鲤科养殖鱼类对分子氨的耐受力较强,尽管目前尚未统一规定分子氨对鲤科养殖鱼类作用的安全浓度,但一般都将0.05～0.1毫克/升的分子氨作为可允许的极限值。

分子氨和离子铵在水中可以互相转化,它们的数量取决于养殖水体的pH和水温。pH越小,水温越低,水体总铵中分子氨的比例就越小,其毒性越低。pH<7时,总铵几乎以铵离子形式存在。pH越大,水温越高,分子氨的比例越大,其毒性也就越大。

七、硫化氢

在微生物作用下,无论是有氧环境还是无氧环境,含硫蛋白质中的硫巯基首先分解为-2价硫(H_2S、HS^-等)。HS^-在无游离氧的环境中可稳定存在,在有游离氧的环境中能被迅速氧化为高价态硫。

在有氧环境中,硫磺细菌和硫细菌可把还原态的硫(包括硫化物、硫代硫酸盐等)氧化为S或SO_4^{2-},反应式为$2H_2S+O_2 \longrightarrow 2S+2H_2O$。$H_2S$也可发生化学氧化作用,但在水环境中更重要的是生物氧化作用。

在缺氧环境中,各种硫酸盐还原菌可以把SO_4^{2-}作为受氢体而还原为H_2S,反应式为$SO_4^{2-}+$有机物$\longrightarrow H_2S$。这就是硫酸盐的还原作用,其发生条件是:

(1)缺乏溶氧。调查发现,当溶氧量超过0.16毫克/升时,硫酸盐的还原作用便停止。

(2)含有丰富的有机物。硫酸盐还原菌利用SO_4^{2-}氧化有机物而获得其生命活动所需能量(SO_4^{2-}被还原为H_2S)。在其他条件相同时,有机物增多,被还原产生的H_2S的量也就增多。

(3) 有微生物参与。水中应没有阻碍微生物增殖的物质,这在天然水体中一般是能满足的。

(4) 硫酸根离子的含量。在其他条件满足时,若硫酸根离子含量多,则还原作用就活跃,产生硫化氢的量就多。

后 3 个条件在一般养鱼水体中都是不可避免的。H_2S 对养殖生物来说是毒性很强的物质,为防止 SO_4^{2-} 被还原为 H_2S,应注意保持水中丰富的溶氧。要促进池水的上下流转,防止分层。一旦有温跃层形成,下层水就很容易缺氧,发生硫酸盐还原作用,造成危害。

硫化物和硫化氢都是有毒的,而后者的毒性更强。一般在酸性条件下,硫大部分以硫化氢的形式存在。夏季,精养鱼池底部容易出现缺氧状态,故具备了产生硫化物和硫化氢的条件。由于池底有机物经厌氧分解可产生较多的有机酸,使 pH 降低,因此,大多数硫化物变成硫化氢。当水中溶氧量增加时,硫化氢即被氧化而消失。如底质或底层水中含有一定数量的活性铁,则硫化氢也会被转化为无毒的硫及硫化铁沉淀,反应式如下:

$$Fe^{2+}+H_2S=FeS\downarrow+2H^+ \rightarrow 2Fe^{3+}+3H_2S=2FeS\downarrow+S\downarrow+6H^+$$

硫化氢对鱼类的毒害作用是与血红素中的铁化合,使血红素量减少,另外,硫化氢对皮肤也有刺激作用。它对鱼类有很强的毒性,对其他水生生物也是如此,因此,鱼池中是不允许有硫化氢存在的。

防止硫化氢产生的主要措施是提高水中氧的含量,尽量避免底层水因缺氧而发展至厌氧状态。也可以使用含铁氧化剂,使硫化氢变为硫化铁沉淀从而将其消除。此外,必须避免含有大量硫酸盐的水进入池塘。

八、二氧化碳

水中二氧化碳(CO_2)的来源主要是水生植物的呼吸作用和有机物的分解,其次是从空气中溶入。水中二氧化碳的消耗主要是水生植物的光合作用吸收以制造有机物,其次是形成结合的二氧化碳,如碳酸氢盐和碳酸盐等。

池水中的二氧化碳随水生植物的活动和有机物的分解情况而转移,也表现出昼夜、垂直、水平和季节等变化,其变化情况一般与氧的变化情况相反。白天,浮游植物的光合作用,二氧化碳被利用,其含量降到最低;夜间光合作用停止,水中动植物的呼吸作用及有机物的分解作用不停地进行,使水中的二氧化碳不断积累,到凌晨达最高水平。池水中的二氧化碳对鱼类和其他水生生物有重要的影响。二氧化碳是浮游植物光合作用的主要原料,缺少二氧化碳,浮游植物的繁殖、生长将受到抑制;而高浓度的二氧化碳对鱼类有麻痹和毒害作用。

对于碱度及硬度较低的池水,控制二氧化碳的有效方法是,可施用生石灰,补充钙离子和碳酸氢盐,提高水中二氧化碳的贮量,增加调节游离二氧化碳及pH的能力。游离的二氧化碳是由池底含有的大量有机物分解所产生的,要注意清除池底过多的淤泥。

九、溶解盐类

淡水中溶解的无机盐类主要由碳酸氢根离子、碳酸根离子、硫酸根离子、氯等阴离子和钙离子、镁离子、钠离子、钾离子等阳离子组成,它们构成了溶于水中盐分的绝大部分。此外,还有少量的硝酸根离子、亚硝酸根离子、磷酸根离子等阴离子,铁离子、铵离子等阳离子,以及微量的锰、铜、锌、钴等元素。

1. 碳酸盐类、盐度、碱度、硬度和钙、镁

(1)碳酸盐类。淡水中溶解最多的盐是碳酸盐类,包括碳酸氢盐和碳酸盐,主要是碳酸氢盐,碳酸盐在水中的溶解度很低。碳酸氢盐等弱酸离子能与氢离子结合,消耗酸,增加水的碱度。

(2)盐度。1000克水中溶解盐类的克数称为"盐度"。淡水水体的盐度在0.5‰以内,盐度在0.5‰以上的水属于"半咸水"或"盐水"。

(3)碱度。水中的钙离子、镁离子、钾离子、钠离子与碳酸氢根离子、碳酸根离子等弱酸离子结合的盐类及其氢氧化物的总量称"碱度"。

(4)硬度。硬度是指水中钙盐和镁盐的含量。淡水盐类主要是钙和镁的碳酸盐类,所以淡水总碱度与总硬度在数值上相差不大。碱度和硬度的单位相似:德国度1°相当于10毫克CaO/升;1毫克当量/升=2.8°=50.05毫克$CaCO_3$/升。

(5)养鱼用水。钙离子和镁离子在水中常同时存在,但淡水中钙离子的含量比镁离子高[Ca^{2+}:Mg^{2+}=(2~4):1]。钙是构成鱼类骨骼的主要物质,也是其他水生生物生长发育必需的元素之一。镁是叶绿素的主要成分之一,各种藻类均需要镁。因此,钙、镁对鱼类及其他水生生物都很重要。一般碱度和硬度较高的水,对鱼类饵料生物的繁殖是有利的。作为养殖用水,需要一定的硬度和碱度。硬度一般在3°~30°,其中以5°~8°(德国度)最好,而碱度一般在0.5~1.5毫摩尔/升(1毫摩尔/升=5.608°)。如果硬度过低,可以施用生石灰加以改良。

2.磷酸盐

磷是有机物不可缺少的重要元素。生物体内的核酸、核蛋白、磷脂、磷酸腺苷和很多酶的组成中,都含有磷。磷酸盐对生物的生长发育与新陈代谢都起着十分重要的作用。

(1)磷的组成。养殖水体中的磷包括:

①溶解的无机磷主要以$H_2PO_4^-$和HPO_4^{2-}形式存在。

②溶解有机磷经水解后可转变为无机磷。如卵磷脂水解为磷酸甘油,进而再水解为磷酸。

③颗粒磷是以颗粒状悬浮于水中的各种磷酸酯。如多聚磷酸盐、羟基磷酸钙、浮游生物体内的有机磷以及被泥沙颗粒所吸附的磷酸盐。

以上三部分磷的总和称为"总磷"。植物能利用的是溶解的无机磷酸盐(部分藻类能利用多聚磷酸盐),故这部分磷称为"有效磷"或"活性磷"。如水样直接用"铂蓝法"测出的磷含量,不仅包括有效磷,而且包括易水解的有机磷和部分颗粒磷。故测定有效磷时,必须将水样离心、过滤后,取上清液进行测定,才能反映水体有效磷的真实含量。否则,测得可溶性无机磷的含量往往与实际情况有较大的出入。磷的含量以每升含磷量或 P_2O_5 或 PO_4^{3-} 的毫克数来表示,其中,1 毫克磷 $=2.291$ 毫克 $P_2O_5=3.066$ 毫克 PO_4^{3-}。

(2)养殖水体中磷的补给与消耗。养殖水体中磷的来源主要通过投饵、施肥、动物排泄物、生物尸体、底泥释放和补水。其中,排泄物对加速水体中磷的循环起重要作用。据测定,浮游动物每日摄取的食物中 54% 以上的磷以活性磷的形式排泄到水中。此外,由于目前洗涤剂中大多添加了多聚磷酸盐,故生活污水及靠近城市的河水、湖水中常带有较多的活性磷。水中磷的消耗方式除了生物吸收利用外,主要包括受土壤黏粒的吸附、受有机物质的螯合以及与水中钙、镁、铁、铝生成难溶于水的磷酸盐。

3. 氮化合物

(1)氮化合物的组成。氮是构成生物体蛋白质的主要元素之一。水中氮化合物包括有机氮和无机氮两大类。

有机氮主要是氨基酸、蛋白质、核酸和腐植酸等物质中所含的氮。某些藻类和微生物可直接利用有机氮。有机氮在工厂化育苗池、温室养鳖池、精养鱼池中占有较大的比例。

无机氮主要包括溶解氮气(N_2)、铵态氮(NH_4^+)、亚硝态氮(NO_2^-)和硝态氮(NO_3^-)。溶解于水的分子态氮只有被水中的固氮菌和固氮蓝藻通过固氮作用才能转化为可被植物利用的氮。一般浮游植物最先利用的是铵态氮,其次是硝态氮,最后才是亚硝态氮。因此,上述三种形式的氮通常称为"有效氮",或称为"三态氮"。亚硝态氮是不稳定的中间产物,对鱼类和其他水生动物有较大的毒性。

在鱼类主要生长季节,池塘中若总铵超过 0.5 毫克/升,亚硝态氮超过0.1毫克/升,表示水质受大量有机物污染。而精养鱼池在夏秋季节则往往超过此值,通常总铵为0.5~4毫克/升,亚硝态氮为0.1~0.4毫克/升,硝态氮为0.1~2毫克/升。一般海洋、湖泊、水库等水域中,若总氮量超过0.2毫克/升、总磷超过0.02毫克/升,表明该水体已富营养化。

(2)亚硝态氮。

①毒性机理。亚硝态氮的毒性主要是影响氧的运输、造成重要化合物的氧化以及损坏器官组织。血液中亚硝态氮的增加能将血红蛋白中的二价铁氧化为三价铁,三价铁血红蛋白(氧化型血红蛋白)则没有运输氧的能力。亚硝态氮还可引起小血管平滑肌松弛,进而导致血液运输受阻。此外,亚硝态氮还可以氧化其他重要化合物。虹鳟实验发现,虹鳟死亡的原因不是三价铁血红蛋白的含量升高,可能还有亚硝态氮的其他毒性反应。把虹鳟置于含0.06毫克/升亚硝态氮的环境中3周,可见到鳃瓣轻度肥大、增生和脱落。

②致死作用。亚硝态氮对鱼类的致死作用因水的化学性质和鱼类品种不同而有很大差异。斑点叉尾鮰和虹鳟96小时半致死浓度(LC_{50})分别为12.8~13.1毫克/升和0.2~0.4毫克/升。加入钙离子或氯离子,可以使鲑科鱼类对亚硝态氮的忍耐力增加30~60倍。这是由于它们能使亚硝态氮完全通过鳃而降低毒性。

(3)硝态氮的毒性。在水循环系统中,氨态氮的硝化使硝态氮产生积累。硝态氮对鱼类来说毒性最小,但高浓度的硝酸盐也会影响其渗透作用和氧的运输。高浓度的硝态氮也会将血红蛋白中的二价铁离子氧化为三价铁离子。格拉德巴等(1974)发现,5~6毫克/升硝酸盐可引起虹鳟血液中三价铁血红蛋白明显增加。水生动物96小时的硝酸盐半致死浓度为1~3克/升。在淡水鱼试验中,把硝酸钠和氯化钠的半致死浓度进行比较,发现硝态氮的毒性主要是由鱼类不能在高盐环境中维持正常的渗透压所致。

4. 铁化合物

铁能促进叶绿素的形成,并参与某些酶的化学组成,是藻类重要的营养元素。铁在水中有二价铁和三价铁两种形式,呈溶解(低价)、胶体(高价)、悬浮等状态,比较复杂。低价铁在缺氧还原条件下才能稳定存在,在溶氧充足时被氧化为高价的胶状氢氧化铁或氧化铁沉淀。淤泥附近的水层常因氧气不足,低价的溶解铁较多。

天然水体中铁的含量一般低于 0.1 毫克/升,有时可高达数毫克每升,浮游生物对铁的适宜需求量一般不会超过水中的铁含量。铁含量过高对鱼类不利,较高浓度的铁能在鱼鳃上沉淀并形成棕色薄膜,妨碍鱼类呼吸,严重时可以引起鱼类窒息死亡。同时,铁含量过高对鱼卵孵化也不利。在酸性水中,铁的溶解量会增加,这样会加大铁对鱼类的危害。

当池水中铁的含量超过 5 毫克/升时,需要对水质进行改良。此时,可向水中充气,增加含氧量,将低价铁变为高价铁沉淀,同时,可施用生石灰,提高水体 pH,促进铁沉淀。

5. 硫酸盐和氯化物

硫也是浮游植物的营养元素之一,浮游植物可以通过吸收水中的硫酸根离子来满足自身的生长需要。水中硫的含量一般不高,为 20~30 毫克/升,对鱼类无直接危害。在有硫矿、温泉水的地方,硫酸盐的含量可能较高。在硫酸盐过多,同时有机物较多的情况下,缺氧时硫酸盐易受硫酸盐还原菌作用产生硫化氢,硫化氢是有毒的。

藻类的光合作用需要氯。氯化物在淡水中含量较少,人及动物尿液中含有较高的氯,施肥时也可以提高植物体中氯的含量。过高的氯对鱼类有害,当氯化物含量为 2~6 克/升时,可以致 1 龄鲤鱼死亡。

十、有机物质

池塘中死亡的有机体、生物排出的废弃物、投饲料、施肥料等都是有机物质的来源。有机物质呈溶解、胶状和悬浮等状态,以溶解状态为主,多为分解的中间产物,如糖类、有机酸、氨基酸、蛋白质等。有机物质是水中营养盐的重要来源,也是细菌和藻类甚至是鱼类的重要营养物质。

一般有机物质越丰富,池塘生产力越高。但是,有机物质在分解过程中需要消耗大量的氧气,容易导致池塘缺氧,池水恶化,甚至出现泛塘事故。因此必须控制适当的有机物含量,才能保证养殖正常进行。以鲢鱼、鳙鱼为主的池塘,一般有机物质耗氧量在 20~35 毫克 O_2/升较为适宜,以罗非鱼为主的池塘可以略高些,以草鱼为主的池塘要略微低些。这是池塘保持肥水的重要指标,若耗氧量超过 40 毫克 O_2/升,则表示有机物含量过高。

十一、酸碱度

海水的酸碱度(pH)范围通常为 7.85~8.35,内陆水域的 pH 则变化幅度较大。各种鱼类有不同的最适 pH 范围,一般鱼类生存的 pH 范围为 4~10,四大家鱼为 4.4~10.2,鲤鱼、鲫鱼为 4.2~10.4。鱼类多适应偏中性或弱碱性的环境,在 pH 为 7.0~8.5 的水中生长良好。酸性水体可使鱼类血液中的 pH 下降,使一部分血红蛋白与氧的结合完全受阻,因而降低其载氧能力,导致血液中氧分压变小。在这种情况下,尽管水中含氧量较高,但鱼类也会因缺氧而浮头。在酸性水中,鱼类往往表现为不爱活动、畏缩迟滞、耗氧量下降、代谢机能急剧降落,导致摄食很少,消化也差,生长受到抑制。水体 pH 超出极限范围时,往往会破坏皮肤黏膜和鳃组织,而对鱼类造成直接危害。水体 pH 过低对于以其他水生生物为食的鱼类能造成间接的危害,如在酸性环境中,细菌、藻类和各种浮游动物的生长、繁殖均受到抑制;硝化过程滞缓,有机物的分解速率降低,导致水体内物质循环速度减慢。

第三节 池塘的生物类群

池塘、湖泊、水库、江河等不同的水域类型，其生物的种类和数量具有明显差异。总的趋势是水体越大，生物的多样性越显著；水体越小，生物的多样性受人类和自然的影响越大，生物的种类明显减少，而种群的生物量则明显增加，各种群的数量从不稳定到趋于相对稳定。本节重点介绍池塘的生物类群。

池塘是小的生态系统，生存着各种类群的水生生物，主要包括高等水生植物、底栖动物、附生藻类、浮游生物和微生物等，其中许多种类的水生生物是养殖鱼类的天然饵料，特别是浮游生物，但有些种类对饲养鱼类是不利的。池塘中的生物以浮游生物（主要是浮游植物）为主，细菌数量也很多，而高等水生植物和底栖生物很少。

一、高等水生植物

池塘中的高等水生植物一般较少，主要有以下 4 种类型。

（1）挺水植物，即植物的根、根茎生长在水的底泥之中，茎、叶挺出水面；其常分布于 0～1.5 米的浅水处，有的种类生长于潮湿的岸边。这类植物在空气中的部分，具有陆生植物的特征，在水中的部分（根或地下茎），具有水生植物的特征。常见的种类如芦苇、水花生、荸荠、慈姑、鸭舌草、香蒲和水葱等。

（2）浮叶植物，也称"浮水植物"，是生于浅水中，叶浮于水面，根长在水底泥土中的植物，如莲、荇菜、芡实、菱和眼子菜等。

（3）漂浮植物，又称完全漂浮植物，是根不着生在底泥中，整个植物体漂浮在水面上的一类浮水植物。这类植物的根通常不发达，体内具有发达的通气组织，或具有膨大的叶柄（气囊），以保证其与大气进行气体交换，如浮萍、满江红、芜萍和水葫芦等。

（4）沉水植物，是指植物体全部位于水层下面，营固着生存的大型水生植物。它们的根不发达或退化，植物体的各部分都可吸收水分和养料，通气组织特别发达，这有利于它们在水中缺乏空气的情况下进行气体交换。这类植物的叶子大多呈带状或丝状，如菹草、轮叶黑藻、苦草、水车前、水马齿和茨藻等。

在人工精养殖及各种鱼苗池中，是不允许有高等水生植物存在的。因为这些植物会吸收池塘中的大量营养物质，遮挡光线，影响水温提升、正常通风及池水增氧。但对于养殖草食性鱼类的鱼种池，必须有一定的水草。

二、底栖动物

底栖动物是指生活在水体底部的肉眼可见的动物群落。主要包括水生昆虫及其幼虫，如摇蚊幼虫、蜻蜓幼虫等；环节动物，如水蚯蚓、尾鳃蚓等；软体动物，如螺类、蚌类、蚬类等。这些种类的底栖动物大多数是青鱼、鲤鱼、鲫鱼等底层鱼类的优质天然饵料，在池塘中有一定的生物量，但比浮游生物少很多。蜻蜓幼虫及鞘翅目、半翅目的一些种类是鱼苗的敌害，应采取措施进行清除。

三、附生藻类

附生藻类主要附生于底泥表层，呈蓝绿色、黑绿色、黄褐色或绿褐色，主要种类有蓝藻、硅藻、绿藻等，大型的丝状绿藻（即青泥苔）也附生在底层。天热季节，这些附生藻类常同底泥一起浮至水面，形成一层片状的浮泥。附生藻类是鲴鱼类的食物，可与腐屑和泥土一起被鲴鱼类吞食。

四、微生物

水中的微生物主要包括细菌、酵母菌、霉菌等。细菌的数量多，每毫升水体含有数万至数百万个。细菌在池塘中所发挥着重要的作用。它们不仅在池塘的物质循环中起重要作用，而且是水生生物和鱼类的重要饵料。有机碎屑的表面上带有大量的细菌,鱼类摄食有机碎屑时,也会吞食许多有营养价值的细菌。

微生物的有害方面表现于:当水体缺氧时,有机物质会被厌氧菌分解,产生还原性物质,使水质变坏;有些微生物是鱼类的病原,会引起鱼类生病,造成死鱼。提高池水的溶氧量、中和酸性、防止池水受有机物污染等措施,可以促进有益微生物繁殖,抑制有害微生物产生,从而提高鱼产量。

五、浮游生物

浮游生物泛指生活于水中而缺乏有效移动能力的漂流生物,包括浮游植物和浮游动物。池塘中的浮游生物主要包括由金藻门、黄藻门、硅藻门、甲藻门、裸藻门、隐藻门、绿藻门和蓝藻门等8个门组成的浮游植物以及由原生动物、轮虫、枝角类和桡足类等组成的浮游动物。浮游生物是饲养幼鱼和鲢鱼、鳙鱼等成鱼的主要饵料。

1. 池塘浮游生物的特点

池塘由于水体小,环境变化快,以及放养、投饵、施肥等人为因素干扰多,故浮游生物的种类和数量变化大。不同地区和同一地区的不同池塘,其浮游生物的种类和数量组成也不同,每升水中浮游生物的个体数量在数百万至数亿不等。由于池塘中有机物丰富,极易形成优势种群,特别是夏天。绿藻、蓝藻、硅藻、隐藻等浮游植物喜有机物质,因此,它们的优势种经常可见,其生物量一般为20~100毫克/升。在鱼类密度较高的精养池中,大型浮游动物(如枝角类、桡足类等)常被鱼类摄食,故不易大量繁殖,数量较少。

浮游生物有季节、昼夜、垂直和水平等变化。昼夜和垂直变化是由光照强度造成的,不同的浮游生物具有不同的趋光性(一般浮游动物喜弱光,浮游植物喜强光)。这一变化也是造成溶氧在昼夜和垂直变化的主要原因。水平变化是受风力影响的结果,浮游生物量为下风处多于上风处,从而造成溶氧的水平变化。季节变化表现在:早春硅藻、衣藻大量出现,轮虫、桡足类开始大量繁殖,到晚春则逐渐减少,枝角类数量达到高峰;夏季绿藻和蓝藻数量达最高峰,有时形成水华,生物量最大,浮游动物以轮虫、原生动物为主;秋季绿藻和蓝藻数量下降,硅藻、甲藻等数量上升,生物量高于春季,而浮游动物数量也逐渐增加,但仍低于春季(越冬前杀虫、春季杀虫);冬季浮游生物量少,只有少量的硅藻和桡足类等。

2. 浮游生物与池塘水色及肥度的关系

水质好坏可以从池水的颜色直接观察到。池水的颜色是由水中的溶解物质、悬浮颗粒、浮游生物、天空和池底色彩反射等因素综合反映出来的,如富有钙、铁、镁盐的水呈黄绿色;富有溶解腐殖质的水呈褐色;含泥沙多的水呈土黄色且混浊等。但是鱼池的水色主要是由池中繁殖的浮游生物所造成的。由于各类浮游植物细胞内含有不同的色素,因此,当浮游植物种类和数量不同时,池水便呈现不同的颜色。

在养鱼生产过程中,很重要的一项日常管理工作就是观察池塘水色及其变化,以便大致了解浮游生物的分布情况,据此判断水质的肥瘦和好坏,从而采取相应的措施。一般来说,根据池塘水色可将水质划分为以下几种类型。

(1)瘦水。瘦水水质清淡,或呈浅绿色,透明度较大,在70厘米以上(适于养鱼的水透明度为30~40厘米),浮游生物数量少。水中往往生长有丝状藻类(如水绵、刚毛藻等)和水生维管束植物(如菹草等)。下面几种颜色的池水,虽然浮游植物数量较多,但大多属于难消化的种类,因此,它们不是理想的养鱼用水。

①暗绿色。天热时水面常有暗绿色或黄绿色的浮膜,水中团藻类、裸藻类较多。

②灰蓝色。透明度低,混浊度大,水中颤藻类等较多。

③蓝绿色。透明度低,混浊度大,天热时有灰黄绿色的浮膜,水中微囊藻、囊球藻等较多。

(2)较肥的水。较肥的水一般呈草绿带黄色,混浊度较大,水中多数是鱼类半消化及易消化的浮游植物。

(3)肥水。肥水呈黄褐色或油绿色,混浊度较小,透明度适中,一般为25～40厘米。水中浮游生物数量较多,鱼类容易消化的种类也较多,如硅藻、隐藻、金藻等。浮游动物以轮虫居多,有时枝角类、桡足类也较多。肥水按其水色可分为2种类型。

①褐色水(包括黄褐色、红褐色、褐带绿色等)中优势种类多为硅藻,有时隐藻大量繁殖也呈褐色,同时有较多的微细浮游植物,如绿球藻、栅藻等,这种情况也多呈褐带绿色。

②绿色水(包括油绿色、黄绿色、绿带褐色等)中优势种类多为绿藻(如绿球藻、栅藻等)和隐藻,有时也有较多的硅藻。

(4)"水华"水。"水华"水是在肥水的基础上进一步发展而形成的,水中浮游生物数量多,池水往往呈蓝绿色或绿色带状。根据对有关鱼池的观察,水中多有蓝绿色的裸甲藻,并有较多的隐藻。裸甲藻喜欢光且喜群集,因而形成水华,此时池水透明度低,为20～30厘米。当藻类极度繁殖且遇天气不正常时,易发生藻类大批量死亡,使水质突变,水色发黑,继而转清、发臭,成为"臭清水",这种现象常被称为"转水"或"水变"。这时池中溶氧被大量消耗,往往引起池塘中的鱼因窒息而大批死亡。对出现"水华"水的鱼池,要随时注意水质的变化状况,并经常加注新水或开动增氧机增氧,以防止水质恶化。最近又有发现,在"水华"水中鲢鱼、鳙鱼生长速度较快,如果保持较长时间的"水华"水,而又不使水质恶化,可提高鲢鱼、鳙鱼的产量。

看水养鱼是我国池塘养鱼的主要经验之一,一般认为适合养鱼的肥水应具有"肥、活、嫩、爽"的特征。"肥"就是浮游生物多,易消化的种类数量多;"活"就是水色不死滞,随光照和时间不同而变化,这是浮游植物处于繁殖盛期的表现;"嫩"就是水色鲜嫩不老,易消化的浮游植物较多,细胞没有衰老的征兆,如果蓝藻等难消化种类大量繁殖,则水色呈灰蓝色或蓝绿色,或者浮游植物细胞衰老,会降低水的鲜嫩度,变成"老水";"爽"就是水质清爽,水面无浮膜,混浊度较小,透明度一般为20~25厘米,且水中含氧量较高。

第四节 养殖水域的土质

与水接触的土壤可从多方面影响养殖水质。特别是池塘,土质对池塘的影响极为明显。

一、土质对水质的影响

池底土壤中含有各种无机质和有机质,这些物质溶解于水后,可对池水的肥度产生影响。土壤的透水性对池塘也有影响,土壤透水性大的水池,要经常加水,否则会影响水质变肥。因此,要求土壤有一定的保水性。土壤中含有腐殖质,它们可向水中提供营养物质,并与土壤中的矿物胶囊一起吸附水中的营养盐类,这对池塘施肥有重要的影响。池底土壤与一般的土壤不同,池底土壤的间隙完全被水淹没,通气条件差,氧气的来源主要靠水中的溶解氧,池底土壤中厌氧性细菌数量多,有机物的矿化过程比陆地土壤中的慢,甚至比在水中慢,易产生多种有害的中间产物,对水质有不利影响。

二、淤泥的特性及作用

经过一段时间后,池塘底部会积存一定厚度的淤泥,原来土壤对水质的影响逐渐减弱,然后被淤泥所取代。

1. 淤泥的性质

淤泥中含有大量的有机质,成分复杂,主要是非腐殖质和腐殖质。非腐殖质主要是碳水化合物和含氮化合物;腐殖质主要是胡敏酸和富里酸,腐殖质是有机质在微生物的作用下发生分解反应而转化成简单化合物,同时,经生物化学作用又重新合成的复杂而稳定的有机化合物,呈黑色或黑褐色。腐殖质本身是一种胶体物质,表面能巨大,能吸收并保持大量的阳离子,同土壤中的无机黏土矿粒一起吸附水中的离子状态物质。

2. 淤泥对水质和鱼类的影响

(1)淤泥具有供肥、保肥和调节水质肥度的能力。淤泥中含有大量的有机质,淤泥是池塘有机物的"贮存库"和有机物的"生物加工厂"。有机物分解可释放大量的营养盐类(供肥)。淤泥中还有大量的胶体物质,施肥后可吸附大量的有机物和无机盐,使水不会突然变肥,而是慢慢放出营养盐类(保肥)。

(2)淤泥过多,容易恶化水质。有机物耗氧大,在夏季容易造成鱼类缺氧浮头,甚至泛池死亡。淤泥在缺氧时会产生大量的还原物质,如 H_2S 等。

(3)淤泥过多,容易造成鱼生病。有机物产生大量的有机酸,使 pH 下降,病菌易繁殖(适宜的淤泥厚度为 5~10 厘米)。

三、养殖水域底质的改良

1. 新开鱼池或盐碱池

用绿肥在池中沤肥的方法可更快地制造塘泥(施粪肥也可以)。在绿草上面覆盖一层土,绿草腐烂后成为腐殖质,可起供肥、保肥和调肥的作用。盐碱池底形成塘泥后,池水的 pH 可大大下降。

2. 淤泥过多的鱼池的改良措施

(1)排干池水,挖除过多的淤泥作为青饲料的肥料(最好每年 1 次,保留 5 厘米左右的塘泥即可)。

(2)池底经过日晒和冰冻。将不用的鱼池排干水,干池越冬。日晒和冰冻不仅可以杀死病菌和孢子,而且可以使淤泥的中间产物氧化分解变成简单的无机物。

(3)在鱼类主要生长季节的晴天中午,采用水质改良机吸出部分淤泥或翻动塘泥,其目的在于减少耗氧因子,充分利用上层氧盈,防止鱼类浮头。

（4）施放生石灰，提高淤泥肥效，改善水质，可杀灭寄生虫、病菌和害虫。在鱼类生长季节改良水质。

（5）养鱼与作物轮作。利用上半年空闲的1龄鱼种池种植水稻、稗草、小麦等植物。

第四章

池塘施肥

池塘施肥的主要作用是向池塘施放含有氮、磷、钾、钙等营养元素的肥料,促使饵料生物的繁殖,为养殖鱼类提供充足的天然饵料,加速鱼类生长。池塘施肥是提高鱼塘产量、增加养鱼效益的有效方法之一,也是发展渔业生产的重要措施之一。在鱼苗、鱼种的培育以及成鱼的饲养过程中,施肥是关键技术之一。

第一节 有机肥的种类及使用

一、有机肥的肥效特点

有机肥料是指以有机物为主的自然肥料,主要由人和动物的粪便以及动植物残体组成。其特点有:原料来源广,数量多;养分全(含氮、磷、钾等元素),含量低;肥效迟而长,须经微生物分解转化后才能促进浮游生物生长,提高水质肥度。

二、有机肥的缺点

有机肥中的肥料含量相对较低,不能满足某些藻类不同生长时期的需要,对老化的池塘易造成污染,最严重的是,在分解过程中要消耗大量的溶解氧。另外,有机肥的成分变化大,肥效不一致,施肥时难以掌握确切的用量。

三、有机肥的种类及使用

有机肥的主要品种有绿肥、粪肥、混合堆肥、生活污水等。

(一)绿肥

1. 来源

绿肥宜选用茎叶较柔嫩,在水中易于腐烂分解和无毒的青草、绿肥作物等作为池塘肥料。绿肥包括天然生长的不含有毒物质的各种野生草类,如青草、水草、树叶等,以及绿肥作物,如紫云英、苜蓿、蚕豆、豌豆、苕子、三叶草和艾蒿等。

2. 特点

绿肥的养分含量随植物种类和生长条件的不同而有差别,一般栽培绿肥的新鲜绿色体含有机质10%以上,氮素(N)0.5%以上,五氧化二磷(P_2O_5)0.10%~0.15%,氧化钾(K_2O)0.3%~0.4%。水草含N 0.10%~0.25%,P_2O_5 0.05%~0.10%,K_2O 0.1%~0.3%。

3. 用法

(1)基肥。在毛仔下塘前7~8天,将基肥堆放在池塘拐角,每亩施用400~500千克,不完全淹没,3~4天翻一次,10天左右沤好。

(2)追肥。每星期每亩施用绿肥200~300千克。

(二)粪肥

1. 人粪尿

人粪尿中氮素含量比畜禽粪中的多,纤维素含量较少,腐熟分解的速度快。粪缸需加盖贮存,避免氮素挥发。发酵过程中需加入1%~2%的生石灰发酵腐熟,以杀死病菌、寄生虫和寄生虫卵等,防止疾病的传播。人粪尿的肥分主要是氮、磷、钾,尤其是氮素较多。施用量为100千克/亩,每3天施肥一次,并加一点生石灰沤至腐烂。

2.畜禽粪

畜禽粪含有较多的纤维素,分解较慢,肥效较迟(对浮游生物来说)。在各种畜粪中,以羊粪的氮、磷、钾含量最高,猪、马粪次之,牛粪最低。家禽粪中氮、磷、钾含量较畜粪中的多,肥分高。不同粪肥的养鱼效果是:鸡粪＞人粪＞鸭粪＞猪粪＞牛粪。施用前加生石灰沤烂,基肥用量为300～400千克/亩,追肥用量为50千克/(亩/天)。

(三)混合堆肥

混合堆肥是利用绿肥、粪肥混合堆制发酵而成的。混合堆肥的制作方法是在土坑或砖坑内,将各种原料分层堆放,一层青草,一层石灰,一层粪肥,按次装入,装好后加水至肥料完全浸入水中为止,上面再用泥土密封,让其发酵腐熟后即可应用。夏天需要10天沤好,冬天需要20天沤好。

(四)生活污水

城市排放的生活污水中含有大量的有机质和磷酸盐、铵盐等营养盐类,因此,可以利用其培肥水质,繁殖养鱼的天然饵料。

四、施用有机肥应掌握的基本技术

(1)控制好施肥量。对于水深1米的池塘,每次的施肥量不宜超过500千克/亩,通常为200～300千克/亩。

(2)采取少量多次施用的方法。

(3)施肥前预先经过堆沤发酵。

(4)水质管理上采用增氧、定期加入新水或形成适当的微流水环境等措施。

五、施用有机肥对水色的影响

根据不同水色施肥。池塘水色会因季节不同、一日中的时间不同及施肥种类的不同而有变化。一般低温季节的池塘水色较淡,高温季节的池塘水色较浓。肥水塘往往出现早红晚绿的水色。投放水草、旱草的池塘,池水呈红褐色;施牛粪的池塘,池水呈淡红褐色;施猪粪后,池水呈酱红色;泼洒人粪或施化肥后,池水呈深绿色;施禽粪后,池水呈黄绿色;投喂螺蚬后,池水呈油绿色;投喂粉浆后,池水呈褐绿色或墨绿色。施肥后出现上述各种水色,表示水质转肥。

第二节　无机肥的种类及使用

无机肥料养分含量高,肥效快,但养分比较简单,不含有机物,且肥效持续时间较短。为了更好地发挥培育鱼类过程中天然饵料的作用,一般都是几种无机肥料和有机肥料配合使用。无机肥主要有氮肥(N)、磷肥(P)、钾肥(K)和钙肥(Ca)4种。

一、无机肥的肥效特点

(1)养分确切、含量高、用量小、操作方便。如1千克$(NH_4)_2SO_4$的含氮量与30~40千克人粪尿的含氮量相当,过磷酸钙中磷的含量是畜禽粪尿中的60~80倍。

(2)肥效快。

(3)施肥后不会大量消耗水中的溶解氧。

二、无机肥的缺点

(1)营养单一,不含有机物。

(2)有些有残留,对水质影响较大。

(3)肥效持续时间短。

(4)有些在施用时对水质要求较高。如磷肥在施用时,对pH要求较高,不能与生石灰一起施用。

三、无机肥的种类及使用

1. 氮肥

无机氮肥包括液态氮肥和固态氮肥 2 种。液态氮肥是碱性氮肥，如氨水。施用液态氮肥时要注意它的毒性，水温越高，碱性越强，其毒性也越大。液态氮肥应在池水 pH 小于 7 时施用，并注意少量多次，选在晴天中午前施入。固态氮肥主要有尿素、碳酸氢铵、硫酸铵和氯化铵等，其中硫酸铵、氯化铵在池水 pH 较高时施用，碳酸氢铵、硝酸铵和尿素在池水 pH 为中性时施用，施用后水中无残留。施用尿素肥料时可先将它溶于水，然后全池泼洒，或盛在若干只塑料袋内，再在塑料袋上穿些小孔，挂在池塘中，让其慢慢释放到水中，这样效果会更好。无机氮肥的作用是促进浮游植物大量生长。一般作为追肥时，氮素用量为 0.5～1.0 千克/亩，作为基肥时，氮素用量为 1.5～2.0 千克/亩。

2. 磷肥

磷肥一般指水溶性磷肥，如过磷酸钙、重过磷酸钙等肥料。磷肥最好与有机肥一起沤制后再施用。为了使磷肥长时间保留在水表层，以利于浮游生物吸收，避免沉到池底，可以采用挂袋法施用。磷肥有利于促进浮游植物的生长和氮的释放。一般老化的池塘缺磷。作为基肥时，P_2O_5 用量为 0.4～1.0 千克/亩，作为追肥时，P_2O_5 用量为基肥的 25%～33%。

3. 钾肥

常用的钾肥是硫酸钾、氯化钾、草木灰等，其中以草木灰施用较多。一般鱼池不太缺钾，施用较少，其作用是促进磷肥的释放。作为基肥时，K_2O 用量为 0.5 千克/亩，作为追肥时，K_2O 用量为基肥的 25%～33%。

4. 钙肥

养鱼用的钙肥主要有生石灰（CaO）、消石灰[$Ca(OH)_2$]、碳酸钙

($CaCO_3$)等。生石灰一般都在清塘时施于池底,除此之外,只有当水中酸性较大时,才泼洒少量石灰水,起中和作用。

(1)作用。

①直接提供水生生物必需的营养元素。

②中和酸性,改善水体的pH,增加酸碱缓冲能力。

③杀菌防病。

④加速有机物的矿化分解能力,提高生产力。

(2)用法(以生石灰为例)。

①干法:75~100千克/亩。

②湿法:基肥时,150千克/亩,追肥时,10千克/亩。

四、施肥的标准

(1)正常情况下,溶解氧大于3毫克/升,7~10天施肥一次。

(2)鲢鱼、鳙鱼3~5天浮头一次,不施肥。

(3)采用生物量法,浮游生物量为0.15~0.5克/升,不施肥。

(4)透明度为25~30厘米,水质为中性或弱碱性,不施肥。

(5)水色为油绿色、黄绿色或绿色,不施或少施肥。

五、施肥注意事项

(1)看鱼塘。塘大多施,塘小少施;新塘施有机肥,老塘施化肥。

(2)看水质。淡的多施,浓的少施,混浊的水体施有机肥。

(3)看季节。冬季打基础,多施有机肥,平时少而多次施有机肥。

(4)看天气。晴天多施,阴天不施或少施。

(5)看鱼。鱼生长好时少施,生长不好时则多施,若鱼天天浮头,则需要换新水。

(6)施用无机肥时,碳酸氢铵、硝酸铵、磷肥等不能和生石灰、草木灰等碱性物质一起施用。施化肥应在晴天进行。一般施肥后第2天水质便开始转肥。当池水混浊、胶粒多时,不要施氮肥和磷肥,以免肥料被胶粒吸附而丧失肥效。

第三节　环境因素对施肥的影响

鱼塘中天然饵料生物的多少受物理、化学和生物等因素的影响，如温度、光照、水质、土质、营养物质、吃饵料生物的生物数量等。施肥只是其中的一个因素，因此，要想达到预期的效果，必须全面考虑这些因素的影响，根据具体情况加以运用。

一、水温

（1）当水温高、阳光充足时，多施有机肥。

（2）阴天不施肥或少施肥，冬天施有机肥。

二、酸碱度（pH）

施肥效果最好和浮游生物最多的条件是微碱性或中性的环境。

三、溶解氧

施用的有机肥，特别是未经腐熟发酵的有机肥在水中分解时，需要消耗大量的氧。若施肥过多，则容易造成池塘溶解氧缺乏，引起鱼类浮头甚至窒息死亡。因此，必须掌握适当的施肥量，既要使水质较肥，天然饵料较多，又要使水中的溶解氧不至于过低而影响鱼类的生长。

四、土壤和底质

不同土壤的物理结构、化学成分、酸碱反应以及对肥料的吸收能力等均不同，在决定施肥种类和数量时，需对这些因素加以考虑。如砂质土多施有机肥，黑色土质多施磷肥，酸性土质多施生石灰，碱性土质多施有机肥和钾肥等。

第五章 鱼类饲料

一切动物的生存生长均需要蛋白质、脂肪、糖类、无机盐和维生素等营养成分,用于维持其生命活动。如果其中一种或多种必需的营养物质缺乏,则会导致其生长减慢和发生疾病,长期缺乏时,或将引起死亡。淡水鱼养殖业的发展,需要不断提高鱼用饲料的质量和投饵技术,而营养平衡的饲料配方是保证饲料质量的前提。要获得鱼类营养均衡的饲料配方,不仅需要研究不同鱼类在不同生长阶段对各种营养物质的需求,还要对各种饲料原料的营养价值及特征有充分的了解。唯有如此,才能配置出经济合理的配合饲料。此外,合理的投喂技术可以最大限度地增加投喂饲料的利用率。

第一节 养殖鱼类的营养需求

鱼类为维持生命、生长和繁殖,需要各种营养成分。饲料的营养成分有蛋白质、脂肪、碳水化合物、维生素和矿物质等。根据这些营养成分的作用,通常可将其分为3类:一是作为能量的来源,如脂肪、碳水化合物和蛋白质等;二是作为躯体构成的成分,如蛋白质、矿物质等;三是作为调节躯体功能的成分,如维生素和矿物质等。

一、蛋白质和氨基酸

1. 蛋白质

蛋白质是生物体的主要组成成分,一切细胞和组织都含有蛋白质。蛋白质是鱼类组织的主要成分,占鱼体干物重的 65%～75%。鱼类从饲料中摄取的蛋白质经过消化吸收后合成鱼体蛋白质,供生长、修补组织及维持生命之用。蛋白质在鱼类营养中具有非常重要的功能,但是由于蛋白质的合成元素氮不能由碳水化合物和脂肪在体内合成,因此必须经常由饲料供给。若饲料中缺乏蛋白质,则不但影响鱼类健康、生长和生殖,而且会发生蛋白质缺乏症。鱼类对饲料中蛋白质含量的要求较高,常见的淡水养殖鱼类要求饲料中含粗蛋白质 20%～40%。鱼类对饲料中粗蛋白质的需要量因鱼的种类不同而有差别。鱼类对饲料中蛋白质的需要量随鱼的种类、生长发育阶段以及饵料蛋白质质量等的不同而有变动。例如,肉食性鱼类一般需要 40% 以上的饵料蛋白质,青鱼"夏花"在饲料中蛋白质的含量为 41% 时生长最快,2 龄青鱼在饲料中蛋白质的含量为 30%～40% 时增重率最大。草食性鱼类对蛋白质的需要量较低,如草鱼鱼种饵料最适蛋白质含量为 23%～28%,团头鲂的饵料最适蛋白质含量为 21%～31%。杂食性的罗非鱼要求 35%～40% 的蛋白质水平,鲤鱼要求 31%～38% 的蛋白质水平。同一种鱼类在不同的生长发育阶段,对饲料中蛋白质的需求量也有所不同。鱼类的年龄越小,对饲料中蛋白质的需要量越多;年龄越大,则蛋白质需要量越少。

2. 氨基酸

氨基酸是组成蛋白质的基本单位,动物需要蛋白质,实质上是需要氨基酸。氨基酸可分为必需氨基酸和非必需氨基酸 2 类。前者鱼体不能自行合成,或者合成量很少,不能满足鱼体的需要,必须从饵料中获取;后者在鱼体内能够合成,不一定由饵料提供。据研究,鱼类需要 10 种必需氨基酸,即赖氨酸、色氨酸、甲硫氨酸、亮氨酸、组氨酸、异亮氨酸、缬氨酸、苯丙氨酸、精氨酸和苏氨酸等,其他的非必需氨基酸有酪氨酸、丙氨酸、甘氨酸、脯氨酸、谷氨酸、丝氨酸、胱氨酸、门冬氨酸等8种。由于构成鱼体蛋白质的必需氨基酸有一定的比例,故鱼类从饲料中摄取的必需氨基酸比例必须与此种比例相一致,才能充分被鱼体利用并合成鱼体蛋白质。否则,饲料必需氨基酸被用于合成鱼体蛋白质的部分就会降低,不合比例部分的必需氨基酸只能被分解产生热能而消耗掉,因此,饲料蛋白质的利用率也就较低。可见,若要估计饲料蛋白质的营养价值,则既要看必需氨基酸的含量多少,也要看各种必需氨基酸的比率是否平衡。

二、脂肪

鱼类对脂肪的需求量因鱼的种类不同而有差异,对同一种鱼而言,幼鱼对脂肪的需求量高于成鱼。鱼类对脂肪有较高的消化率,尤其是对低熔点的脂肪,其消化率一般都在90%以上。鱼类(尤其肉食性鱼类)对碳水化合物利用率低,脂肪是鱼类主要且经济的能量来源。在饲料中,油脂的添加量一般为5%~6%,最高达10%,以充分发挥脂肪对蛋白质的节约作用,提高蛋白质的利用率。据研究,我国主要鱼类养殖品种的饲料中脂肪的适宜添加量为:鲤鱼5%~8%、草鱼3.5%、罗非鱼6.2%~10%、鲮鱼4%~5%。投喂含有脂肪的饲料,尤其在越冬前投喂脂肪含量较高的饲料,可以减少在越冬低温期鱼类的死亡。但在饲料中添加过量脂肪,会使鱼类体内积累大量脂肪,出现肥胖病态而使其商品档次下降,影响食用价值,甚至会引起鱼体水肿及肝脏脂肪浸润等疾病。

三、碳水化合物

碳水化合物又称"糖类",它是鱼类首先利用的能量物质,也是鱼体组织不可缺少的成分,在鱼用饲料中需要量较大。在饲料中适量搭配碳水化合物,有节约蛋白质饲料的作用。碳水化合物可分为无氮浸出物(糖、淀粉等)和粗纤维。鱼类对单糖和双糖的消化率较高，淀粉次之，纤维素最差。无氮浸出物经过鱼类消化系统中酶的作用分解后被吸收利用，成为鱼体能量的主要来源。纤维素有助于消化，提高饲料消化率。鱼类虽然对糖类的利用率较低，但还是具有一定的利用能力，并且利用率因鱼的种类而异。若鱼用饲料中搭配的碳水化合物过多，则会降低鱼类对饲料中蛋白质的消化率，影响食欲，阻碍生长；同时，过量的碳水化合物会转变为脂肪积蓄在体内，从而影响肝脏的新陈代谢功能，形成脂肪肝(又称"高糖肝")。因此，鱼用饲料的碳水化合物含量应控制在20%(冷水性鱼类)至30%(温水性鱼类)。

四、维生素

维生素是鱼类生长发育过程中不可缺少的营养物质，但它不产生热量，不构成机体组织，也不能在水生动物体内合成，必须从饲料中摄取，虽然需要量很少，但绝不可缺少。维生素是一种活性物质，在鱼体内作为辅酶和辅基的组成部分，参与新陈代谢。若缺乏某种维生素，则体内某些酶的活性会失调，这将导致代谢紊乱，影响某些器官的正常功能，致使鱼类生长缓慢，对疾病的抵抗力下降，甚至死亡。

维生素广泛存在于各种鲜活食物中。在天然水域中，鱼类很少出现维生素缺乏症，但在饲养过程中，鱼类对维生素的摄取容易受到多种因素的制约和影响，如鱼的种类、规格、水温、养殖方式、饲料及其加工和贮藏方法等，其中饲料配方、饲料加工和贮藏方法对其影响最大。在集约化精养中，往往需要添加比较多的维生素。

各种维生素在化学结构和理化性质上有很大差异，根据溶解性不同，可将其分为两大类：一类是脂溶性维生素，包括维生素A、维生素D、维生素E、维生素K；另一类是水溶性维生素，包括B族维生素和维生素C。

鱼类对维生素的需要量较难确定,因鱼的种类、年龄、饵料组成和环境条件等而有差异。国外的一些研究结果列于表 5-1,可供参考。

表 5-1 鱼类对维生素的需要量示例(毫克/千克饵料)

维生素	鲤鱼	斑点叉尾鮰	虹鳟
维生素 B_1	2～3	20	10～20
维生素 B_2	7～10	20	20～30
维生素 B_6	5～10	20	20～30
泛酸	30～40	50	40～50
叶酸	—	5	6～12
烟酸	30～50	100	120～150
维生素 C	30～50	50	100～150
生物素	1.0～1.5	未定	1～1.5
肌醇	200～300	—	200～300
胆碱	500～600	550	未定
维生素 B_{12}	—	未定	未定
维生素 A	1000～2000IU	5000IU	2000～5000IU
维生素 D	—	500IU	—
维生素 E	80～100	50	未定
维生素 K	未定	10	未定

注:IU 为国际单位。

五、矿物质

矿物质又称为"灰分"或"无机盐类",它不仅是构成鱼体骨骼组织的重要成分,而且是酶系统的重要催化剂。根据鱼体对矿物质的需要量及其在体内的含量,矿物质分为常量元素(钙、镁、钠、钾、磷、氯、硫等)和微量元素(锰、铁、铜、碘、锌、氟、钒、钴、硒、铬、锡、镍、硅、砷等),其中主要的矿物质是钙和磷。钙和磷缺乏会影响鱼类骨骼发育,产生类似软骨病的畸形病状。饲料中如含有过多的钾、铁、锌、铜和碘,则会延缓鱼类生长。饲料中铜、铁的含量过低时,鱼体的血细胞数量将会减少。鱼类生活在水中,通过渗透和扩散等多种途径,可从水中直接吸收一部分无机盐。但是无机盐的主要来源途径仍然是从饲料中获得,故在饲料中搭配无机盐时,应考虑水中无机盐的含量状况。

第二节 鱼类饲料的种类

一、植物性饲料

1. 谷类与糠、麸

这类饲料包括各种麦类、玉米、粟、高粱、稻谷及米糠、麸皮等。这类饲料中的粗蛋白质含量不高,谷类为10%左右(占干物质重的比例),以麦类中含量较高;糠、麸中的粗蛋白质含量高于谷类,为13%~15%,麸皮中的粗蛋白质含量高于米糠。这类饲料中的无氮浸出物(为糖类中除去粗纤维的部分,包括单糖、双糖和淀粉等)含量很高,谷类中的无氮浸出物含量一般占干物质的72%~80%,糠、麸中的略低,其中以含淀粉为主。因此,这类饲料属于能量饵料,是鱼类廉价的能源物质,特别是糠、麸,更为经济。

2. 饼粕类

饼粕类饲料包括豆饼、花生饼、菜籽饼、棉籽饼、芝麻饼、葵花籽饼或粕类等。这类饲料中的粗蛋白质含量较高,一般占干物质重的30%~47%,属于蛋白质饵料,是养鱼饲料中的主要蛋白源。饼粕类饲料蛋白质的氨基酸组成较好,其中大豆饼粕蛋白质的品质是植物性蛋白质中最好的,一般植物蛋白质中最缺的限制性氨基酸之一——赖氨酸含量较高;缺点是另一种限制性氨基酸——甲硫氨酸含量不足,低于许多动物性蛋白质中的含量。以大豆饼粕作主要蛋白源喂鱼,生长效果较好。近年来,大豆饼粕被广泛地用来代替鱼类配合饲料中价格昂贵的鱼粉,效果较好。在提取油脂时,未经加热处理的大豆饼粕,最好在投喂前进行加热处理,以消除其中含有的抗胰酶等有害因子,提高利用效率。

3. 豆类

豆类饲料有大豆、蚕豆和豌豆等。其中大豆的蛋白质含量较高,品质也最好,其氨基酸组成与大豆饼粕的相同。生产上一般是将大豆经浸提或榨油后的饼粕作为鱼的饲料。豆浆养鱼(苗)是我国广大地区传统的培育鱼苗方法。

4. 糟渣类

糟渣类饲料有酒糟、糖糟(用米做饴糖后剩下的糟渣)、甜菜渣、豆渣、酱渣等。酒糟一般含粗蛋白质较多,是蛋白质补充饵料,但蛋白质的品质不甚良好。酒糟有香味,能诱鱼摄食,B族维生素含量丰富,但不能投喂过多,以免大量有机质溶入水中,引起池塘缺氧。豆渣含有大量可消化的蛋白质,营养价值较高,是很好的鱼类饲料,但容易变质,宜鲜喂。酱渣含盐分较多,不宜多喂,须与别的饵料掺和投喂。

5. 青饲料

(1)野生青饲料

①陆生植物。如禾本科植物中的稗草、狗尾草、狼尾草,豆科植物的茎、叶和种子,菊科植物中的野莴苣、蒲公英,以及各种废弃菜叶和瓜叶等。

②水生植物。如芜萍、小浮萍、水葫芦、水浮莲、水花生、菹草、苦草等。

(2)种植青饲料

①苏丹草。苏丹草为禾本科、高粱属植物,高2~3米,再生能力强,适应范围广,喜温暖湿润气候,在清明时播种,每亩播种1.3~2.0千克,施过磷酸钙25~40千克/亩,有机肥250~300千克/亩,播距为20~25厘米。待生长到1.7米左右时开始割草,留茬5~7厘米,每割一次,追施尿素5~10千克/亩,每隔15~20天割一次。

②黑麦草。黑麦草喜温暖湿润气候,在气温为10~27℃时生长

较好,气温在35℃以上时生长受到影响,种子发芽适温为13～20℃,气温低于5℃或高于35℃都不易发芽。播种期有秋播和春播,一般宜秋播,产量高。长江流域秋播在9月上旬至11月初,春播在2月下旬至3月下旬。播前耕翻整地,施农家肥1000千克/亩作基肥。每亩播种2.0～2.5千克,种子最好先浸湿,再拌和细土均匀撒播,株高长至40～50厘米即可以收割。

③其他草类。如象草、小米草、杂交狼尾草等。

6.粗饲料

粗饲料包括农作物的秸秆、蔓藤、秕壳等,如稻草、麦草、玉米秆、高粱秆、蚕豆秸、黄豆秸、芝麻秆、花生藤、稻壳、高粱壳、花生壳等,此外,青干草也属于粗饲料。粗饲料中的粗纤维含量在20%以上(占干物质重的比例),秸秆、秕壳中粗纤维含量为30%～40%。粗饲料大都坚硬粗糙,难以被鱼类直接摄食,可以经粉碎后,掺在其他饵料中制成配合饲料。由于粗饲料中粗纤维含量过高,故只宜少量掺入,否则会影响饲料的消化率,并降低鱼类的生长率。

二、动物性饲料

动物性饲料的蛋白质含量高,一般占干物质重的50%～80%,必需氨基酸完全,赖氨酸、甲硫氨酸等主要限制性氨基酸的含量一般较丰富,因此其营养价值较高,是植物性饲料不可相比的。在以植物性原料为主的配合饲料中添加一定数量的动物性饲料,能显著提高饲料的营养价值,促进鱼类生长,降低饵料系数。养鱼常用的动物性饲料有螺蚬类、鱼粉、血粉、肉骨粉、蚕蛹及其他畜禽、水产品的下脚料等。

1.螺蚬类

螺蚬类饲料主要作为青鱼、鳗鲡、虹鳟等鱼类的饲料,饵料系数为50左右。

2. 鱼粉

鱼粉是目前饲料中动物性蛋白质的主要来源。优质鱼粉主要由经济价值低的杂鱼加工制成。鱼粉的蛋白质含量高,在50%以上,氨基酸组成好,营养价值全,钙、磷含量也很丰富。进口的秘鲁鱼粉和北洋鱼粉色淡黄,味香,粗蛋白质含量在60%以上,脂肪含量为1.3%~15.5%,钙含量为0.8%~10.6%,磷含量为1.16%~3.29%。而国产鱼粉的粗蛋白质含量为28%~55%。国家鱼粉的专业标准见表5-2。部分进口鱼粉的质量指标见表5-3。

表5-2 国家鱼粉标准指标(单位:%)

项目	一级品	二级品	三级品	气味及细度要求
颜色	黄棕色	黄棕色	黄褐色	
粗蛋白质≥	55	50	45	具有鱼粉的正常气味,无异臭及焦灼味,粉碎细度为至少98%,能通过2.8毫米的标准筛
粗脂肪≤	10	12	12	
水分≤	10	10	12	
盐分≤	3	3	4	
灰分≤	20	25	25	
砂分≤	3	3	4	

表5-3 秘鲁鱼粉和智利鱼粉(单位:%)

	粗蛋白≥	粗脂肪≤	水分≤	砂分和盐分≤	游离脂肪酸≤	灰分≤
普通直火	65	10	10	5		
普通蒸汽	65	10	10	4	10	17
高级蒸汽	67	10	10	4	10	17
超级蒸汽	68	10	10	4	10	17

注:砂分和盐分中包括1%砂分。

3. 蚕蛹

蚕蛹中脂肪含量在20%以上,蛋白质含量为48.4%~68.5%,灰分含量为2.5%~5.7%,营养价值很高,必需氨基酸含量多,但钙、磷含量较低。

4. 血粉

血粉是用动物血干燥制成的,其粗蛋白质含量很高,为60%~

80%。血粉的营养成分单一,基本只含蛋白质,且蛋白质质量差,氨基酸含量不平衡。虽然赖氨酸含量丰富,但异亮氨酸和甲硫氨酸含量较少。血粉的适口性较差。将鲜血与糠、麸混合制成的发酵血粉,较易被鱼类消化,营养价值也较好。血粉一般作为蛋白质的补充饲料。

5. 肉骨粉

肉骨粉是肉类加工厂利用猪、牛、羊、兔等的肉骨和废弃内脏等加工制成的。肉骨粉粗蛋白质含量较高,为40%~65%,氨基酸组成的均衡度不及鱼粉,但比血粉好。肉骨粉的无机盐含量丰富。肉骨粉一般作为饲料蛋白质的补充物。

6. 蚯蚓粉

蚯蚓粉的营养价值很高,日本太平2号蚯蚓干体的蛋白质含量为66.5%,脂肪含量为12.8%,必需氨基酸种类齐全,适口性好。

7. 其他畜禽、水产品下脚料

利用禽畜的羽毛、毛发、蹄、角等作原料,经水解后制成动物性蛋白质饲料,这种饲料的蛋白质含量较高,可以代替部分鱼粉作配合饲料的原料。利用鱼内脏或加工废弃下脚料可生产饲用液体鱼蛋白或浓缩鱼溶物,它们也都是很好的动物蛋白质饲料。

8. 酵母饲料

在工业产品或其废弃物上培养酵母,使其大量繁殖形成菌体蛋白,这些菌体蛋白种类多,可作为鱼类饲料蛋白来源,蛋白质含量为40%~50%,脂肪含量为11.7%,含有丰富的维生素及促生长因子。

三、饲料添加剂

饲料添加剂是指在制作配合饲料时,除了动植物性基础饲料外,另外添加的无机盐、维生素、氨基酸、引诱剂、促生长剂、黏合剂、防霉剂、抗氧化剂、油脂和药剂等。饲料添加剂的添加量很小,一般为百分之几或百万分之几。饲料添加剂与蛋白质饲料、能量饲料一起组成配合饲料,其目的主要是完善配合饲料的营养成分,提高饲料的利用率,促进鱼的生长发育,有利于饲料的贮存,以及起到防治鱼病的作用等。

1. 矿物质添加剂

一般来讲,以动植物性饲料为原料配制成的配合饲料,其所含矿物质不能满足养殖鱼类的需要,需添加一定量的混合矿物质。由于鱼类能从水中吸收钙,却不能吸收磷,所以矿物质的添加以磷为主。常用的矿物质有20多种,如氯化钠、氯化钾、磷酸氢钙、磷酸二氢钙、碳酸钙、硫酸亚铁、硫酸锌、硫酸锰、硫酸铜、碘化钾、亚硒酸钠等。不同鱼类对无机盐的需要量不同,不同的配合饲料,其原料所含的无机盐种类和数量也不一样。矿物质的适宜添加量为2‰~4‰。

2. 维生素添加剂

维生素添加剂要根据鱼的种类和基础饲料中维生素的含量来确定。我国对主要养殖鱼类维生素需要量的研究还很不够。目前,维生素添加剂主要是参考和应用国外的配方,再根据我国的具体情况作适当的调整。

3. 氨基酸添加剂

一般植物性精饲料中赖氨酸和甲硫氨酸的含量特别不足,二者成为两种主要的限制性氨基酸。在养鱼配合饲料中,常用的氨基酸添加剂主要有L-赖氨酸(或L-盐酸赖氨酸)和L-甲硫氨酸(或DL-甲硫氨酸)。

4. 引诱剂

因为若饲料中含有有效的引诱剂,就能诱鱼来摄食,增加鱼的食欲和摄食量,进而促进鱼的生长,所以添加引诱剂是很重要的。研究表明,蚕蛹、蚯蚓、牛肝、浮游动物、鱼油、植物油等是某些鱼类的引诱剂,起引诱作用的是其中所含的氨基酸、核苷酸、环状化合物和有机酸物质等。养鱼生产中也应用蚯蚓作为引诱剂。蚯蚓营养丰富,是优良的蛋白质饲料源。试验证明,在饲料中添加蚯蚓,可促进鱼类的生长。

5. 促生长剂

促生长剂的主要作用是通过刺激内分泌系统和调节新陈代谢来提高饲料的利用率。目前,常用的促生长剂有喹乙醇、甜菜碱、正三十烷醇、克拉酮和稀土甲壳素等。如喹乙醇是一种高效、低毒、用量少的抗菌促生长剂。据文良印等人试验发现,在饲喂建鲤的基础饲料中添加50~200毫克喹乙醇,有显著的促进生长的作用,但在一些网箱养建鲤的饲料中添加喹乙醇,有些会由于添加量过高而引起鱼体中毒。因此,应用喹乙醇必须掌握适当的添加量,一般为每千克饲料添加喹乙醇150~300毫克。

6. 光合细菌

光合细菌可作为鱼类饲料的营养性促生长添加剂。光合细菌营养丰富,其中的红色无硫菌干物质含粗蛋白质达65%,高于小球藻和大豆的粗蛋白质含量,其氨基酸组成接近于甲硫氨酸含量高的动物蛋白(如鸡蛋、牛奶等),B族维生素种类也很齐全,而且消化率好,故其营养价值很高。

7. 黏合剂

黏合剂的作用是将配合饲料黏结起来,防止投饲时饲料成分很快溶散于水中,造成饲料的损失,并污染水质。常用的黏合剂有α-淀粉、下脚面粉、褐藻胶、羧甲基纤维素(CMC)、聚乙烯醇、丙二醇、尿素甲醛等。

8. 抗氧化剂

在贮存期间,配合饲料所含的脂肪容易氧化变质,产生毒性,酸败的油脂会破坏维生素E,严重影响饲料的质量、味道和营养价值。因此,配合饲料中需添加抗氧化剂,常用的抗氧化剂有二丁基羟基甲苯(BHT)、丁基羟基甲氧苯(BHA)、乙氧喹、五倍子酸酯、维生素E、维生素C等。BHT、BHA的添加量一般为0.01%~0.02%。

9. 防霉剂

配合饲料中添加防霉剂可防止饲料在贮存过程中发生霉变。常用的防霉剂有丙酸、丙酸钠、丙酸钙、山梨酸、山梨酸钠、苯甲酸钠等。丙酸钙、丙酸钠在饲料中的添加量为0.1%～0.3%。

10.药剂

可在配合饲料中添加特定的药物以防治鱼病。但日常应用的饲料一般不能混合药剂进行常年投饲，而只能在发病季节或发病前有针对性地投喂药饵。常用的药物有土霉素、氯霉素、金霉素、呋喃唑酮、喹诺酮等。

第三节 配合饲料

一、配合饲料的定义和特点

1.配合饲料的定义

按照养殖鱼类的营养需求和各种饲料的营养成分，把多种饲料按比例适当配合，以一定的工艺流程生产、加工成营养完全、适合鱼类生长发育所需的鱼饲料，我们将这种鱼饲料称为"全价配合饲料"或"平衡配合饲料"。

2.配合饲料的特点

(1)营养成分全面。

(2)扩大饲料的来源。

(3)减少疾病，提高养鱼成活率。

(4)提高饲料的营养利用率。

(5)便于储藏和运输。

二、配制原则

(1)应根据养殖鱼类的品种和生长阶段的要求配制。制定配方时，首先，必须满足鱼类对能量的要求。虽然鱼类不像陆生恒温动物那样需要较高的能量维持生命，但是鱼类必须在赖以生存的基本能量满足以后,才能最大限度地将饲料蛋白用于生长并转化为鱼体蛋白。其次,必须把重点放在饲料蛋白质与氨基酸的平衡上,使之符合营养标准。最后,必须选择鱼类易消化吸收的饲料原料,严格控制饲料中的粗纤维含量,一般控制在3%～15%。

(2)多种原料按比例配合,尽量使日粮中各种营养物质含量与相互比例达到营养标准。使用多种饲料原料相互配合,可使配合饲料的营养成分全面满足鱼类要求。

(3)必须考虑鱼用饲料的适口性及营养成分的可消化性。根据不同鱼类的消化生理特点、摄食习性和嗜好选择适宜的饲料。饲料的形状、颗粒的大小和密度等必须符合鱼类的摄食要求。幼鱼可使用微胶囊颗粒料或粉状饲料,成鱼则可使用直径为2.5～8.0毫米的颗粒饲料。

(4)配制饲料中应加入引诱物质。

(5)选择原料时除应考虑营养特性的要求外,还需考虑经济原则。选择饲料时,应因地制宜,就地取材,以充分发挥本地饲料资源优势,减少运输、贮藏时的损耗,进而降低成本。

(6)要防止饲料中营养成分的散失。

(7)日粮粗配后,应先做小规模的养殖试验,再根据鱼类的摄食和生长情况判断日粮是否适宜。

三、配制方法

1. 饲料原料

(1)粗料:指各种农作物秸秆。

(2)精料:指各种谷物、饼类、蚕蛹、食品厂的下脚料等。

(3)添加物:指骨料、蚌壳粉、蛋壳粉、食盐、红曲、香料、抗氧化剂等。

(4)黏合剂:用下脚面粉和山芋糖,最好用 α-淀粉或羧甲基纤维素(CMC)等。

(5)药剂:有磺胺类、呋喃类和抗菌素等。

2.饲料配制方法

鱼饲料常用的配制方法有以下3种。

(1)应用代数法进行鱼饲料配方的营养设计。这是一种模拟二元一次方程组求解的方法。

例:已知小麦的蛋白质含量为11%,大豆的蛋白质含量为40%,试用这两种原料配制蛋白质含量为22%的饲料。

解:设100千克的饲料中需要小麦 x 千克,大豆 y 千克。

有,$\begin{cases} x+y=100 \\ 0.11x+0.4y=22 \end{cases} \Rightarrow x=62.1, y=37.9$

即100千克的饲料需要62.1千克小麦,37.9千克大豆。

(2)应用方块法进行鱼饲料配方的营养设计。

方块法又称"对角线法",此法是确定高蛋白质饲料和低蛋白质饲料的恰当比例,以满足鱼类营养需要的简便方法。此法适宜于饲料种类不多及考虑营养指标少的配方设计。

例如:配制以米糠和豆饼为原料的粗蛋白质含量为27%的团头鲂饲料,其中米糠和豆饼的占比的计算方法与步骤如下:

①查饲料营养成分表知米糠含粗蛋白质含量为11.8%,豆饼粗蛋白质含量为42%。

②画一方形图,将注明蛋白质含量的两种饲料分别置于左边的两角,将希望达到的蛋白质水平置于方块中央,然后画方形的对角线,并标明箭头,顺箭头方向用大数减小数,并将所得差置于对角线的另一端。得到,

③上边算出的差数分别除以这两个差数的和,就会得到两种饲料分别应占的百分比,计算如下:

米糠应占比例：$\dfrac{15}{15+15.2}\times 100\%=49.7\%$

豆饼应占比例：$\dfrac{15.2}{15+15.2}\times 100\%=50.3\%$

④核对日粮粗蛋白质水平。

49.7%×11.8%=5.9%

50.3%×42%=21.1%

合计27%，即要配制含27%粗蛋白质的饲料，需要49.7%的米糠与50.3%的豆饼混合而成。

(3)应用计算机进行配方的营养设计。

3. 饲料加工

(1)饲料加工形式。配合饲料按鱼类的生长阶段和生产目的可分为鱼苗开口饲料、鱼苗和鱼种配合饲料、成鱼配合饲料、亲鱼配合饲料等；按饲料制作形态又可分为粉状或糊状饲料、颗粒状饲料、膨化颗粒状饲料、微胶囊开口饲料等。

①粉状或糊状饲料。粉状或糊状饲料是指将各种原料粉碎到一定的细度，按照配方的比例充分混合后包装的饲料。使用时，将粉状饲料加适量的水和油充分搅拌，使之形成具有强黏性和弹性的团块状饲料。粉状或糊状饲料适合滤食性鱼类或鱼苗等。

②颗粒状饲料。颗粒状饲料呈短棒状，颗粒直径根据所喂鱼虾的大小而定，一般鱼饲料颗粒直径为2.5～8毫米，虾饲料颗粒直径为0.5～2.5毫米，长度多为直径的1～2倍。依据加工方法和饲料成品的物理性状，颗粒状饲料又分为软颗粒饲料、硬颗粒饲料、膨化颗粒饲料和微型颗粒饲料等。

颗粒状饲料 ｛ 软颗粒饲料：直径为1.0～8.0毫米，含水20%～30%
硬颗粒饲料：直径为2.5～8.0毫米，含水13%
膨化颗粒饲料：颗粒密度低于1克/厘米^2，含水6%左右
微型颗粒饲料：直径为8～500纳米(人工浮游生物)

（2）加工方法。

①物理加工。物理加工包括饲料粉碎、搅拌、成形等步骤。

②化学加工。化学加工主要应用于含粗纤维较多的粗饲料，包括对粗饲料的碱处理和酸处理，其目的是使植物饲料的纤维软化，并进一步使部分纤维素分解，以提高饲料的适口性、消化率和营养价值。

③生物加工。生物加工主要利用微生物的分解发酵作用处理饲料，使饲料柔软，并且有酸香味，同时使一部分鱼类难以消化的纤维素变为单糖，进而被微生物作为营养利用，促使微生物大量繁殖，从而提高饲料的营养价值。

（3）加工工艺。配合颗粒饲料的加工工艺一般包括原料预处理、配合、搅拌、制粒等过程。各种原料经预处理后，进入原料仓，然后根据饲料配方进行配合、搅拌和制粒，最后进行成品包装。

4. 主要养殖鱼类的饲料配方

配合饲料在鱼类养殖中已被广泛应用，现将一些主要养殖鱼类的饲料配方列表如下。

表5-4 草鱼、团头鲂饲料配方

编号	饲养方式与阶段	饲料配方的组成(%)	粗蛋白含量(%)与饲料系数	资料来源
1	草鱼夏花鱼种	鱼粉21、豆饼16、菜籽饼15、大麦15、小麦麸25、植物油3、无机盐、多维4	45.0 2.0～2.3	上海市水产研究所
2	二龄草鱼种	鱼粉18、豆饼14、菜籽饼12、大麦16、小麦麸15.5、稻草粉17.5、植物油、无机盐和多维4	26.9 2.23	上海市水产研究所
3	网箱单养	豆饼30、菜籽饼35、鱼粉2、麸皮15、混合粉14、无机盐2、食盐2	27.8 2.10	上海市水产大学

第五章 鱼类饲料

续表

编号	饲养方式与阶段	饲料配方的组成(%)	粗蛋白含量(%)与饲料系数	资料来源
4	池塘饲养,以草鱼、团头鲂为主,混养花鲢、白鲢	豆饼 12、菜籽饼 18、棉籽饼 15、玉米 8、大麦 15、四号面粉 10、米糠 8、麸皮 8、添加剂 6	24.1 2.56	淡水渔业研究中心
5	池塘饲养,以草鱼、团头鲂为主,混养花鲢、白鲢	鱼粉 5、豆饼 33、麦麸 26、淀粉渣 12、松针粉 7、无机盐 2、油脚 1	25.0 2.10	湖北省水产研究所
6	池塘饲养草鱼、花鲢、白鲢	麦麸 20、玉米 28.5、玉米糖 15、生麸 3.5、豆饼 24、蚕蛹 6、鱼粉 3	25.8 1.53	中山大学
7	池塘饲养二龄草鱼、团头鲂	青草粉 40、豆饼 10、鱼粉 10、菜籽饼 30、大麦 10	22.62 2.47	上海水产大学
8	池塘饲养,以草鱼为主,混养花鲢、白鲢	稻谷 4、菜饼 40、棉籽饼 8、麸皮 15、鱼粉 2、四号面粉 8、骨粉 1、食盐 1、混合糠 21	21.2 2.05	江西鄱阳县水产局
9	池塘饲养草鱼,混养花鲢、白鲢	鱼粉 4、血粉 2、酵母粉 1、豆饼 10、棉籽饼 18、麸皮 35、米糠 15、玉米 5、草粉 8、无机盐 1.5、食盐 0.5	23.0 1.80	河北省水产技术推广站
10	池塘养殖,以草鱼为主	稻谷 25、玉米 5、麸皮 15、豆饼 10、鱼粉 5、棉籽饼 20、黄豆 5、糠饼 20	21.26 2.80	江西新余市农牧渔业局
11	池塘饲养,以团头鲂为主,混养草鱼、花鲢、白鲢	鱼粉 3、血粉 2、豆饼 5、菜饼 18、棉籽饼 20、米糠 6、玉米 8、大麦 15、四号面粉 10、麸皮 6.5、添加剂 6.5	25.5 2.30	淡水渔业研究中心
12	池塘饲养,以团头鲂为主	鱼粉 3、豆饼 20、菜籽饼 33、麸皮 4、大麦粉 10、菜油磷脂 16、青草粉 10、添加剂 4	26.6 1.92	上海市水产研究所

表 5-5　鲤鱼饲料配方

编号	饲养方式与阶段	饲料配方的组成(%)	粗蛋白含量(%)与饲料系数	资料来源
1	网箱饲养鲤鱼种	鱼粉40、贻贝粉5、豆饼15、麦麸10、小麦粉30、多维及无机盐另加	35.4 2.1	北京市水产研究所
2	网箱饲养鲤鱼成鱼	鱼粉12、血粉7、豆饼13、芝麻饼10、菜籽饼5、麦麸16、玉米5、米糠10、三等粉20、无机盐2	31.5 1.92	湖北省水产研究所
3	网箱饲养鲤鱼成鱼	鱼粉10、豆饼50、玉米40、无机盐1、多维0.02	30.8 1.65	大连水产学院
4	池塘饲养鲤鱼	棉籽饼20、豆饼30、鱼粉5、面粉25、次粉18、添加剂2	26.9 2.53	北京市水产研究所
5	池塘饲养，以鲤鱼为主	发酵鸡粪20、豆饼30、菜籽饼30、混合粉20	30.64 1.8	上海南汇县养殖场
6	池塘饲养，以鲤鱼为主	蚕蛹5、豆饼30、棉籽饼15、菜籽饼10、三等粉20、发酵猪粪20、添加剂适量	36.2 1.92	湖北省水产研究所
7	池塘饲养，以鲤鱼为主	鱼粉5、豆饼70、玉米10、麸皮10、稻草粉3、无机盐1、食盐1	32.0 3.2	吉林省水产局
8	池塘饲养，以鲤鱼为主	棉籽饼28、菜籽饼10、蚕蛹30、大麦20、麸皮10、骨粉1、添加剂1	29.5 2.5	浙江省淡水水产研究所
9	池塘饲养，以鲤鱼种为主	蚕蛹20、菜籽饼35、麦麸30、尾粉5、血粉8、食盐0.5、骨粉1、添加剂0.5、多维与浮萍适量	30.0 2.48	四川省水产局
10	池塘饲养鲤鱼种为主	鱼粉5、虾糠粉5、豆饼20、麦麸50、玉米10、甘薯10、生长素0.2、维生素0.06	32.15 2.4	山东省淡水水产研究所

表 5-6 青鱼饲料配方

编号	饲养方式与阶段	饲料配方的组成(%)	粗蛋白含量(%)与饲料系数	资料来源
1	饲养以青鱼为主	鱼粉 35、豆饼 47.5、大麦 15、酵母 1、无机盐 1.5,另加多维	43.33 2.26	上海市水产研究所
2	饲养,以青鱼为主,混养草鱼、团头鲂、鲢鱼	鱼粉 10、豆饼 24、菜籽饼 15、麸皮 15、玉米 20、次粉 6、油菜磷脂 6、添加剂 4	29.44 2.07	上海市水产研究所
3	池塘单养二龄青鱼	菜籽饼 50、大麦 30、蚕蛹 10、豆饼 10(骨粉 2、食盐 1)	28.1 2.94	浙江淡水所
4	池塘饲养,以二龄青鱼为主	鱼粉 24、豆饼 22、菜籽饼 15、大麦 16、麸皮 16、植物油 3、无机盐 4	35.0 2.4	上海市水产研究所
5	池塘饲养,以青鱼为主	鱼粉 12、蚕蛹 8、骨肉粉 1、豆饼 15、棉籽饼 10、菜籽饼 20、麸皮 10、胚芽饼 10、次粉 8、添加剂 6	33.0 2.2	淡水渔业中心无锡饲料厂
6	池塘饲养,以青鱼为主	蚕蛹 20、菜籽饼 35、麦麸 30、尾粉 5、血粉 8、食盐 0.5、骨粉 1、添加剂 0.5、多维与浮萍适量	27.4 2.51	哈尔滨西郊渔场
7	饲养青鱼	鱼粉 40、豆饼 5、菜籽饼 5、棉籽饼 5、大麦 14、玉米 14、麸皮 14、无机盐 2、藻酸钠 1、维生素 0.01、胆碱 0.02	34.6 3.88	上海水产大学
8	池塘饲养,以青鱼为主,混养花鲢、白鲢	豆饼 40、菜籽饼 30、复合氨基酸 5、麸皮 11、四号面粉 10、无机盐 2、食盐 2	30.7 2.1	上海水产大学
9	池塘饲养,以三龄青鱼为主	鱼粉 20、豆饼 14、菜籽饼 10、大麦 16、麸皮 33、植物油 3、添加剂 4	27.1 2.34	上海水产研究所

表 5-7 罗非鱼饲料配方

编号	饲养方式与阶段	饲料配方的组成(%)	粗蛋白含量(%)与饲料系数	资料来源
1	流水饲养罗非鱼	干牛粪 50、花生饼 30、米糠 20	18.36 3.8	福州市水产站 上海市水产研究所
2	池塘饲养罗非鱼	全贝粉 10、豆饼 25、麸皮 60、甘薯面 5	20.1 2.77	山东省水产研究所
3	池塘饲养罗非鱼	豆饼 10、麸皮 49、菜籽饼 30、面粉 5、玉米 5、土霉素渣 0.5、食盐 0.5	25.23 2.66	山西省水利厅
4	池塘饲养罗非鱼	鱼粉 10、豆饼 25、麸皮 60、甘薯面 5	24.75 1.50	山东省淡水所
5	池塘饲养罗非鱼	鱼粉 5、血粉 2、骨肉粉 2、棉籽饼 20、花生饼 20、麸皮 40、玉米 10、另加无机盐 2、促生长剂 0.5、食盐 0.5	27 2.2	河北省水产技术推广站
6	网箱饲养罗非鱼	鱼粉 5~10、豆饼 35~40、次粉 15、麸皮 25、玉米渣 10、膨润土、无机盐 2、多维 1、甲硫氨酸 0.2、赖氨酸 0.3	29.4 2.2	辽宁省水利厅
7	流水饲养罗非鱼	鱼粉 8、豆饼 5、芝麻饼 35、米糠 30、玉米 8、麸皮 12、无机盐 2	27.9 2.4	湖北省水产研究所
8	池塘饲养罗非鱼	鱼粉 12、骨肉粉 10、豆饼 35、麸皮 25、干豆腐渣 20	31.23 2.06	北京食品所
9	饲养尼罗罗非鱼	鱼粉 8、豆饼 27、鱼精粉 2、大麦 16、全脂米糠 30、麸皮 6、粉头 8、磷酸二氢钙 0.5、碳酸钙 0.5、豆油 1、食盐 0.5、预混剂 0.5	25	台湾省

第四节 饲料投喂技术

为了使鱼类健康生长,以达到较好的经济效益,不仅要提供质量和数量适当的饲料,而且要采用恰当的投饲技术。

一、投饲原则

1. 定时

正常情况下,每天的投饲次数和投饲时间应根据饲养对象的摄食节律相应地固定。

2. 定量

饲料投喂量要坚持"定量和适量增减"的原则。投饲要适量,同时还要根据鱼的吃食情况、天气、水温、溶解氧及水质的变化进行适当调整。

3. 定质

投喂饲料必须清洁、新鲜、营养丰富,且具有一定的适合性。

4. 定位

投喂饲料必须有固定食场。

二、投饲数量

在生产中,要正确掌握饲料的投饲数量,即在每天或每次的投饲时,均应酌情定量分配,争取提供给鱼最适的饲料量。一般来说,杂食性鱼类投喂至九成饱最适。因为,若投饲量较少,则鱼的生长较差;若投饲量较多,则饲料系数增大,经济效益差。

确定投饲量的关键在于准确研究出不同鱼类、不同规格的投饲率,投饲率与鱼的种类、大小、水温、水质、饲料质量等有关。

1. 投饲率(投饵率)

投饲率是指每天所投喂的饲料占存塘鱼总重的百分比。即

$F = \dfrac{A}{W} \times 100\%$,其中 F 表示投饲率,A 表示投饲量,W 表示存塘鱼总重。当投精料时,F 为 $2\%\sim4\%$,当投青料时,F 为 $30\%\sim40\%$。温度越高,F 越大,反之越小。由于鱼体不断增重,因此每天的投饲量需要经常调整,一般每隔 $7\sim14$ 天必须加以调整。随着鱼体长大,每天的投饲量不断增加,但投饲率逐渐减少。每次投饲后,以所有饲料被鱼在 $5\sim10$ 分钟内吃完为好,若吃完时间过短或过长,则 4 天左右要调整一次。

2.饵料系数

饵料系数是指鱼体增加单位重量所消耗的饲料量。即:

$$\text{饵料系数}(K) = \dfrac{\text{消耗饲料量}}{\text{鱼体增重量}}$$

三、投饲技术

1.投饲方法

无论采用何种投喂方法,都要求做到投饲均匀,即保证每尾鱼都有充分的摄食机会。常用的投饲方式有手撒投饵、饲料台投饵和投饲机投饵三种。

2.投饲次数

投饲次数是指日投饲量分几次投喂,该值取决于鱼类的摄食习性和消化特征。杂食性鱼类用配合饲料饲养时,需采用合理的投饲次数,这与水温、鱼的大小有直接关系。一般水温低时,每天投喂 1 次;水温高时,每天投喂 3 次;较大规格的鱼,每天投喂 2 次。

3.投饲时间

投饲时间应在白天,即在黎明后 2 小时至黄昏前 2 小时,不应在晚上投饲,昼伏夜出的鱼类也应驯化为在下午投饲。同时,根据投饲次数,应驯化为在固定的时间和地点投喂。日投饲 2 次的,第一次可在 9 时左右,第二次可在 $16\sim17$ 时。

第六章
主要养殖鱼类的人工繁殖

鱼类人工繁殖技术是指在人工控制下促使亲鱼的卵子和精子达到成熟、排放标准,能够及时受精并使大批受精卵在适当的孵化条件下发育成为鱼苗的一系列手段。人工繁殖技术除了能提供养鱼生产所需的鱼苗外,还是鱼类选种和育种工作的重要手段。要进行鱼类人工繁殖,必须掌握鱼类生殖生理学的基础知识,了解不同类型鱼类自然繁殖的特殊要求,制定有效的人工繁殖措施。本章主要介绍鲢鱼、鳙鱼、草鱼、青鱼、鲮鱼、团头鲂、鲤鱼、鲫鱼等主要养殖鱼类的人工繁殖技术。

第一节 鱼类人工繁殖的生物学基础

一、生殖细胞的发育和成熟

1. 鱼类卵细胞的发育与成熟

卵原细胞发育成成熟的卵子,大致需要经过以下 4 个时期。

(1)增殖期。卵原细胞进行有丝分裂,细胞数目不断增加,经若干次分裂后,卵原细胞停止分裂,开始长大并向初级卵母细胞过渡。此阶段的卵原细胞称为"第Ⅰ时相卵原细胞"。

(2)生长期。

①小生长期。小生长期是卵母细胞的原生殖生长时期,处于小生长期的初级卵母细胞称为"第Ⅱ时相初级卵母细胞"。

②大生长期。大生长期是卵母细胞的营养物质积累时期,根据卵黄积累状况和程度又可分为两个阶段:卵黄开始积累阶段和卵黄充满阶段。卵黄开始积累阶段的细胞称为"第Ⅲ时相初级卵母细胞",卵黄充满阶段的细胞称为"第Ⅳ时相卵母细胞"。

(3)成熟期。初级卵母细胞大生长时期完成后,其体积不再增大,而是进行核的成熟变化,此阶段称为"成熟期"。其主要特征是细胞核极化,核膜溶解,并出现两次成熟分裂,即减数分裂和有丝分裂。初级卵母细胞进行第一次成熟分裂放出第一极体,紧接着次级卵母细胞又开始进行第二次成熟分裂,并停留在分裂中期。通常把这一过程称为"成熟"。这与一般生产上所谓的"亲鱼成熟"的含义不同,后者指的是亲鱼的性腺(卵巢)已发育到第Ⅳ期,能够进行催情产卵。成熟期一般仅有数小时或数十小时。如果滤泡过早地排出卵子,而卵子尚未成熟,则会影响受精率。另外,如果滤泡未能及时地释放成熟卵子,以致卵子被排出时多已窒息,或成熟卵子在滤泡内过熟而腐化,同样会影响受精率。因此,在进行人工繁殖时,要比较准确地把握卵子的成熟时机,及时进行人工授精。成熟的卵子错过了产卵的时间,就会退化而被吸收。

需要注意的是,在人工繁殖工作中所谓的"亲鱼已经成熟",是指性腺发育已达第Ⅳ期,经催情激素注射,鱼能产生正常的成熟排卵反应。"卵子成熟"是指第Ⅴ期的卵细胞,两者不能混为一谈。

(4)退化期。由于滤泡上皮细胞分泌物的作用,卵膜会破裂溶解,导致核质与细胞质融合,同时,滤泡上皮细胞吞噬卵黄,并转送回母体作为营养。

2.鱼类精子的发生与成熟

鱼类的精子发生分为4个时期,即增殖期、生长期、成熟期和变态期(精子形成期)。

(1)增殖期。由原始生殖细胞经过多次的有丝分裂,能形成数目很多的精原细胞。精原细胞的特点是细胞核大而圆,核内染色质均匀分布,形成染色很深的大线团。

(2)生长期。细胞停止分裂,快速生长,形成初级精母细胞。核内染色质变成粗线状或细丝状,为成熟时期的减数分裂作准备。

(3)成熟期。这一时期的精母细胞连续进行2次成熟分裂:第一次为减数分裂,每个初级精母细胞(双倍体)分裂成为2个次级精母细胞(单倍体);第二次为成熟分裂(均等分裂),这是一次普通的有丝分裂,每个次级精母细胞各形成2个精子。这样1个初级精母细胞共形成4个精子。

(4)变态期。在变态过程中,原生质大部分集中在尾部一侧,呈圆球状,最后在变态结束时脱落;小部分在颈部和尾部形成原生质;极小部分形成原生质膜包在头部。精子的核在变态后期染色质高度集中,使细胞核成为浓密一致的集聚型。核的前面为顶器,核的后面与1个或2个中心粒紧密联合在一起。当精细胞之间的细胞间桥完全消失之后,便形成成熟精子。

二、卵巢、精巢的形态结构和分期

1.卵巢的分期

依据性腺的体积和色泽、卵子的成熟与否等标准,鱼类卵巢发育过程一般可以分为6个时期,不同种类间划分的标准稍有差别。每个时期的外观特征简述如下。

(1)Ⅰ期卵巢。性腺紧贴在鳔下两侧的体腔膜上,呈透明细线状,肉眼不能分辨雌雄,看不到卵粒,表面无血管或甚细弱,宽约为1毫米。

(2)Ⅱ期卵巢。能分辨雌雄,卵巢多呈扁带状,透明或不透明,呈肉色,卵巢表面有不少细血管分布,肉眼尚看不清卵粒,宽约为1厘米。

(3) Ⅲ期卵巢。卵巢体积增大,呈青灰色,用肉眼就可以看清卵粒,但卵粒不能从卵巢隔膜上分离剥落下来,有明显的细血管分布,宽约为2厘米。

(4) Ⅳ期卵巢。整个卵巢很大,呈长囊状,占据腹腔的大部分,卵巢多呈淡黄色或深黄色,结缔组织和血管十分发达。卵巢膜有弹性,卵粒已能分离,呈青灰色,也有呈淡黄色或棕黄色的,宽为4~5厘米。

(5) Ⅴ期卵巢。性腺完全成熟,卵巢松软,卵已排入卵巢腔中.提起亲鱼时,卵子从生殖孔自动流出,或轻压腹部即有成熟卵流出。成熟卵的颜色随种类不同而不同。

(6) Ⅵ期卵巢。Ⅵ期卵巢为产卵不久或退化吸收的卵巢,卵巢中有过分成熟而未排出的卵粒,卵粒上出现白浊色的斑点。

在测定卵巢的成熟度时,除上述分期方法外,成熟系数也是衡量性腺发育的一个标志。性腺的重量是表示性腺发育程度的重要指标,以性腺重量和鱼体重量相比,求出百分比,即为成熟系数(GSI),其计算公式为:

$$成熟系数 = \frac{性腺重}{去内脏后鱼体重} \times 100\%$$

一般来讲,成熟系数越高,性腺发育越好。成熟系数的周年变化能清楚地反映出性成熟的程度。

2. 精巢的分期

精巢同卵巢一样,也可分为6期。

(1) Ⅰ期精巢。Ⅰ期精巢呈细线形,透明,紧贴体壁,肉眼不能分辨雌雄。

(2) Ⅱ期精巢。Ⅱ期精巢呈线状或细带状,半透明或不透明,血管不显著,宽为2~4毫米。

(3) Ⅲ期精巢。Ⅲ期精巢呈圆杆状,粉红色或淡黄白色,血管明显,挤压雄鱼腹部或剪开精巢都没有精液流出。宽为1.0~1.5厘米。

(4) Ⅳ期精巢。Ⅳ期精巢呈乳白色,表面有血管分布。早期阶段压挤雄鱼腹部没有精液流出,但在该期的晚期则能挤出白色的精液。宽约为2厘米。

(5) Ⅴ期精巢。各精细管(实为精小囊)中充满精子,提起雄鱼头部或轻压腹部时,会有大量较稠的乳白色精液从泄殖孔涌出。

(6) Ⅵ期精巢。Ⅵ期精巢的体积大大缩小,在切片上,精细管的壁只剩下精原细胞、少量初级精母细胞和结缔组织,囊腔和壶腹中有残留的精子。精巢一般退回到第Ⅲ期,然后再向前发育。精巢也可用成熟系数来表达成熟度。

三、鱼类性成熟的年龄和性周期

1. 鱼类性成熟的年龄

鱼类经生长发育达到初次生殖,即标志其进入性成熟期。达到性成熟的年龄因鱼的种类不同而不同,即使是同种鱼类,也会因各种原因而有变动(表6-1)。大多数鱼类性成熟年龄为2~3龄或4~5龄。华南地区草鱼、青鱼、鲢鱼、鳙鱼等"四大家鱼"的性成熟年龄较华中以北地区早1~2年。在同一地区不同生态条件下,性成熟年龄也有差别。如长江中下游地区雌鲢鱼一般4龄成熟,雌鳙鱼一般5龄成熟,草鱼一般5龄成熟。但饲养条件较好的,性腺成熟均可提前1年。在性别上,通常雄鱼比雌鱼的性成熟年龄要早。

表6-1 草鱼、青鱼、鲢鱼和鳙鱼性成熟年龄与体重(单位:龄、千克)

鱼类	珠江流域				长江流域				黄河流域				黑龙江流域			
	雌		雄		雌		雄		雌		雄		雌		雄	
	年龄	体重	年龄	体重	年龄	体重	年龄	体重	年龄	体重	年龄	体重	年龄	体重	年龄	体重
草鱼	5	5	4	4	5	5	5	5	6	5	5	6	7	8	6	6
青鱼	6	13	5	10	7	15	5	13								
鲢鱼	3	3	2	2	4	4	3	3	5	4	4	4	5	5	4	4
鳙鱼	5	8	6	10	5	8	7	10	8	7	8	13	7	8		

2.鱼类的性周期

各种鱼类必须生长发育到一定的年龄后,性腺才能成熟。达到性成熟后,性腺发育随着季节变化而呈现规律性周期变化的现象,称为鱼类的"性周期"或"生殖周期"。鱼类的性腺没成熟之前,没有性周期,鱼类达到性成熟之后,一般每年重复1次,如常见的"四大家鱼"的性腺一般一年成熟1次。在热带或亚热带的鱼类,其性腺一年成熟2~3次,性周期相对较短。卵巢和精巢的发育过程虽然基本类似,但各期出现和经历的时间并不完全相同,有些雄鱼的潜在性成熟期较早于雌鱼。

四、脑垂体、下丘脑与性腺发育的关系

鱼类脑垂体位于间脑腹面,与下丘脑相连。整个脑垂体分为神经部和腺体部,神经部与下丘脑以神经纤维相连,神经纤维的分支又广泛分布于腺体部内,这样就把脑和垂体联系起来。鱼类脑垂体的腺体部可分为前叶、间叶和后叶3个区。其中间叶里贯穿了神经部最大的分支,在神经分支的周围和间叶内部都有微血管网,细胞所分泌的多种激素通过微血管输送到体内各相关的器官组织中去,从而发挥激素的效应。

脑垂体是内分泌系统的中枢,能产生多种激素。其中与性腺发育有关的主要是间叶细胞分泌的促性腺激素(GTH),它具有促进雌鱼卵细胞的生长、发育和成熟排放的功能,即促进卵母细胞积累卵黄,刺激卵巢合成和释放雌性激素,从而诱导卵母细胞最后成熟,进一步诱导排卵;对雄鱼也具有类同的生理功能,即促进精巢内精子的形成,刺激精巢合成和释放雄性激素,并进一步诱导排精。据研究发现,鱼类脑垂体分泌的促性腺激素含有2种类型:一种相当于哺乳动物的促滤泡激素(FSH),主要作用是促进精、卵细胞生长发育和卵黄积累;另一种相当于哺乳动物的促黄体激素(LH),主要作用是促进精、卵细胞的最后成熟和排放。总之,家鱼的性腺必须在脑垂体分泌

的促性腺激素的作用下才能完成发育和成熟的过程,亦即性腺的发育直接受到脑垂体的控制。

五、环境因素对鱼类性腺发育成熟和产卵的影响

鱼类是变温动物,性腺发育成熟和繁殖习性等不仅受体内有关器官调控,还受外界环境(如营养、光照、温度、流水、产卵场、盐度等多种因素)影响。其中,光照和温度是调节或影响性腺发育的主要因素,降雨、水流和温度是影响产卵的重要因素。

1. 营养

营养物质是鱼类性腺发育和产卵后恢复身体的物质基础。鱼类维持生命的正常代谢、增长身体和性腺发育都需要从外界摄取营养物质。当营养物质能够满足需要时,身体的生长与性腺的发育才能正常;若营养物质不能满足需要时,性腺发育首先受影响,或停止发育,或退化。这是因为营养物质首先用于维持生命的正常代谢,其次用于生长,第三才用于性腺发育。以"四大家鱼"为例,亲鱼培育过程中春秋两季对营养的需求最强烈。春季至夏初,亲鱼的卵巢处于由Ⅲ期向Ⅳ期发展的时期,成熟系数(鲢)由3%~5%增加为15%~25%(增长12%~20%),需要从外界摄食大量营养物质;秋季至冬初,亲鱼处于产后体质恢复期和卵巢由Ⅱ期向Ⅳ期发育的时期,同样需要摄取大量营养物质,以满足恢复身体健康和性腺发育的需要(卵巢成熟系数由0.5%~2.0%增至3%~5%)。如果春季和秋季亲鱼缺乏营养或营养不足,性腺就不会正常发育成熟和产卵。因此,春秋两季应加强亲鱼培育工作,且首先应保证饲料充足和营养全面。

2. 光照

光周期直接影响鱼类生殖周期,在温带地区,一次产卵类型的淡水养殖鱼类一般在春季或春夏之交产卵,虹鳟和大麻哈鱼等冷水性鱼类则在秋冬季产卵,这是由光周期决定的。光周期信息通过眼睛传递到脑,使脑的神经细胞分泌乙酸胆碱、5-羟色胺、儿茶酚胺等神

经介质,这些介质传递给下丘脑,使其分泌 GnIH,使脑垂体分泌 GTH,导致性腺发育成熟、排卵和产卵。对于春季或春夏之交产卵的鱼类,只要延长光照期,就可促进其性腺发育,提早成熟,提前产卵。与此相反,对于秋季产卵鱼类,缩短光照期才能促进性腺发育和提前产卵。

3. 温度

分布于不同纬度的鱼类,其性成熟年龄差异较大,主要取决于生存温度。例如,分布于广西、广东、江苏、黑龙江等地的鲢鱼,其性成熟年龄差异较大,分别为 2 年、2～3 年、3～4 年、5～6 年。性腺发育的不同时期对水温的要求也有差异,当温度过低或过高时,性腺就停止发育或退化。当水温为 18～20℃或 29～30℃时,四大家鱼人工催产的成功率一般只有 50%～60%;当水温在 18℃以下或 31℃以上时,就很难达到催产的目的;最适宜的水温为 20～26℃。

4. 溶氧量

鱼类的正常摄食和性腺发育除需要一定温度外,池水溶氧充足也是重要条件之一。鱼类正常生长发育的溶氧值在 4～6 毫克/升以上,当低于 2 毫克/升时,鱼类摄食不盛,性腺发育和成熟将受到严重影响。因此,在亲鱼培养过程中,不仅需要注意营养条件,还应保持溶氧充足。在鱼类人工繁殖工作中,也经常遇到由于培育后期溶氧量低,亲鱼怀卵量虽然很大,但卵母细胞成熟较差,致使催产效率很低或失败的情况。

5. 水流

水流对溯河性鱼类(鲑、鳟等)和产漂流性卵鱼类的性腺成熟产卵极为重要。性腺发育处于早期(Ⅱ～Ⅲ)和中期(Ⅲ～Ⅳ)时,营养是重要条件,而不需要水流,因此,四大家鱼的卵巢可以在湖泊、水库、池塘中发育到第Ⅳ期的中期。但在性腺发育后期,即,由Ⅳ期中、Ⅳ期末以及向Ⅴ期发展时,则要求有水流或流水刺激。在天然条件下,家鱼于繁殖期集群向江河中上游洄游,当山洪暴发、河水猛涨、流速骤然加大时,鱼类在瞬间内大量产卵。在人工培养条件下,培育后期应定期注水或微流水,以刺激卵巢正常成熟。实践证明,产卵后期做流水刺激的亲鱼,催产率高达95%以上。人工注射外源激素的亲鱼,在产卵池中待进入效应期后,流水刺激使其尽快集中产卵也是这个道理。

第二节 青、草、鲢、鳙、鲮的人工繁殖

草鱼、青鱼、鲢鱼和鳙鱼是我国特产的经济鱼类,也是我国水产养殖的主要对象,俗称"四大家鱼"。它们为敞水性鱼类,在长江、淮河、黑龙江等水域,均能自然繁殖(黑龙江无鳙鱼的产卵场)。在南方的珠江等水域,除了四大家鱼外,还有鲮鱼,它的繁殖生态要求与四大家鱼相似。

一、亲鱼的来源与选择

亲鱼是指达到性成熟并能用于人工繁殖的雌、雄鱼类。草、青、鲢、鳙鱼的人工繁殖方法,目前在全国各地已普遍推广。在鱼类人工繁殖中,亲鱼培育、催产和孵化3个环节密切相关,缺一不可,其中,亲鱼培育是人工繁殖成功的关键和物质基础。

1. 亲鱼来源

(1)野外捕捞。在鱼类生殖季节,直接从江河、湖泊、水库、浅海等自然水域捕捞已达性成熟的雌、雄个体作为亲鱼。野外捕捞亲鱼南方一般在冬季,北方在春秋两季,水温为5~15℃,因为水温低,便于运输。

(2)半人工培育。从野外捕捞的天然苗种或者接近性成熟的个体,在人工条件下进行驯化、强化培育,促进其性腺成熟。

(3)全人工培育。人工繁殖的鱼苗在池塘、网箱或工厂化养鱼设施中进行培育,促进其达到性成熟年龄。

2. 亲鱼选择

(1)种质标准。从种质角度考虑，应选择生长速度快、肉质好、抗逆性强的亲鱼；进行杂交育种时，要求亲鱼的种质纯度高。

(2)年龄和体重。选择亲鱼时，应避免选择初次性成熟个体和已进入衰老期的个体。一般选留亲鱼的适宜年龄，草鱼亲鱼为5龄以上，体重为7.5～10千克。鲢鱼亲鱼为4龄以上，体重为4～5千克；鳙鱼亲鱼为5～6龄，体重在10千克以上；青鱼亲鱼为5龄以上，体重10千克以上；鲮鱼亲鱼为3龄以上，体重在0.5千克以上。南方鱼成熟较早，个体较小；北方鱼成熟较迟，个体较大。一般雄鱼比雌鱼早熟1年，要选择年龄适当、体大、生长良好的个体作为亲鱼。

(3)体质标准。选择体质健壮、行动活泼、无病、无伤、头部和背部宽、两侧肌肉丰满、尾柄粗壮的个体作为亲鱼。

(4)亲缘关系。亲鱼一般应来自不同水系或同一水系的不同地区。

3. 雌雄鉴别

选留、放养亲鱼时，要使雌、雄鱼保持合理的比例，一般以1:1为宜。鉴别雌、雄鱼主要根据雌、雄鱼副性征的不同。草、青、鲢、鳙、鲮的雌、雄性征见表6-2。

表6-2 草、青、鲢、鳙、鲮的雌、雄性征

季节 鱼类	生殖季节		非生殖季节	
	雄鱼特征	雌鱼特征	雄鱼特征	雌鱼特征
青鱼	胸鳍及鳃盖有细密的追星，手摸时感觉粗糙。发育好的头部也有追星。轻压成熟个体的腹部时，有白色精液流出	无追星，手摸头、鳃盖、胸鳍时有光滑感。成熟个体腹部膨大，当腹部朝天时，可见明显的卵巢轮廓	胸鳍一般较大且长	胸鳍比雄鱼的小

续表

季节 鱼类	生殖季节		非生殖季节	
	雄鱼特征	雌鱼特征	雄鱼特征	雌鱼特征
草鱼	与青鱼基本相同,胸鳍条粗大、狭长,自然张开时,呈尖刀形	仅胸鳍鳍条末梢有少数追星,手感光滑。胸鳍张开时呈扇状	胸鳍狭长,长度超过胸鳍到腹鳍之间距离的一半,腹部鳞小而尖,排列紧密	胸鳍略宽且短,长度小于胸鳍与腹鳍之间距离的一半,腹部鳞大而圆,排列疏松
鲢鱼	胸鳍前面有几根鳍条上有锯齿状突起,手摸时感觉很粗糙。鳃盖、眼眶边缘有细小的追星	胸鳍条光滑,仅鳍条末梢有少数锯齿状突起,无追星,生殖孔常稍突,有时红润	同生殖季节,但无追星	同生殖季节
鳙鱼	胸鳍内侧有骨质刀状突起,有割手感,鳃盖、眼眶边缘有细小的追星	手摸胸鳍有光滑感	同生殖季节,但无追星	同生殖季节
鲮鱼	在胸鳍第1~5鳍条上有圆形白色追星,第一鳍条上分布最多,用手摸时,有粗糙感觉,头部也有追星	胸鳍等处光滑、无追星,腹部明显膨大柔软,生殖孔红肿,向外突出	同生殖季节,但无追星	同生殖季节,但腹部膨大不明显,生殖孔微突

二、亲鱼培育

亲鱼培育是促进亲鱼性腺发育,提高人工繁殖的产卵率、受精率和孵化率,以及保证鱼苗质量的决定性一环。因此,培育一定数量的体质健壮和成熟的亲鱼,是人工繁殖成功的关键。为了培育好亲鱼,应先了解亲鱼性腺发育成熟的规律,采取合理的亲鱼培育措施。

1. 亲鱼池的条件和清整

(1)亲鱼池的条件。亲鱼池要临近水源,注排水方便,以利于经常冲水和调节水质。面积为2 000～3 000米^2,水深为1.5～2.0米,以长方形为好,池底平坦,便于饲养管理和拉网捕鱼。鲢鱼、鳙鱼培育池以壤土和有一些淤泥为好,这样使水质易于肥沃。草鱼、青鱼培育池以砂壤土为好,应少含或不含淤泥,水质宜较瘦。鲮鱼培育池以砂壤土稍有点淤泥为好。

(2)亲鱼池的清整。亲鱼池的清整很重要,必须每年进行1次,在人工繁殖结束后抓紧时间完成。清整工作包括挖除池底过多的淤泥,维修和加固堤埂,清除杂草,消灭野杂鱼类,为亲鱼创造一个良好的生长和性腺发育的环境条件。施用药物清塘的方法与鱼苗培育池的相同。

2. 草鱼、青鱼的亲鱼培育

(1)放养密度和雌、雄比例。主养草鱼亲鱼的亲鱼池,每亩放养7～10千克的草鱼亲鱼15～18尾;主养青鱼的亲鱼池,每亩放养20千克以上的青鱼8～10尾。此外,还搭配鲢或鳙的后备亲鱼5～8尾以及团头鲂的后备亲鱼20～30尾,合计总重量为200千克左右。雌、雄比例为1∶1.5,最低不少于1∶1。

(2)草鱼亲鱼的培育。"以青料为主、精料为辅;结合投喂,定期冲水"是培育好草鱼亲鱼行之有效的方法。

①产后及秋季培育。产后雌雄亲鱼体力消耗都很大,须给予很好的护理调养,使其尽快恢复体质。具体方法是先使产后亲鱼在清新水质中暂养数天,经常加入新水,然后投喂少量鲜嫩草和精饲料,待草鱼食欲增加后,逐渐增加投饲量。青饲料日投饲量一般为鱼体总重量的10%～30%,精饲料为2%～4%。投饲原则为前期多喂青饲料,后期多喂精饲料。忽视产后和秋季培育将不利于亲鱼性腺的发育和培育成熟率高的亲鱼。

②冬季培育。冬季水温在5℃以上时,鱼仍摄食,因此,在晴暖天

第六章 主要养殖鱼类的人工繁殖

气,应适量投饵和施肥,以维持亲鱼体质健壮不掉膘。

③春季和产前培育。亲鱼越冬后,体内积累的脂肪大部分转到性腺;这时水温逐渐上升,亲鱼摄食也逐渐旺盛,同时又是性腺迅速发育时期,卵巢从第Ⅲ期发展到第Ⅳ期,需要大量的营养物质。精饲料投喂量为鱼体重的1%～2%,青饲料量应适当增加,为鱼体重的40%～60%。青饲料的种类主要有麦苗、莴苣叶、苦麦菜、黑麦草、各类蔬菜、水草和旱草。精饲料的种类主要有大麦、小麦、麦芽、豆饼、菜饼、花生饼等。在整个草鱼亲鱼培育过程中,要注意经常冲水。冲水的数量和频率应根据季节、水质肥瘦和摄食情况合理掌握。一般冬季每周冲水1次;天气转暖后,每隔3～5天冲水1次,每次3～5小时;临产前15天,最好隔天冲1次;催产前几天,最好天天冲水。经常冲水、保持池水清新是促使草鱼亲鱼性腺发育的重要技术措施之一。在秋季和春季,应有专人管理,加强巡塘,防止泛池事故。

(3)青鱼亲鱼的培育。青鱼亲鱼培育应以投喂活螺蛳和蚌肉为主,辅以少量豆饼或菜饼。要四季不断食。主养青鱼的培育池,每亩放养重量为180千克,每尾体重12千克的青鱼每年需螺、蚬500千克,菜饼10千克左右。其水质管理方法同草鱼。

3. 鲢鱼和鳙鱼的亲鱼培育

(1)培育方式和放养密度。鲢鱼和鳙鱼的亲鱼培育可采取单养或混养,一般采取混养方式。以鲢鱼为主的放养方式可搭养少量的鳙鱼或草鱼;以鳙鱼为主的可搭养草鱼,一般不搭养鲢鱼,因鲢鱼抢食凶猛,与鳙鱼混养对鳙鱼的生长有一定影响。但鲢鱼或鳙鱼的亲鱼培育池均可混养不同种类的后备亲鱼。一般每亩放养重量以150～200千克为宜。为抑制亲鱼池内小杂鱼、克氏螯虾的繁殖,可适当搭养少量凶猛鱼类,如鳜鱼、乌鳢等。主养鲢鱼亲鱼的池塘,每亩水面可放养16～20尾(每尾体重10～15千克),另搭养鳙鱼亲鱼2～4尾,草鱼亲鱼2～4尾(每尾重10千克左右)。主养鳙鱼亲鱼的池塘,每亩可放养10～20尾(每尾重10～15千克),另搭养草鱼亲鱼2～4

尾(每尾重 10 千克左右)。主养鱼放养的雌雄比例以 1:1.5 为好。

(2)水质管理和施肥。看水施肥是养好鲢鱼、鳙鱼亲鱼的关键。整个鲢鱼、鳙鱼亲鱼饲养培育过程,就是保持和掌握水质肥度的过程。亲鱼放养前,应先施好基肥;放养后,应根据季节和池塘具体情况,施放追肥。其原则是"少施、勤施,看水施肥"。一般每月施有机肥 750～1000 千克。在冬季或产前可适当补充些精饲料,鳙鱼每年每尾投喂精饲料 20 千克左右,鲢鱼每年每尾投喂精饲料 15 千克左右。

①产后培育。产后天气正逐渐转热,水温不稳定,这时亲鱼体质尚未复原,对缺氧的适应力很差,如管理不当,极易发生泛池死鱼事故。因此,需有专人管理,每天注意观察天气和池塘的水色、水质变化,做到看水施肥,少施、勤施,同时要多加、勤加新水,即用"大水、小肥"培育。

②秋冬季培育。进入秋季,亲鱼处于正常培育的时期,应加大施肥量,每周每亩施农家肥 500 千克左右,以使池水转浓,繁殖大量浮游生物供亲鱼摄食。入冬后应少量补充施肥,使池塘保持有一定的浮游生物量。如遇晴暖天气,可适当喂些精饲料。此时期用"大水、大肥"培育。

③春季培育。开春后最好换去池塘一半左右的"老水",将池水深度控制在 1 米左右,以利于提高水温和易于肥水。施肥量比平常适当增加,可采用堆肥和泼洒粪肥相结合的方法,泼洒应每天或 2～3 天进行 1 次,并适当投喂一些精饲料。此时期用"小水、大肥"培育。

④产前培育。在催产前 15～20 天,鲢鱼亲鱼池应少施或不施肥料,并经常冲水,这对防止泛池和促使亲鱼性腺发育有良好作用。鳙鱼亲鱼池仍可施少量肥料,即可用"大水、小肥"或"大水、不肥"培育。

池塘冲水是亲鱼培育的重要措施之一。产后到冬季前这段时期的冲水,主要是为了防止泛池和水质变坏,冲水次数应根据具体情况而定。春季冲水一方面可改善水质,另一方面可满足亲鱼对水流的

第六章 主要养殖鱼类的人工繁殖

要求,促进亲鱼性腺的发育。一般开春后每月冲水2~3次,每次2~4小时,之后逐渐增加冲水次数,鲢鱼亲鱼池在临产前15~20天更要经常冲水,鳙鱼亲鱼池冲水次数可适当少些。

4. 鲮鱼的亲鱼培育

可在池塘、水库等养殖水体选择和收集已达成熟年龄、体重较大且健壮无病的鲮鱼作后备亲鱼。在亲鱼捕捞和装运中,因鲮鱼头小,游泳速度较快,善跳跃,所以要防止其挂网和碰伤,还要防止其缺氧浮头。收集亲鱼最好在入冬前进行。经过冬春两季培育,鲮鱼亲鱼一般可以发育成熟。亲鱼池以面积1500米^{2}左右、水深1.5米为宜。主养鲮鱼的亲鱼池每亩放养体重1千克左右的亲鱼(雌、雄混养)120尾左右,另搭配混养部分草鱼、鳙鱼,每亩放养总重量为130千克左右。鲮鱼亲鱼的培育基本上与鲢、鳙亲鱼的培育方法相同。即以施肥料为主,培养浮游生物、附生藻类等供鲮鱼取食。施肥尽量采取少施、勤施的措施。一般每天每亩亲鱼池施放腐熟猪粪50千克左右。需要注意调节水质,池水肥度宜适中,不宜过肥。由于鲮鱼放养密度大,因此必须投喂一些精饲料,这对鲮鱼的性腺发育具有良好作用。常用的精饲料有糠、麸、豆饼、花生饼等。日投饲量按每尾体重500克计算,需要30~40克,相当于体重的6%~8%。投饲量应根据亲鱼发育需要确定,在不同季节稍有不同。越冬前,投饲量宜稍多些,使亲鱼充分积累脂肪;开春后,投饲量应略有减少。在培育期间要适当冲水。秋季每月加注新水2~3次,开春后,特别在临近繁殖期,每月可增加到5~6次。冬季,可采取罗非鱼的越冬措施。

三、人工催产

(一)亲鱼成熟度鉴定

为提高催产率,生产上要选择成熟亲鱼催产。目前,主要依据经验从外观上来鉴别,对雌鱼也可直接挖卵观察。从外观上鉴别可概括为"看、摸、挤"3个字。"看"就是观察亲鱼腹部是否膨大;"摸"就是用手触摸亲鱼腹部,感觉是否柔软有弹性;"挤"就是用手挤压亲鱼腹部两侧,观察是否有精子或卵子流出。

1. 雄亲鱼

从头向尾方向轻挤成熟的雄鱼腹部,会有精液流出,若精液浓稠,呈乳白色,入水后能很快散开,则说明亲鱼性成熟好;若精液量少,入水后呈线状,不散开,则表明尚未完全成熟;若精液呈淡黄色,近似膏状,则表明性腺过熟,精巢退化。

2. 雌亲鱼

(1) 外形观察。成熟雌鱼腹部明显膨大,后腹部生殖孔附近饱满、松软且有弹性,生殖孔红润,将鱼腹朝上托出水面,可见腹部两侧卵巢轮廓明显。为避免饱食造成腹部膨大,亲鱼应停食1~2天。

(2) 取卵观察。用挖卵器直接从卵巢中取出卵粒进行成熟度鉴别比外形观察更可靠,但可能造成卵巢损伤。用竹子、铜、不锈钢、塑料等制成直径为0.3~0.4厘米,长约为20厘米的挖卵器,挖卵器头部开一长为1~2厘米,内径为2~3毫米,深为2.5毫米的空槽(图6-1)。

图6-1 挖卵器

取卵时,将挖卵器轻轻插入亲鱼生殖孔,然后偏向左侧或右侧,旋转几圈后抽出,便可得到少量卵粒。将获得的卵粒放在载玻片或培养皿上,可以直接观察卵的大小、颜色及卵核的位置。若卵粒大小整齐,饱满有光泽,全部或大部分核偏位,则表明亲鱼性腺发育成熟,可以马上用于催产;若卵粒小,大小不均匀,卵粒不饱满,卵核尚未偏位,卵粒相互集结成块,不易脱落,则表明卵巢尚未发育成熟,需要进一步强化培育;若卵粒扁塌,无光泽,卵膜发皱,则表明亲鱼性腺已开始退化,不适宜催产。

(二)催产激素

目前,用于鱼类繁殖的催产剂主要有鱼类脑垂体(PG)、绒毛膜促性腺激素(HCG)、促黄体素释放激素类似物(LRH-A)等。

1. 脑垂体(PG)

鱼类脑垂体内含有多种激素,对鱼类催产最有效的成分是促性腺激素(GTH)。GTH是一种大分子的糖蛋白激素,相对分子质量为30000左右,不溶于水,乳白色,反复使用易产生抗药性。GTH包括2种激素,即FSH和LH,它们直接作用于性腺,可促使鱼类性腺发育;促进性腺成熟、排卵、产卵或排精;并控制性腺分泌性激素。脑垂体悬液制作方法:将新鲜或保存的脑垂体放入研钵内,充分研碎,每10~15个垂体加入1~2毫升生理盐水(0.8%食盐溶液)或蒸馏水制成悬液。

2. 绒毛膜促性腺激素(HCG)

HCG是从怀孕2~4个月的孕妇尿中提取出来的一种糖蛋白激素,相对分子质量为36000左右,为乳白色或淡黄色粉状物,一般保存在安瓿瓶中,以国际单位(IU)计量。HCG的生理功能相当于促黄体生成素(LH),它直接作用于性腺,具有诱导排卵、促性腺发育及促使性激素产生的作用。HCG易溶于水,每尾亲鱼注射悬液量控制在1毫升内。

3. 促黄体素释放激素类似物(LRH-A)

LRH-A是一种人工合成的九肽激素,相对分子质量为1167,白色粉末状,易溶于水。其生理功能是作用于脑垂体,由脑垂体根据自身性腺发育情况合成和释放促性腺激素(GTH),然后作用于性腺。

4. 多巴胺抑制剂

DOM是一种多巴胺抑制剂,白色粉末状,不溶于水。其作用与生长激素释放抑制激素(GRIH)相似,既可以直接抑制垂体GTH细胞的自动分泌,又能抑制下丘脑分泌 GnRH(促性腺激素释放激素)。在生产上一般与 LRH-A 混合使用,以增强其活性。

(三)催产时间

适龄亲鱼可以顺利催产的时间决定于其卵巢在Ⅳ期中、末阶段所能持续的时间,鲢鱼、鳙鱼要 30 天左右,草鱼、青鱼要 25~30 天。我国地域辽阔,南北气候差异较大,对于大部分淡水鲤科鱼类而言,长江中下游地区适宜的催产季节是 5 月上旬至 6 月中旬,华南地区比长江流域早 1 个月,东北地区比长江流域晚 1 个月。鲮鱼的催情产卵时期相对集中,在每年 5 月上中旬进行,过了此时间,卵巢即趋向退化。可催产的水温为 19~30℃,适宜的催产和孵化水温为 22~28℃。一般鲢鱼和草鱼的卵巢成熟较早,鳙鱼和青鱼的卵巢成熟较晚。催产的顺序是先鲢鱼、草鱼,后鳙鱼、青鱼。

(四)催产剂注射

1. 注射剂量

常用的催产剂有鲫鱼或鲤鱼的脑垂体、绒毛膜促性腺激素(HCG)、促黄体素释放激素类似物(LRH-A)和促排卵素 2 号($LRH-A_2$)等。

(1)脑垂体注射液。每千克雌草鱼可用 8~10 个约 100 克重的鲫鱼的脑垂体,或 2~3 个约 1 千克重的鲤鱼的脑垂体。雄草鱼用量减半。若亲鱼体重超过 10 千克,则要增加每毫升注射液中的脑垂体个数,但注入鱼体的药液不得超过 4 毫升,一般控制在 2~3 毫升。

(2)HCG 注射液。HCG 注射液可用于鲢鱼和鳙鱼。每千克雌鲢鱼可用 800~1000IU HCG。每千克雌鳙鱼可用 1200~1800IU 或用 800IU HCG 和 1~2 个鲫鱼脑垂体。

(3)LRH-A 注射液。每千克草鱼亲鱼用 1~100 微克,鲢鱼用 13~300 微克,鳙鱼用 14~300 微克,青鱼用 26~500 微克。对于催产多年的鲢鱼亲鱼,以 2 次催产注射为好,即第一次注射时,在 LRH-A

(10微克)中加入0.1~1.0毫克环式腺苷-磷酸(c-AMP),12~24小时后,第二次注射。

注射剂量受亲鱼种类、性腺发育成熟度、水温、催产药物质量等因素影响,生产上应灵活掌握。温度较低或者亲鱼性腺发育成熟度差时,剂量可以适当提高;催产早期或者末期,剂量可以适当提高;性腺发育成熟度好时,可以适当降低剂量;一般北方使用剂量稍高于南方。一般情况下,雄鱼按雌鱼剂量减半注射,性腺发育程度较好的雄鱼可以不注射催产剂。

2. 注射方法

催产剂注射包括肌肉注射法和体腔注射法。

(1)肌肉注射。在背鳍基部与鱼体侧线之间的部位,针头与体轴呈45°角刺入肌肉,缓缓注入药液,进针深度约为3厘米,或在亲鱼背鳍后基部中线处,偏向肌肉一侧进针。在注射过程中,当针头刺入鱼体后,若亲鱼突然挣扎扭动,应迅速拔出针头,不要强行注射,以免针头弯曲或划破亲鱼体表造成出血发炎。注射完后,用酒精棉球或碘酒涂抹注射部位,防止感染。

(2)体腔注射。在胸鳍基部无鳞处的凹入部位(图6-2),将针头朝鱼体前方与体表成45°~60°角刺入1.5~2.0厘米,然后将注射液缓缓注入鱼体内。针头刺入鱼体不能过深,否则易伤及心脏,引起亲鱼死亡。

催产(注射药物)

图6-2 催产激素注射部位
(胸鳍基部注射)

3. 注射次数

注射催产剂一般有一次注射和二次注射2种方法,极少数采用三次注射。一次注射就是将催产药物一次性注入亲鱼体内;二次注射就是将催产药物分2次注入亲鱼体内。采用二次注射时,一般第一针注射药量偏低,占总预定药量的10%~

淡水鱼养殖实用技术

20%,第二次将剩余药量全部注入亲鱼体内。有些鱼类采用三次注才能有效催产,如青鱼。

二次注射催产激素符合鱼类生理规律,有利于卵母细胞的成熟,性腺发育不好的亲鱼采用二次注射可避免引起亲鱼的生理过激反应,导致卵子成熟和排卵过程不一致,从而影响产卵和受精效果。采用二次注射时,亲鱼发情时间较为稳定,催产率、受精率和孵化率较高,效果要好于一次注射,但二次注射易使亲鱼受伤。二次注射的时间间隔主要根据水温而定,若水温较低,则时间间隔可以稍微长些;若水温较高,则时间间隔可以短些,一般为6~12小时。性腺发育较差的亲鱼,可以适当延长时间间隔,并以流水刺激,促进亲鱼的发情、产卵。

催产时,一般控制亲鱼在早晨或上午产卵,以利于后续工作。二次注射时,第一针一般在上午进行,傍晚注射第二针,控制亲鱼在次日清晨产卵。采用一次注射时,一般在下午注射,控制亲鱼在次日清晨产卵。

4. 效应时间

亲鱼自末次注射催产剂到发情产卵所用的时间称为"效应时间"。效应时间包括发情效应时间和产卵效应时间,前者是指亲鱼自末次注射催产剂到发情所需的时间;后者是指亲鱼末次注射催产剂到产卵所需的时间。准确推算效应时间有利于预测亲鱼发情产卵时间,对掌握人工授精的时间具有重要意义。

效应时间的长短与亲鱼种类、催产剂种类、水温、注射次数以及水质条件有关,其中以水温和注射次数与效应时间的关系最密切(表6-2和表6-3)。不同种类催产剂的靶器官存在差异,效应时间也不同,注射PG或HCG的效应时间均要短于LRH-A;二次注射效应时间要短于一次注射效应时间;亲鱼性腺发育好,效应时间短,性腺发育差,效应时间较长;水温高,效应时间短,水温低,效应时间长。

表 6-2　二次注射的水温与效应时间关系

水温(℃)	从第二次注射到亲鱼发情的时间(小时)	从第二次注射到产卵、人工授精的时间(小时)
20～21	10～11	11～12
22～23	9～10	10～11
24～25	7～8	8～10
26～27	6～7	7～8
28～29	5～6	6～7

表 6-3　一次注射的水温与效应时间关系

水温	从注射到受精的时间(小时)	人工授精的有效时间(小时)
20～21	16～18	18～20
22～23	14～16	16～18
24～25	12～14	14～16
26～27	10～12	12～14
28～29	10 左右	10～12

（五）产卵与受精

经注射催产剂的亲鱼，在产卵前有明显的雌、雄追逐兴奋的现象，称为"发情"。当发情达到高潮时，亲鱼就开始产卵、排精。因此，准确判断发情排卵时刻相当重要，特别是采用人工授精方法时，如果对发情判断不准，采卵不及时，就会直接影响受精率和孵化率。若过早采卵，则亲鱼卵子未达生理成熟；若过迟采卵，则亲鱼已把卵子产出体外，或排卵滞留时间过长，卵子过熟，影响受精率和孵化率。所以，在将要达到产卵效应时，应密切观察亲鱼发情情况，确定适宜的采卵时间。

亲鱼发情时，水面会出现波纹或浪花，亲鱼不时露出水面，多尾雄亲鱼紧紧追着雌亲鱼，有时用头部顶撞雌鱼的腹部，这是雌、雄鱼在水下兴奋追逐的表现。如果波浪继续间歇出现，且次数越来越密，波浪越来越大，则表明发情将达到高潮，此时应做好采卵、授精的准备工作。

1. 自然产卵、受精

人工催产亲鱼后,将其移入产卵池,保持流水刺激,让其在产卵池自行产卵、排精,完成受精作用,这一过程称为"自然产卵受精"。一般亲鱼发情后,要经过一段时间的产卵活动,才能完成产卵全过程。整个过程持续的时间随亲鱼的种类、环境条件等而不同。一般草鱼喜在水流较急的地方产卵,鲢鱼大多在水流较平缓的地方产卵。产卵时间可持续一个多小时。当发现亲鱼有产卵动作时,应及时检查接卵箱,以观察是否有卵子。若发现卵子数量较多时,应及时捞出并放入孵化容器中孵化。

2. 人工授精

人工授精就是通过人为的措施,使精子和卵子混合起来并完成受精作用的方法。当雌、雄鱼发情至高潮时(即将产卵),应立即捞起发情亲鱼,然后用人工方法挤卵、挤精,使卵子在所备容器内受精。准确掌握雌、雄鱼的发情时间,以便及时捕捞,是做好人工授精工作的关键。否则,若捕捞过早,则会影响亲鱼的正常发情,致使卵子未能完全成熟,不能从滤泡中释放出来,从而挤不出卵子;即便卵子被挤出,也不能正常受精发育。若捕捞过迟,卵已产入池中,或卵子过熟,则会降低其受精率。因此,观察亲鱼发情程度是非常重要的。当发现雌、雄亲鱼已发情到高潮时,应立即检查雌鱼,即将雌鱼的腹部朝上,轻压腹部,见有卵子流出时,应立即用手压住生殖孔。在检查雌鱼的同时,还要检查雄鱼,见有乳白色精液外流时,要立即组织人工授精。人工授精的方法有3种,即干法、半干法和湿法。

(1)干法人工授精。将发情至高潮或到了预期发情产卵时间的亲鱼捕起,一人抱住亲鱼,头向上,尾向下,并用手按住生殖孔(以免卵子流到水中),另一人用手握住尾柄,并用毛巾将鱼体腹部擦干。随后用手柔和地挤压亲鱼腹部(先后部,后前部),先把鱼卵挤入盆中(每盆可放20万粒左右,千万不要带进去水),然后将精液挤到鱼卵上。用羽毛或手均匀搅动1分钟左右,再加少量清水拌和,静置2~3

第六章 主要养殖鱼类的人工繁殖

分钟。静置后慢慢加入半盆清水,继续搅动,使精子和卵子充分结合,然后倒去浑浊水,再用清水洗卵3~4次。当看到卵膜吸水膨胀后,便可移入孵化器中孵化。

(2)湿法人工授精。在脸盆内装少量清水,每人各握一尾雌鱼或雄鱼,分别同时将卵子和精液挤入盆内,并用羽毛轻轻搅和,使精卵充分混匀,之后的操作步骤同干法人工授精。

(3)半干法人工授精。半干法人工授精,简单来说,就是将雄鱼精液先用0.85%生理盐水稀释后,再与挤出的卵子混合的授精方法。人工授精过程中应避免亲鱼的精子和卵子受阳光直射。操作人员要配合协调,动作要轻、快、准。否则,易造成亲鱼受伤,人工授精失败,并引起亲鱼产后死亡。

(六)孵化

人工孵化是指受精卵经胚胎发育到仔鱼出膜的全过程,即根据受精卵胚胎发育的生物学特点,人为创造适宜的孵化条件,使胚胎正常发育,孵出仔鱼。

1. 孵化设备及用具

常见的孵化工具有孵化缸、孵化环道和孵化桶等。

(1)孵化缸。孵化缸是用来孵化鱼苗的设备。它是用一般的大水缸改装而成的,容水量为150千克左右,可放入12万~15万个鱼卵。

(2)孵化环道。我国目前所采用的孵化环道大多是圆形的。孵化环道可分为单环和双环,一般是用砖砌成的,外抹水泥,并设有进水系统、排水系统和过滤纱窗三部分。放卵密度视水温而定,一般每立方米放卵100万~120万粒。环道流速控制在0.15~0.25米/秒。对于双环环道,外环流速控制在0.15~0.35米/秒,内环流速控制在0.20~0.25米/秒为适当。

2. 孵化管理措施

精心管理是提高孵化率的关键措施之一。鱼卵孵化期间,必须保证孵化环境便于鱼类胚胎发育,具体包括水温、溶氧、盐度、酸碱度、水流速度、敌害生物和病害控制等因素。

孵化前,必须将孵化器材(如孵化桶、鱼巢等)洗刷干净并消毒,防止孵化器漏水跑苗。在鱼卵孵化过程中,应密切注意氧气供给。孵化期间,要根据胚胎发育时期分别给予不同的水流量或充气量。孵化初期,若水流量过大、充氧量过大,则会破坏卵膜,造成卵膜早溶(水质正常条件下,四大家鱼的鱼卵用10毫克/升高锰酸钾浸泡,可使卵膜增厚加硬,在一定程度上避免卵膜早溶),从而影响孵化率。孵化中期,随着胚胎发育耗氧量增加,应增加水流量或充气量,保证胚胎正常发育。出膜后,为防止鱼苗沉底,造成缺氧窒息,可适当加大充气量或水流量。仔鱼平游期后,应适当降低充气量或水流量,避免鱼苗在顶水流时消耗体能。

同时,定期检查水温、水质和胚胎发育情况,及时清理卵膜和代谢产生的污物,保持水质清新,预防病害及敌害生物。孵化过程中,对于某些在产卵池中孵化的种类,要及时将仔鱼移出,尤其是罗非鱼,避免亲鱼吞食仔鱼。

3. 影响孵化的环境因子

(1)水温。水温是胚胎发育的重要因素之一。受精卵孵化所需温度范围随亲鱼种类不同而变化,温水性鱼类的四大家鱼受精卵孵化适温范围为22~28℃,最适宜水温为26±1℃。在适温范围内,随着温度升高,胚胎发育速度加快,当水温过低时,胚胎发育速度减慢,显著延迟仔鱼孵化,且会导致胚胎成活率急剧下降;当超出适宜温度范围时,胚胎发育停滞或不能正常发育,导致孵化率下降,畸形率上升。

(2)溶氧。鱼类胚胎个体发育耗氧量存在较大差异,同种不同个体之间、不同种之间,胚胎发育所需氧气量均不同,发育时期不同,耗氧量差异也较大。随着胚胎的发育,耗氧量逐渐增加。

(3)水流。在整个孵化过程中,要注意调节水量,使卵和鱼苗能缓慢翻腾,以满足胚胎对氧的需要。避免因水流过大而导致卵和鱼苗冲撞器壁,引起胚胎畸形或受机械损伤。

(4)光线。鱼类胚胎发育对光的反应受遗传因素影响。因此,光线对不同生态类群的鱼类胚胎发育有着不同的影响。

(5)清洁。水质清新无污染,pH 为 7.0。在鱼苗出膜前后,滤水窗容易贴卵和卵膜,影响水流的畅通。此时,应及时用水冲洗或用软刷子刷洗滤水窗。操作时,不要损伤卵和刚出膜的鱼苗。

(6)敌害生物。在孵化中,小虾、小鱼、蝌蚪、桡足类、枝角类等对鱼卵和鱼苗构成严重危害,敌害生物的危害程度与卵的密度、敌害生物的数量以及接触时间密切相关。小鱼、蝌蚪等对鱼卵、鱼苗能直接吞食;桡足类、枝角类等用它们的附肢刺破卵膜或咬伤鱼苗,进而吮吸鱼卵、鱼苗的营养物,造成胚胎或孵化鱼苗死亡。

第三节　鲤、鲫、鲂的人工繁殖

一、鲤鱼和鲫鱼的人工繁殖

鲤鱼和鲫鱼的人工繁殖方法基本相同,这里只介绍鲤鱼的人工繁殖方法。

(一)亲鲤的选择和饲养

一般 3 月至 6 月初为鲤鱼性腺成熟和产卵的时间(因地区温度差异而有迟早)。鲤鱼产卵后卵巢回到第Ⅱ期,至越冬前发育到第Ⅳ期,以第Ⅳ期越冬,开春后达到一定温度时,即进入成熟的第Ⅴ期进行产卵。

1. 雌、雄亲鱼的鉴别

一般雌鱼头部相对较小,鱼体较高;雄鱼身体较狭长,头相对较大,腹部较扁平。在生殖季节,雄鱼在胸鳍、腹鳍以及鳃盖上有珠星出现,泄殖孔略向内凹,不红润,腹部较狭,轻压时有精液流出;雌鱼则没有或只有很少的珠星出现,泄殖孔红润而突出,挤压腹部有卵粒流出。

2. 亲鱼的选择

亲鱼应选择适当年龄和大小的个体,初成熟头两年以及年龄过大的鱼怀卵的质和量均不及壮年的鱼好,故雌鱼一般选 3 龄以上、体重 1.5~5.0 千克,雄鱼选 2~3 龄、体重 1.0~2.5 千克的作亲鱼。南方鲤鱼成熟年龄较早,可略小些,北方鲤鱼成熟年龄较迟,可略大些。另外,亲鱼须体质健壮,体形肥满,无伤,体长与体高之比一般以 3∶1 为好。

3. 亲鱼培育

亲鱼池每亩放养 120~150 千克,50~100 尾。投喂粗蛋白质占 38% 的配合饲料或豆饼、蚕蛹、螺、蚬等富含蛋白质的饵料。同时,可适当施放粪肥等农家肥,以繁殖天然饵料。在饲养过程中,注意水质的调节,以利于性腺发育成熟。鲤鱼以第Ⅳ期卵巢越冬,故培育重点应在夏秋季节,开春后的投饵能维持其正常生长即可。在越冬后、产卵前,雌、雄亲鱼必须分开饲养,以免雌、雄鱼混在一起,当温度突然升高时自行产卵,不易人工控制,从而造成损失。

(二)鱼巢准备和配组产卵

1. 鱼巢准备

鲤鱼产黏性卵,产卵时需要卵的附着物——鱼巢。生产上一般采用棕榈皮、杨柳根须、聚合草、金鱼藻或人造纤维等做鱼巢。棕榈皮、杨柳根须需先放水中煮过晒干,除去单宁酸等有毒物质后方能使用。鱼巢材料洗净或消毒后,扎制成束备用。

第六章 主要养殖鱼类的人工繁殖

2. 配组产卵

鲤鱼对产卵环境条件的要求不高,在一般江河、湖泊、池塘中均能自然产卵。当春季水温升高到18℃左右(北方15℃左右)时,鲤鱼即开始繁殖。用物候来判断,当桃花盛开时,正是鲤鱼开始产卵的季节。鲤鱼一般1年产卵1次。雌、雄亲鱼搭配,一般采取1:3或1:2的比例,配组数量较多时,雌、雄鱼以1:1的比例也能达到较高的受精率。

产卵池面积为300～667米^2,水深1米左右,要注排水方便,水质较清新,环境安静,向阳避风。使用前须彻底清塘,消灭敌害。

雌、雄亲鱼配组放入产卵池后,最好注入少量新水,以刺激亲鱼,有利于其发情产卵,同时放入鱼巢。鱼巢在产卵池内的布置形式一般有悬吊式和平列式2种。鱼巢布置的数量一般按每尾雌鱼4～5束鱼巢为准。在产卵过程中,鱼巢要及时更换,产卵约1小时后取出附有卵的鱼巢,并换放新的鱼巢。

为促使亲鱼集中大批产卵,也可注射催产剂,催产方法与"四大家鱼"相同。亲鱼经注射催产剂后,可放入产卵池,让其自行产卵。也可将雌、雄亲鱼放在网箱中,等到发情产卵时,进行人工授精。鲤鱼卵遇水即产生黏性,故人工授精须采用干法。精、卵混合搅拌后,可使之黏附于鱼巢上进行孵化,或经脱黏后进行流水孵化。

(三)人工孵化

1. 池塘孵化

专用孵化池面积为300米^{2}左右,水深为0.5～1.0米,最好为砂底或砂壤土底,水质清爽。使用前应彻底清塘,消灭野杂鱼类和敌害生物,保障鱼卵不被吞食。也可利用鱼苗培育池进行孵化,水质尽量保持清洁。利用鱼苗培育池进行孵化时,一般每亩池塘保留50万粒左右鱼卵(孵化池放卵密度可增加),孵出鱼苗后可留塘直接培育,不必转塘。

孵化方法：可将鱼巢挂在池水中；或在水中搭设孵化架，将鱼巢束解开平铺在架上，使鱼巢上的鱼卵能较均匀地接受日光照射，水温一致，接触氧气较充分，从而有利于孵化率的提高。在孵化期间，应密切注意天气变化，如有寒潮来临，应在水面加盖芦席，以防水温下降过低，或将鱼巢向水的下层移动。

鱼苗刚孵出时，不能游泳，这时鱼苗都附着在鱼巢上，靠卵黄囊中的卵黄提供营养。此时，不可立即将鱼巢取出，否则鱼苗会沉入池底而易窒息死亡。要等到卵黄囊基本消失，鱼苗自动游离鱼巢时，才可将鱼巢取出。

2. 淋水孵化

淋水孵化是指在室内搭设孵化架，将鱼巢均匀地悬挂在架上，或解开鱼巢束平铺在架上，经常淋水进行孵化。使用此法时，可在室内保持一定温度，使室温不受室外温度变化的影响，而且鱼卵不是浸在水中，可防止水霉菌的侵袭，因而可大大提高孵化率。淋水孵化时，当胚胎发育到发眼期后，须适时将鱼巢移到池塘孵化，以防鱼苗孵出在鱼巢上而发生死亡。据试验，待眼点出现黑色素2天后，将鱼巢移入池塘，非但不会影响孵化，而且可使发育先后不一的胚胎一致地成批孵化出来。

3. 流水孵化

采用人工授精脱黏后的受精卵，放入流水孵化器中孵化，可防止因感染水霉菌、水温剧变等而使孵化率降低的情况发生。因鲤鱼卵比重较大，且表面附有细泥等物，故水流要较大些。当鱼苗孵出时，应注意减小流速，或将幼苗转入网箱中继续培育。

4. 水霉菌的防治

鱼卵被水霉菌寄生是造成鲤鱼鱼卵孵化率低的重要原因之一。防治水霉菌寄生的方法一般是在孵化前用以下药物中的一种浸泡带卵的鱼巢，有一定效果。

(1) 用0.01%的孔雀石绿溶液浸泡10～15分钟。

(2)用0.01%的高锰酸钾溶液浸泡30分钟。

(3)用1%的碳酸氢钠溶液浸泡3分钟。

(4)用5%～7%的食盐溶液浸泡5分钟。

(5)用0.5%的硫酸铜溶液浸泡10～30分钟。

二、团头鲂的人工繁殖

团头鲂产卵的季节比"四大家鱼"稍早。团头鲂产卵时对生态条件要求不高,在池塘中就能自行产卵,但产卵时间不集中。为促使其集中产卵孵化,需要采取一定的技术措施。

1. 亲鱼的选择与喂养

(1)亲鱼的选留。选留亲鱼,可在秋季捕捞池塘和水库中饲养的成鱼时收集,然后放入亲鱼池培育。要选留体质健壮、无外伤的作亲鱼。选留的雌亲鱼年龄为3龄,体重为1千克左右;雄亲鱼年龄为2龄,体重在0.5千克以上。

(2)雌、雄鱼的鉴别。在生殖季节,雌鱼腹部膨大柔软,胸鳍光滑,第一根鳍条细而直;雄鱼的胸鳍和尾柄有"珠星",手摸有粗糙感,胸鳍第一根鳍条肥厚而略弯曲,腹部狭小,成熟时,轻压腹部会有乳白色精液流出。

(3)放养量。每1000米^{2}水面放养0.5～1.0千克重的亲鱼90～120尾,并可搭配混养鲢鱼4～6尾、鳙鱼1～3尾。

(4)亲鱼的喂养管理。团头鲂亲鱼的主要饵料是豆饼、麸皮、豆渣等。体重约0.5千克的亲鱼,每天可投饲5.0克左右,并应加喂部分水生植物,如柳叶苓、苦草、马来眼子菜、紫背浮萍、轮叶黑藻等。应经常向池内加注新水,以促使其性腺发育。

2. 产卵孵化

团头鲂的生殖季节从4月上旬开始,一直延续到7月份。因为在有流水的情况下,雌亲鱼能自行产卵,所以在产卵前应将雌、雄亲鱼分开饲养,否则很容易导致流产;产卵季节来到时再并池,并放入鱼巢,加注新水,使其发情产卵。若无条件将雌、雄亲鱼分开饲养,可在产卵前,向亲鱼培育池内放入少量鱼巢,并经常检查鱼巢上有无卵子。一旦发现鱼巢上附着大量卵子,就应将鱼巢移到孵化容器中孵化,同时,还应向培育池中放入新的鱼巢,并加注新水。

为了使亲鱼集中产卵、排精,可采用人工催情的方法。每千克雌鱼可注射绒毛膜促性腺激素800~1000IU,或鲫鱼脑垂体6~8个,或促排卵素2号5~10微克;雄鱼用量减半。注射方法为胸鳍基部一次注射。注射后的亲鱼在水温为25℃左右的条件下,经7~10小时即可发情产卵。待亲鱼产卵完毕,即可将鱼巢移到孵化池内孵化。孵化器可用家鱼的产卵池、孵化环道或孵化缸代替。

因为团头鲂鱼卵的黏性较鲤鱼和鲫鱼卵的黏性小,所以在移动鱼巢时必须轻拿轻放,以避免鱼卵脱落。在水温为25℃的条件下,经32~36小时即可孵出鱼苗。鱼苗孵出后,不要立即取出鱼巢。孵化期间,最好在鱼巢下放几张苇席,使孵出的鱼苗离开鱼巢之后不致沉入池底而窒息死亡。当鱼苗出现腰点(即鳔形成)、游动活泼、体色较深时,可移入鱼苗培育池或直接在孵化池内培育成夏花。

团头鲂的人工授精方法是:将已注射脑垂体或激素的雌、雄亲鱼分别暂养在两个网箱内。按计算的发情时间检查雌鱼,当能挤出卵时,应迅速将雄鱼取出进行人工授精,并立即将受精卵分散在鱼巢上孵化。团头鲂鱼卵也可按鲤鱼鱼卵脱黏方法处理,再放入孵化容器中孵化。

第七章
主要养殖鱼类的鱼苗、鱼种培育

鱼苗、鱼种的培育就是指将孵化后 3～4 天的鱼苗,养成可供池塘、湖泊、水库、河沟等水体放养的鱼种。培育一般分 2 个阶段:鱼苗经 18～22 天饲养,养成全长 3 厘米左右的稚鱼,由于此时正值夏季,故通称其为"夏花"(又称"火片""寸片");夏花再经 3～5 个月饲养,养成全长 8～20 厘米的鱼种,由于此时正值冬季,故通称其为"冬花"(又称"冬片")。北方鱼种秋季出塘的称为"秋花"(又称"秋片"),越冬后出塘的称为"春花"(又称"春片")。培育也可分 3 个阶段:鱼苗经 10～15 天饲养,养成全长 1.5～2.0 厘米的稚鱼,称为"乌仔";乌仔再经过 10～15 天饲养,养成全长 3～5 厘米的夏花;再由夏花养成全长 10～20 厘米的鱼种。在江浙一带,将 1 龄鱼种(冬花或秋花)通称为"仔口鱼种";将青鱼、草鱼的仔口鱼种再养 1 年,养成 2 龄鱼种,然后到第三年养成成鱼(食用鱼)上市,这种鱼种通称为"过池鱼种"或"老口鱼种"。近年来,各地推广大规格鱼种培育技术后,扩大了成鱼池的养殖面积,提高了成鱼的总产量。

第一节 鱼苗和鱼种生物学

一、鱼类的发育阶段

(一)生命周期

鱼类整个生命周期分为胚前期、胚胎期和胚后期3个发育阶段。胚前期是性细胞发生和形成的阶段;胚胎期是精卵结合(受精)到鱼苗孵出的阶段;胚后期是鱼苗孵出到成鱼直至衰老死亡的阶段。

(二)胚后期分期

胚后期可分为以下5个时期。

1. 仔鱼期

仔鱼期的主要特征是鱼苗身体具有鳍褶。该期又可分为仔鱼前期和仔鱼后期。仔鱼前期是鱼苗以卵黄为营养的时期,人工繁殖的鱼苗则是从卵膜中刚孵出到下塘前这一阶段,全长为0.5~0.9厘米。仔鱼后期时卵黄囊消失,鱼苗开始摄食,奇鳍褶分化为背、臀和尾3个部分,并进一步分化为背鳍、臀鳍和尾鳍,此外,腹鳍也开始出现,此阶段仔鱼全长为0.8~1.7厘米。

2. 稚鱼期

鳍褶完全消失,体侧开始出现鳞片,直至全身被鳞,全长为1.7~7.0厘米。乌仔、夏花和7.0厘米左右的鱼种属于稚鱼期。

3. 幼鱼期

全身被鳞,侧线明显,胸鳍条末端分枝,体色和斑纹与成鱼相似。全长7.5厘米以上的鱼种属于幼鱼期。

4. 性未成熟期

具有成鱼的形态结构,但性腺未发育成熟。南方1~2龄、北方

2～3龄的家鱼属于性未成熟期。

5. 成鱼期

性腺第一次成熟至衰老死亡属于成鱼期。具体的年龄、规格因鱼的种类不同而异。

二、主要养殖鱼类鱼苗、夏花鱼种质量的鉴别

了解各种主要养殖鱼类的鱼苗形态特征和体质优劣,有助于生产者区分和选择优质鱼苗,可为提高鱼苗培育的成活率打下良好的基础。

(一)鱼苗质量鉴别

鱼苗因受鱼卵质量和孵化过程中环境条件的影响,体质有强有弱,这对鱼苗的生长和成活带来很大影响。生产上可根据鱼苗的体色、游泳情况以及挣扎能力来判断其优劣,鉴别方法见表7-1。

表7-1 家鱼鱼苗质量优劣鉴别

鉴别	优质苗	劣质苗
体色	群体色素相同,无白色死苗,身体清洁,略带微黄色或稍红	群体色素不一,为"花色苗",具白色死苗。鱼体拖带污泥,体色发黑带灰
游泳情况	在容器内,将水搅动产生漩涡,鱼苗在漩涡边缘逆水游泳	鱼苗大部分被卷入漩涡
挣扎能力	在白瓷盘中,口吹水面,鱼苗逆水游泳。倒掉水后,鱼苗在盆底剧烈挣扎,头尾弯曲成圆圈状	在白瓷盘中,口吹水面,鱼苗顺水游泳。倒掉水后,鱼苗在盆底挣扎力弱,头尾仅能扭动

在鱼类人工繁殖过程中,容易产生以下4种劣质鱼苗。

1. 杂色苗

一个孵化器中放入两批间隔时间过长的鱼卵,致使鱼苗嫩老混杂;或因停电、停水等原因,造成各孵化器底部管道回流,各种鱼苗混杂在一起。

2. 胡子苗

因鱼苗已发育到合适的阶段而未能销售，只能继续在孵化器或网箱内囤养，致使鱼体色素增加，体色变黑，体质变差。或者由于水温低，胚胎发育慢，鱼苗在孵化器中时间过长。鱼苗顶水时间长，消耗能量大，也会使壮苗变成弱苗。

3. 困花苗

胸鳍已出现，但鳔（俗称"腰点"）尚未充气，不能上下自由游泳，此阶段的鱼苗称为"困花苗"。困花苗在静水中大部分沉底，鱼体嫩弱，其发育仍依靠卵黄囊提供营养，不能吞食外界食物，运输时容易死亡。

4. 畸形苗

由于鱼卵质量或孵化环境的影响，可造成鱼苗发育畸形（常见的有围心腔扩大、卵黄囊分段等）。畸形苗游泳不活泼，往往和孵化器中的脏物混杂在一起，不易分离。畸形苗在鱼苗培育池中一般不能发育成夏花。

在购买鱼苗时，必须了解每批鱼苗的产卵日期和孵化时间，并按表7-1的质量鉴别标准严格挑选，防止买到上述劣质鱼苗，为提高鱼苗培育成活率创造良好条件。

（二）夏花种类鉴别

各种家鱼的夏花鱼种的形态特征已接近成鱼，特别是鲤鱼、鲫鱼、团头鲂等。其他养殖鱼类可根据以下特点进行鉴别。

（1）鲢鱼夏花体色银白，腹鳍和臀鳍之间尚留有鳍褶，鳍褶边缘黑色素排列整齐，犹如镶边，尾鳍近尾柄处呈较淡的黄色。其腹棱由肛门直到胸部，胸鳍仅达腹鳍基部。

（2）鳙鱼夏花体色金黄，鳍褶上黑色素稀疏散乱，不形成镶边，尾鳍近尾柄处呈显著的黄色。仅肛门至腹鳍之间有腹棱，胸鳍长，盖过腹鳍基部。

(3)草鱼夏花体色呈淡金黄色,鳞片清楚,吻钝额阔。

(4)青鱼夏花体色呈青黄色,鳞片不清楚,吻较尖,尾柄下端有一菱形的黑色素,颜色浓。

(三)夏花鱼种质量鉴别

夏花鱼种质量优劣可根据出塘规格大小、体色、鱼类活动情况以及体质强弱来判别,见表7-2。

表7-2 夏花鱼种质量优劣鉴别

鉴别	优质夏花	劣质夏花
体色	体色鲜艳,有光泽	体色暗淡无光,变黑或变白
活动情况	行动活泼,集体游动,受惊后迅速潜入水底,不常在水面停留,抢食能力强	行动迟缓,不集群,在水面漫游,抢食能力弱
体质强弱	鱼在白瓷盆中狂跳。身体肥壮,头小背厚。鳞鳍完整,无异常现象	鱼在白瓷盆中很少跳动。身体瘦弱,背薄,俗称"瘪子"。鳞鳍残缺,有充血现象或异物附着

三、食性

刚孵出的鱼苗均靠卵黄囊中的卵黄提供营养。当鱼苗体内鳔充气后,鱼苗一面吸收卵黄,一面开始摄取外界食物。当卵黄囊消失后,鱼苗就完全依靠外界食物提供营养。但此时鱼苗个体细小,全长仅为0.6~0.9厘米,活动能力弱,口径小,取食器官(如鳃耙、吻部等)尚待发育完全。因此,所有种类的鱼苗只能依靠吞食方式来获取食物,而且其食谱范围十分狭窄,只能吞食一些小型浮游动物,其主要食物是轮虫和桡足类的无节幼体。生产上通常将此时摄食的饵(饲)料称为"开口饵(饲)料"。

随着鱼苗的生长,其个体增大,口径增宽,游泳能力逐步增强,取食器官逐步发育完善,食性逐步转化,食谱范围也逐步扩大。表7-3所示为家鱼鱼苗发育至夏花阶段的食性转变情况。

表 7-3　鱼苗鱼种食性转变表

品种＼体长	0.7～1.0厘米	1.5～2.0厘米	3.0厘米以上
鲢鱼	轮虫、无节幼体、小型枝角类	从吞食转为滤食,食物中浮游植物比重大	与成鱼相似,以浮游植物为主
鳙鱼	轮虫、无节幼体、小型枝角类	从吞食转为滤食,食物中浮游动物比重大	与成鱼相似,以浮游动物为主
草鱼、团头鲂	轮虫、无节幼体、小型枝角类	浮游动物、摇蚊幼虫及嫩草	与成鱼相似,以水草、旱草为主
青鱼	轮虫、无节幼体、小型枝角类	浮游动物、摇蚊幼虫	大型枝角类、摇蚊幼虫
鲤鱼、鲫鱼	轮虫、无节幼体、小型枝角类	浮游动物、摇蚊幼虫及水蚯蚓等	底栖动物、植物碎片等

从鱼苗到鱼种的发育阶段,摄食方式的转变是鲢鱼、鳙鱼由吞食过渡到滤食,草鱼、青鱼、鲤鱼始终都是吞食,其食谱范围逐步扩大,食物个体逐渐增大。

四、生长

在鱼苗阶段,鲢鱼、鳙鱼、草鱼、青鱼的生长速度是很快的。鱼苗到夏花阶段,它们的相对生长率最大,是生命周期中的发育最高峰。据测定,鱼苗下塘饲养10天内体重增长的加倍次数,鲢鱼为6,鳙鱼为5,即每2天体重增加1倍多。此时期鱼的个体小,绝对增重量也小,平均每天增重10～20毫克。鲢鱼体长平均每天增长0.7毫米,鳙鱼体长平均每天增长1.2毫米。

在鱼种饲养阶段,鱼体的相对生长率较上一阶段有明显下降。在100天的培育时间内,体重增长的加倍次数为9～10,与上一阶段比较相差5～6倍。但绝对体重增加较多,平均每天增重如下:鲢鱼为4.19克,鳙鱼为6.3克,草鱼为6.2克,与鱼苗阶段比较相差200～600倍。在体长方面,平均每天增长如下:鲢鱼为2.7毫米,鳙鱼为3.2毫米,草鱼为2.9毫米,鲢鱼体长增长为上一阶段的2倍多,鳙鱼为 4 倍多。

五、在池塘中的分布情况

鱼苗培育都在池塘等小水体中进行。初下塘时,各种鱼苗在池塘中大致是均匀分布的。当鱼苗长至 15 毫米左右时,各种鱼苗的食性开始转变,它们在池塘中的分布也随之改变。鲢鱼、鳙鱼逐渐离开池边,在池塘中间的中层活动,而草鱼、青鱼则逐渐转到中下层活动,且大多在池边浅水处觅食,因为这个区域中大型浮游动物和底栖动物较多。

六、对水环境的适应

鱼苗体表无鳞片覆盖,整个身体裸露在水中,鱼体幼小、嫩弱,游泳能力差,对敌害生物(包括鱼、虾、蛙、水生昆虫、剑水蚤等)的抵抗能力弱,极易遭受敌害生物的残食。

鱼苗对不良环境的适应能力差,对水环境的要求比成鱼高,适应范围小。如鱼苗需要的适宜 pH 为 7.5~8.5,pH 长期低于 6.5 或高于 9.0 都会不同程度地影响其生长和发育。此外,它们对盐度和温度的适应能力也比成鱼差。鱼苗对温度的适应能力也很差。5 日龄的草鱼鱼苗,当水温下降至 13.5℃时,就开始出现冷休克;当水温下降至 8℃时,则全部出现冷休克。因此,生产上将 13.5℃作为早繁草鱼鱼苗下塘的安全水温。

第二节 鱼苗培育

所谓"鱼苗培育",是指将鱼苗养成夏花鱼种。为提高夏花鱼种的成活率,根据鱼苗的生物学特征,采取以下措施:一是创造无敌害生物及水质良好的生活环境;二是保持数量多、质量好的适口饵料;三是培育出体质健壮、适合于高温运输的夏花鱼种。为此,需要用专门的鱼池进行精心、细致的培育。这种将鱼苗培育成夏花的鱼池在生产上称为"发塘池"。

根据多年来的实践,现已总结出一整套培育鱼苗的综合技术,可使发塘池鱼苗的成活率明显提高。在每亩放10万尾鱼苗的密度下,经20天左右的培育,夏花的出塘规格可达3.3厘米以上,成活率达80%左右,鱼体肥壮、整齐。现将培育方法和技术关键归纳如下。

一、选择良好的池塘条件

鱼苗培育池应尽可能符合下列条件:

(1)交通便利,水源充足,水质良好,不含泥沙和有毒物质,排灌水方便。

(2)池形整齐,最好是东西向、长方形,其长宽比为5∶3。面积为667~2000平方米(1~3亩),水深为1.0~1.5米,以便于控制水质和日常管理。

(3)池埂坚固、不漏水,其高度应超过最高水位0.3~0.5米。池底平坦,并向出水口一侧倾斜。池底少淤泥,无砖瓦石砾,无丛生水草,以便于拉网操作。

(4)鱼池通风向阳,水温升高较快,这有利于有机物的分解和浮游生物的繁殖,使鱼池溶氧保持较高水平。

二、重视整塘,彻底清塘

所谓"整塘",就是将池水排干,清除过多的淤泥,将塘底推平,并将塘泥敷贴在池壁上,使其平滑贴实;填好漏洞和裂缝,清除地底和池边杂草;将多余的塘泥清上地堤,为青饲料的种植提供肥料。所谓"清塘",就是在池塘内施用药物,杀灭影响鱼苗生存、生长的各种生物,以保障鱼苗不受敌害、病害的侵袭。必须先整塘,曝晒数日后,再用药物清塘。只有认真做好整塘工作,才能有效地发挥药物清塘的作用。

(一)整塘、清塘的优点

1. 改善水质,增加肥度

若池塘淤泥过多,则有机物耗氧量大,会造成淤泥和下层水长期呈缺氧状态,在夏秋季节,容易造成鱼类缺氧浮头,甚至泛池死亡。此外,有机物在缺氧条件下,会产生大量的还原物质,使池水的含氧量下降,并抑制鱼类生长。池塘排水后,清除过多淤泥,池底经阳光曝晒,能改善淤泥的通气条件,加速有机物转化为无机营养盐,有助于改善水质,增加水的肥度。

2. 增加放养量

清除淤泥可增加了池塘的容水量,相应地增加鱼苗的放养量和鱼类的活动空间,有利于鱼苗生长。

3. 保持水位,稳定生产

清理池塘,修补堤埂,防止漏水,可提高鱼池的抗灾能力和生产的稳定性。

4. 杀灭敌害,减少鱼病

通过整塘、清塘,可清除和杀灭野杂鱼类、底栖生物、水生植物、水生昆虫、致病菌和寄生虫孢子,提高鱼苗的成活率。

5. 增加青饲料(或农作物)的肥料

塘泥中有机物含量很高,是植物的优质有机肥料。将塘泥取出,作为鱼类青饲料或经济作物的肥料,变废为利,有利于维护鱼场生态平衡,提高经济效益。

(二)常用的清塘药物及使用方法

1. 生石灰清塘

生石灰(CaO)遇水会生成强碱性的氢氧化钙$[Ca(OH)_2]$,在短时间内使池水的pH上升到11以上,可杀灭野杂鱼类、蛙卵、蝌蚪、水生昆虫、虾、蟹、蚂蟥、丝状藻类(水绵等)、寄生虫、致病菌以及一些根浅茎软的水生植物。此外,用生石灰清塘后,还可以保持池水 pH 的稳定,使池水保持微碱性;可以改良池塘土质,释放出被淤泥吸附的氮、磷、钾等营养盐类,增加水的肥度;生石灰中的钙本身就是动植物不可缺少的营养元素,施用生石灰还能起到施肥的作用。

使用生石灰清塘有 2 种方法:第一种是干法清塘,即将池水基本排干,池中保留积水 6～10 厘米深。在塘底挖若干个小坑,将生石灰分别放入小坑中,加水溶化,不待冷却即向池中均匀泼洒。一般生石灰用量为每亩池塘 60～75 千克,淤泥较少的池塘每亩用 50～60 千克。清塘后第二天用铁耙翻动塘泥,使石灰浆与淤泥充分混合。第二种是带水清塘,即不排出池水,将刚溶化的石灰浆全池泼洒。生石灰用量为每亩(平均水深 1 米)100～150 千克。

生石灰清塘的技术关键是所采用的生石灰必须是块灰。只有块灰才是氧化钙(CaO),才是"生石灰";而粉灰是生石灰潮解后与空气中的二氧化碳结合形成的碳酸钙($CaCO_3$),不能作为清塘药物。

2. 漂白粉清塘

漂白粉一般含有效氯 30% 左右,遇水分解释放出次氯酸。次氯酸立即释放出新生态氧,它有强烈的杀菌和杀死敌害生物的作用。其杀灭敌害生物的效果同生石灰。对于盐碱地鱼池,用漂白粉清塘不会增加池塘的碱性,因此,往往以漂白粉代替生石灰作为清塘药物。

用漂白粉清塘的方法是先计算池水体积,每立方米池水用 20 克漂白粉,即 20 毫克/升。将漂白粉加水溶解后,立即全池泼洒。漂白粉加水后放出新生态氧,其挥发性和腐蚀性强,能与金属起作用,因此,操作人员应戴口罩,用非金属容器盛放,在上风处泼洒药液,并防止衣服沾染药液而被腐蚀。此外,漂白粉全池泼洒后,需用船桨划动池水,使药物迅速在水中均匀分布,以加强清塘效果。

由于漂白粉受潮易分解失效,受阳光照射会分解,故漂白粉必须盛放在密闭塑料袋或陶器内,存放于冷暗干燥处。否则,漂白粉潮解

第七章　主要养殖鱼类的鱼苗、鱼种培育

后,其有效氯含量大大下降,会影响清塘效果。目前市场上已有三氯异氰尿酸等药物,清塘浓度按说明书确定。

用生石灰清塘后,一般需经 7～15 天药效消失后,方可放养鱼苗。漂白粉类药物清塘后药效消失较快,5～7 天后便可放养鱼苗。

三、确保鱼苗在轮虫高峰期下塘

为了让鱼苗下塘后就能获得量多质好的适口饵料,必须在下塘前将池水培养好,这是提高鱼苗成活率的关键技术。

初下塘鱼苗的最佳适口饵料为轮虫和无节幼体等小型浮游动物。一般经多次养鱼的池塘,塘泥中贮存着大量的轮虫休眠卵。因此,在生产上,当清塘后放水时(一般当放水到 20～30 厘米时),就必须用铁耙翻动塘泥,使轮虫休眠卵上浮或重新沉积于塘泥表层,促进轮虫休眠卵萌发。生产实践证明,在放水时翻动塘泥,7 天后池水中轮虫数量明显增加,并出现高峰期。表 7-4 所示为水温为 20～25℃,用生石灰清塘后鱼苗培育池水中浮游生物的变化模式。

表 7-4　生石灰清塘后浮游生物变化模式(未放养鱼苗)

项目	清　塘				
	1～3 天	4～7 天	7～10 天	10～15 天	15 天后
pH	>11	9～10	9 左右	<9	<9
浮游植物	开始出现	第一高峰	被轮虫滤食,数量减少	被枝角类滤食,数量减少	第二高峰
轮虫	零星出现	迅速繁殖	高峰期	显著减少	少
枝角类	无	无	零星出现	高峰期	显著较少
桡足类	无	少量无节幼体	较多无节幼体	较多无节幼体	较多成体

在生产上均应先清塘,然后根据鱼苗下塘时间施有机肥料,人为地制造轮虫高峰期。施有机肥料后,轮虫高峰期的生物量比天然生物量高 4～10 倍,每升达 8000 个以上,鱼苗下塘后轮虫高峰期可维持 7 天。为做到鱼苗在轮虫高峰期下塘,关键是掌握施肥的时间。如用腐熟发酵的粪肥,可在鱼苗下塘前 5～7 天(依水温而定)全池泼

洒粪肥每亩 150~300 千克;如用绿肥堆肥或沤肥,可在鱼苗下塘前 10~14 天每亩投放 200~400 千克。绿肥应堆放在池塘四角,浸没于水中,以促使其腐烂,并经常翻动。

为确保施用有机肥料后轮虫大量繁殖,在生产中往往先泼洒药物,杀灭大型浮游动物,然后再施有机肥料。鱼苗下塘时还应注意以下事项:

(1)检查鱼苗是否能主动摄食。人工繁殖的鱼苗必须待口张开、鳔充气、能平游、能主动摄取外界食物时方可下塘。

(2)鱼苗下塘前后,每天用低倍显微镜观察池水轮虫的种类和数量。如发现水中有大量滤食性的臂尾轮虫等,说明此时正值轮虫高峰期;如发现水中有大量肉食性的晶囊轮虫,说明轮虫高峰期即将结束,需全池泼洒腐熟的有机肥料,一般每亩泼洒 50~150 千克。

(3)检查池中是否残留敌害生物。从清塘后到放鱼苗前,鱼苗池中可能还有蛙卵、蝌蚪等敌害生物,必要时应采用鱼苗网拉网 1~2 次,予以清除。

四、做好鱼苗接运工作

选购体质健壮、已能摄食的鱼苗作为运输对象(长途运输时,一般鱼苗只需达到鳔充气阶段,而团头鲂鱼苗只需达到平游阶段即可)。运输前,鱼苗应在鱼苗网箱内囤养 4~6 小时,以锻炼鱼体。

目前,常用塑料鱼苗袋(70 厘米×40 厘米)装鱼,加水 8~9 升(约占袋内容积的 2/5),每袋装鱼苗 15 万尾,则有效运输时间为 10~15 小时。若每袋装鱼苗 10 万尾,则有效运输时间为 24 小时。运输用水应清新,水中有机物少,充氧密封后放入纸箱中运输。鱼苗箱在运输途中应防止风吹、日晒、雨淋。如遇低温(气温在 15℃以下)天气,应采取保温措施。各运输环节必须密切配合,做到"人等鱼苗、车(船)等鱼苗、池等鱼苗",并及时处理好塑料袋的漏水、漏气等问题。

五、暂养鱼苗,调节温差,饱食下塘

用塑料袋充氧密闭运输的鱼苗,鱼体内往往含有较多的二氧化碳。特别是长途运输的鱼苗,其血液中二氧化碳浓度很高,可使鱼苗处于麻醉甚至昏迷状态(肉眼观察可见袋内鱼苗大多沉底打团)。如将这种鱼苗直接下塘,则成活率极低。因此,凡是运输来的鱼苗,必须先放在鱼苗箱中暂养。暂养前,先将装鱼苗的塑料袋放入池内,当袋内外水温一致后(一般约需15分钟),再开袋放入池内的鱼苗箱中暂养。暂养时,应经常在箱外划动池水,以增加箱内水的溶氧。一般经0.5～1.0小时暂养,鱼苗血液中过多的二氧化碳就会排出,鱼苗可集群在网箱内逆水游泳。

鱼苗经暂养后,需泼洒鸭(鸡)蛋黄水。待鱼苗饱食后,肉眼可见鱼体内有一条白线时,方可下塘。鸭(鸡)蛋需煮熟,越老越好,以蛋白起泡者为佳。取蛋黄掰成数块,用双层纱布包裹后,在脸盆内漂洗(不能用手控出)出蛋黄水,淋洒于鱼苗箱内。一般1个鸭(鸡)蛋黄可供10万尾鱼苗摄食。

鱼苗下塘时,面临着适应新环境和尽快获得适口饵料两大问题。投喂鸭(鸡)蛋黄,使鱼苗饱食后放养下塘,实际上是保证了仔鱼的第一次摄食,其目的是加强鱼苗下塘后的觅食能力和提高鱼苗对不良环境的适应能力。

必须强调,鱼苗下塘的安全水温不能低于13.5℃。如夜间水温较低,鱼苗到达目的地已是傍晚,则应将鱼苗放在室内容器中暂养(每50升水放鱼苗4万～5万尾),并使水温保持在20℃。投1次鸭(鸡)蛋黄后,由专人值班,每小时换1次新水(水温必须相同),或充气增氧,以防鱼苗浮头。待第二天上午9时以后,水温回升时,再投1次鸭(鸡)蛋黄,并调节池塘水温后下塘。

六、合理密养

合理密养可充分利用池塘,节约饲料、肥料和人力,但密度太大也会影响鱼苗生长和成活。一般鱼苗养至夏花时,每亩放养8万～15万尾。具体的数量随培育池的条件、饲料和肥料的质量、鱼苗的种类和饲养技术等有所变动。如池塘条件好,饲料、肥料量多质好,饲养技术水平高,则放养密度可偏大一些,否则就要小一些。一般青鱼、草鱼鱼苗密度偏小,鲢鱼、鳙鱼鱼苗可适当密一些。此外,对于提早繁殖的鱼苗,为培育大规格鱼种,其放养密度也应适当小一些。

七、精养细喂

精养细喂是提高鱼苗成活率的关键技术之一。由于选用饲料、肥料不同,故饲养方法不一。现介绍2种方法。

(一)有机肥料与豆浆混合饲养法

根据鱼苗在不同发育阶段对饲料的不同要求,可将鱼苗的生长过程划分为4个阶段。

1. 摄食轮虫阶段

此阶段为鱼苗下塘后第1～5天。经5天培养后,要求鱼苗全长从7～9毫米生长至10～11毫米。此期鱼苗主要以轮虫为食。为维持池内轮虫数量,在鱼苗下塘当天就应泼豆浆。通常水温为20℃,黄豆需浸泡8～10小时。一般每3千克干黄豆可磨浆50千克。每天上午、中午和下午各泼1次,每次每亩池泼15～17千克豆浆(约需1千克干黄豆)。豆浆要泼得"细如雾、匀如雨",全池泼洒,以延长豆浆颗粒在水中的悬浮时间。豆浆一部分供鱼苗摄食,一部分用于培养浮游动物。

2. 摄食水蚤阶段

此阶段为鱼苗下塘后第6～10天。鱼苗生长10天后,要求其全长从 10～11 毫米长至 16～18 毫米。此期鱼苗主要以水蚤等枝角类为食。每天需泼豆浆 2 次（上午 8～9 时和下午 1～2 时各一次），每次豆浆数量可增加到每亩 30～40 千克。在此期间，选择晴天上午追施 1 次腐熟粪肥，用量为每亩池水 100～150 千克，全池泼洒，以培养大型浮游动物。

3. 投喂精料阶段

此阶段为鱼苗下塘后第 11～15 天。鱼苗生长 15 天后，要求其全长从 16～18 毫米长至 26～28 毫米。此期水中大型浮游动物已剩下不多，不能满足鱼苗生长需要，鱼苗的食性已发生明显转化，开始在池边浅水寻食。此时，应改豆饼糊或磨细的精饲料，每天合干豆饼每亩 1.5～2.0 千克。投喂时，应将精料堆放在离水面 20～30 厘米的浅滩处供鱼苗摄食。如果此阶段缺乏饲料，则成群鱼苗会集中到池边寻食。时间一长，鱼苗就会围绕池边成群狂游，驱赶不散，呈跑马状，故这种病又称"跑马病"。因此，这一阶段必须投以数量充足的精饲料，以满足鱼苗生长需要。此外，如饲养鲢、鳙鱼苗，还应追施 1 次有机肥料，施肥量和施肥方法同水蚤阶段。

4. 拉网锻炼阶段

此阶段为鱼苗下塘后 16～20 天。鱼苗生长 20 天后，要求其全长从 26～28 毫米长至 31～34 毫米。此期鱼苗已达到夏花规格，需拉网锻炼，以满足高温季节出塘分养的需要。此时豆饼糊的数量需进一步增加，每天的投喂量合干豆饼每亩 2.5～3.0 千克。此外，池水也应加到最高水位。草鱼、团头鲂发塘池每天每万尾夏花投嫩鲜草 10～15 千克。每养成 1 万尾夏花鱼种通常需黄豆 3～6 千克，豆饼 2.5～3.0 千克。

（二）大草饲养法

广东、广西等地多采用大草饲养法饲养鱼苗。所谓"大草"，原是指一些野生无毒、茎叶柔嫩的菊科和豆科植物，如今泛指绿肥。鱼苗

淡水鱼养殖实用技术

下塘前,每7~10天投放大草每亩200~400千克,分别堆放于池边,浸没于水中,腐烂后用于培养浮游生物。鱼苗下塘后,每隔5天左右投放大草作追肥,每次150~200千克/亩。每亩夏花需大草650~800千克。如发现鱼苗生长缓慢,可增投精饲料。投喂方法同前面的精料阶段。用大草培育鱼苗的池塘,浮游生物较丰富,但水质不够稳定,容易造成水中溶氧条件变差。因此,每次投放大草的数量和间隔时间长短,要根据水质和天气情况灵活掌握。

八、分期注水

鱼苗初下塘时,鱼体较小,池塘水深应保持在50~60厘米。以后每隔3~5天注水1次,每次注水10~20厘米。培育期间共注水3~4次,最后加至最高水位。注水时,需在注水口用密网拦阻,以防野杂鱼和其他敌害生物流入池内。同时,应防止水流冲起池底淤泥,搅浑池水。

九、加强日常管理

鱼苗池的日常管理工作必须建立严格的岗位责任制。日常管理要求每天巡塘3次,做到"三查"和"三勤",即早上查鱼苗是否浮头,勤捞蛙卵,消灭有害昆虫及其幼虫;午后查鱼苗的活动情况,勤除杂草;傍晚查鱼苗池水质、天气、水温、投饲施肥数量、注排水和鱼苗活动等情况,勤做日常管理记录,安排好第二天的投饲、施肥、加水等工作。此外,应经常检查有无鱼病,及时防治。

十、拉网锻炼

(一)拉网锻炼的目的和作用

鱼苗经16~18天饲养,长到3厘米左右,体重增加了几十倍乃至100多倍,它要求有更大的活动范围。同时,鱼池的水质和营养条

· 138 ·

件已不能满足鱼种生长的要求,因此,必须分塘稀养。有的鱼种还要运输到外单位甚至长途运输,但此时正值夏季,水温高,鱼种新陈代谢强,活动剧烈,而夏花鱼种体质又十分嫩弱,对缺氧等不良环境的适应能力差。为此,夏花鱼种在出塘分养前,必须进行2~3次拉网锻炼。

拉网锻炼主要有以下作用:一是夏花经密集锻炼后,可促使鱼体组织中的水分含量下降,肌肉变得结实,体质较健壮,经得起分塘操作和运输途中的颠簸;二是使鱼种在密集过程中增加对缺氧的适应能力;三是促使鱼体分泌大量黏液和排出肠道内的粪便,减少运输途中鱼体黏液和粪便的排出量,从而有利于保持较好的运输水质,提高运输成活率;四是拉网可以除去敌害生物。

(二)拉网锻炼所需的工具和网具

拉网锻炼的工具和网具主要有夏花网、谷池、鱼筛等。这些工具、网具的好坏直接关系到鱼苗成活率和劳动生产率的高低,也体现了养鱼的技术水平。

1. 夏花网

夏花网用于夏花锻炼和出塘分养。网由上纲、下纲和网衣三部分组成。网长为鱼池宽度的1.5倍,网高为水深的2~3倍。拉网起网速度要缓慢,避免鱼体贴网而受伤。

2. 谷池

谷池为一长形网箱,用于夏花鱼种囤养锻炼、筛鱼清野和分养。网箱口呈长方形,箱高0.8米,宽0.8米,长5~9米。谷池的网箱网片同夏花网片,网箱四周有网绳。使用谷池时,将10余根小竹竿插在池两侧(网箱四角的竹竿略微粗大),就地装网即可。

3. 鱼筛

鱼筛用于分开不同大小、不同规格的鱼种,或将野杂鱼与家鱼分开,可分筛出不同体长的鱼种。

(三)拉网锻炼的方法

当鱼苗池的稚鱼处于锻炼阶段时,选择晴天,在上午9时左右拉网。第一次拉网只需将夏花鱼种围集在网中,检查鱼的体质后,随即放回池内。由于鱼体十分嫩弱,因此,第一次拉网时,操作须特别小心,拉网赶鱼的速度宜慢不宜快,在收拢网片时,须防止鱼种贴网。隔1天进行第二次拉网,将鱼种围集后(与此同时,在其边上安装好谷池),把皮条网上纲与谷池上口相并,压入水中,在谷池内轻轻划水,使鱼群逆水游入池内。鱼群进入谷池后,稍停,将鱼群逐渐驱赶集中于谷池的一端,以便清除另一端网箱底部的粪便和污物,不让粪便和污物堵塞网孔。然后放入鱼筛,筛边紧贴谷池网片,筛口朝向鱼种,并在鱼筛外轻轻划水,使鱼种穿筛而过,将蝌蚪、野杂鱼等筛出,再清除余下一端箱底污物,并清洗网箱。

经上述操作后,可保持谷池内水质清新,箱内外水流通畅,溶氧较高。鱼种约经2小时密集后放回池内。第二次拉网应尽可能将池内鱼种捕尽。因此,拉网后应再重复拉一次网,将剩余鱼种放入另一个较小的谷池内锻炼。则第二次拉网后再隔1天,进行第三次拉网锻炼,操作同第二次拉网。如鱼种自养自用,第二次拉网锻炼后就可以分养。如需进行长途运输,则在第三次拉网后,将鱼种放入水质清新的池塘网箱中,经一夜"吊养"后方可装运。吊养时,夜间必须有人看管,以防发生缺氧死鱼事故。

夏花鱼种的出塘计数通常采用杯量法。量鱼杯选用250毫升的直筒杯,杯由锡、铝或塑料制成,杯底有若干个小孔,用于漏水。计数时,用"夏花捞海"捞取夏花鱼种,迅速装满量鱼杯,立即倒入空网箱内。任意抽查某一量鱼杯的夏花鱼种数量,根据倒入鱼种的总杯数和每杯鱼种数,推算出全部夏花鱼种的数量。

第三节 鱼种培育

主要养殖鱼类在进入鱼种培育阶段后,其食性、生活习性以及活动的水层已有明显的变化。为了充分利用水体空间和饵料资源,提高养殖水体的产出率,应充分利用各种鱼类的生物学特性和共生互利原理,实行合理混养。在混养时,各种鱼的混养比例必须适当,否则,会影响一部分鱼的生长。因此,需要将夏花再经过一段时间较精细的饲养管理,养成规格较大和体质健壮的鱼种,才可供成鱼池塘、网箱、湖泊和水库等大水体放养。

一、1龄鱼种的培育

(一)鱼种池条件

鱼种池的条件与鱼苗池相似,但面积和深度稍大一些,一般面积以2000～3500米^2,深度以1.5～2.0米为宜。其整塘、清塘方法与鱼苗培育池相同。经过夏花培育阶段,鱼种的食性尽管已经分化,但均喜食浮游动物。因此,鱼种池在夏花下塘前应施有机肥料,以培养浮游生物,这是提高鱼种成活率的重要措施。一般每亩施用200～400千克粪肥作为基肥。以鲢鱼、鳙鱼为主体鱼的池塘,基肥应适当多一些,鱼种控制在轮虫高峰期下塘;以青鱼、草鱼、团头鲂、鲤鱼为主体鱼的池塘,鱼种应控制在小型枝角类高峰期下塘。此外,以草鱼、团头鲂为主体鱼的池塘,还应在原池培养芜萍或小浮萍,作为鱼种的适口饵料。近年来,各地采用配合饲料进行鱼种培育的池塘,可以不施或少施有机肥料。

(二)夏花放养

1. 放养时间

5~7月份,在夏花鱼种全长为2.3~3.0厘米时放养为好。以鲢、鳙鱼为主的池塘,夏花应控制在轮虫高峰期放养;以草、青、鲤、鲂鱼为主的池塘,夏花应控制在枝角类高峰期放养。

2. 放养密度

夏花的放养密度与要求育成鱼种的大小、放养的种类、养殖技术、放养和饲养时间长短均有密切关系。一般要求生产鱼种规格在13.2厘米以上的,其适宜的夏花放养密度为每1000米^{2}水面1.5万~1.8万尾。若稀养,每1000米^{2}水面放养0.9万~1.2万尾,则出塘规格在16.5厘米以上;若密养,每1000米^{2}水面放养3.0万~4.5万尾,则出塘规格仅为8.3~10厘米。若池塘条件好,饵料和肥料充足,养鱼技术水平高,配套设备较好,则可以增加放养量;反之,则减少放养量(表7-5)。

表7-5 以夏花鲤鱼为主体鱼的放养与收获情况(单位:亩)

鱼种	放养			成活率(%)	收获		
	规格(克)	尾	重量(千克)		规格(克)	尾	重量(千克)
鲤鱼	4.5	10000	10.00	88.2	100	8820	882
鲢鱼	3.5	200	0.15	95.0	500	190	95
鳙鱼	3.5	50	0.15	95.0	500	48	24
总计	—	10250	10.30	—	—	9058	1001

注:投喂高质量的鲤鱼颗粒饲料,饵料系数为1.3~1.5。

3. 放养方式

在鱼种培育阶段,一方面,由于各种鱼的活动水层和食性有明显的差异,因此,可以进行混养,以充分利用池塘水体和天然饵料资源,发挥池塘生产潜力;另一方面,由于各种鱼对所投喂的饲料如油饼类、糠、麸、糟、颗粒饲料等均喜摄食,因此,混养品种不宜过多,一般

2~4种鱼同池混养即可,主养鱼比混养鱼早放 10~15 天。青鱼、草鱼、团头鲂作为混养鱼时,须待规格达到 5 厘米以上时再放养。

在混养时,各种鱼的混养比例必须适当,否则,会影响一部分鱼的生长。各种鱼的混养比例应根据鱼的食性、栖息水层、池塘条件和饲养方法来决定。具体混养比例参考表 7-6。

表 7-6 主体鱼和配养鱼比例

主体鱼品种	主体鱼 %	配养鱼比例(%)						
		青鱼	草鱼	鲢鱼	鳙鱼	鲤鱼	鲫鱼	团头鲂
鲢鱼	60~65		30		10			
			10		10	20		
			20		15			
			35~40					
	45~50		12.5		12.5	25		
			10		15	30		
鳙鱼	60		20			20		
			40	25				15
草鱼	60			30 或	30	10		
				30	5	5		
	75	75~76		19	5~6			
青鱼	60				40 或	40		
鲤鱼	60			5	30		5	
				40 或	40			
	88			8	6			
鲫鱼	78			16	6			
团头鲂	80			15	5			

关于夏花培育鱼种的放养密度和出塘规格的关系,可参考表7-7。

表 7-7 江苏、浙江渔区夏花放养数量与出塘规格

主体鱼			配养鱼			放养总量（亩）
种类	放养量（亩）	出塘规格	种类	放养量（亩）	出塘规格	
草鱼	2000	50～100 克	鲢鱼	1000	100～125 克	4000
			鲤鱼	1000	13～15 厘米	
	5000	13.3 厘米	鲢鱼	2000	50 克	8000
			鲤鱼	1000	12～13 厘米	
	8000	12～13 厘米	鲢鱼	3000	13～17 厘米	11000
	10000	10～12 厘米	鲢鱼	5000	12～13 厘米	15000
草鱼	3000	80～100 厘米	鳙鱼	2500	13～15 厘米	5500
	6000	13 厘米	鳙鱼	800	125～150 克	6800
	10000	10～12 厘米	鳙鱼	4000	12～13 厘米	14000
鲢鱼	5000	13～15 厘米	草鱼	1500	50～100 克	7000
			鳙鱼	500	15～17 厘米	
	10000	12～13 厘米	团头鲂	2000	10～12 厘米	12000
	15000	10～12 厘米	草鱼	5000	12～13 厘米	20000
鳙鱼	4000	13～15 厘米	草鱼	2000	50～100 克	6000
	8000	12～13 厘米	草鱼	2000	13～17 厘米	10000
	12000	10～12 厘米	草鱼	2000	12～13 厘米	14000
鲤鱼	5000	10～12 厘米	鳙鱼	4000	13～17 厘米	10000
			草鱼	1000	12～13 厘米	
团头鲂	5000	10～12 厘米	鳙鱼	4000	12～13 厘米	9000
	9000	10 厘米	鳙鱼	1000	13～15 厘米	10000
	25000	7 厘米	鳙鱼	100	500 克	25100

4. 鱼种饲养方法

在鱼种饲养过程中,鱼的种类、放养密度和使用饲料、肥料的比例不同,饲养方法也不同,目前主要有以下 3 种。

(1)以施肥为主的培育法。以施有机肥料为主,适当辅投商品饲料。饲养以鲢鱼、鳙鱼为主的池塘,可采用以施肥为主的培育法。放

第七章 主要养殖鱼类的鱼苗、鱼种培育

养夏花前7～10天,先施基肥(同鱼苗池施肥方法),放养夏花后3～5天,根据池塘水质的肥度及时追肥,施肥量可根据天气变化、鱼的摄食情况、水色变化等灵活掌握。施粪肥可每天或每2～3天全池泼洒1次,通常每次每亩施绿肥或粪肥100～200千克。每天需投喂精料2次,每次每万尾投放1.5～2.0千克的豆饼浆,以后增加到2.5～4.0千克。养成1龄鱼种,每亩共需绿肥或粪肥1500～1750千克,每万尾鱼种需用精饲料75千克左右。

(2)投饲青饲料法。草鱼和团头鲂主要用芜萍、小浮萍、紫背浮萍、苦草、轮叶黑藻等水生植物及幼嫩陆生草类、蔬菜等投喂。草鱼夏花放养后,正值6～7月份,此时水质清新、水温高,浮游动物丰富,正是鱼体"暴长"的时候,应喂最适青饲料——芜萍,促使鱼均匀生长。随着鱼体不断长大,须不断改变适口饲料,如水生青饲料不足,可补充嫩陆草。秋分之后,应辅以人工精饲料,使鱼体肥满健壮。为避免草鱼抢食鲢、鳙鱼的饲料,每天投喂时,应先投青饲料,让草鱼吃饱,然后再投精饲料,以保证鲢、鳙鱼的摄食和生长。

(3)以颗粒饵料为主的饲养方法。随着我国饲料工业以及鱼类营养学科的发展,以颗粒饵料为主的饲养鱼种方法已在全国逐步推广。现以鲤鱼、鲫鱼为例,介绍这种饲养方法。

鲤、鲫鱼如少量混养在以其他鱼为主的池塘中,只需适当地增加一些投饲量即可,一般不必单独考虑其饲料问题。如果是以养鲤鱼为主或以养鲫鱼为主(占总放养量60%以下)的池塘,开始时每天投一次精饲料,每万尾约投15千克,投在池边浅滩上。随着鱼体长大,须逐渐增加投饲量。如果是以养鲤鱼为主或以养鲫鱼为主(占总放养量60%以上)的池塘,全部投喂人工配合颗粒饲料来培育鲤鱼或鲫鱼种。投饲量应根据水温和鱼体重量确定。每隔10天检查鱼种的生长情况,然后计算出全池鱼种总重量,参照日投饵率就可以估算出该池当天的投饵数量,并及时调整投饵量(表7-8)。

表 7-8 鲤鱼鱼种的日投饵率(%)

水温(℃)	体重(克)				
	1~5	5~10	10~30	30~50	50~100
15~20	4~7	3~6	2~4	2~3	1.5~2.5
20~25	6~8	5~7	4~6	3~5	2.5~4
25~30	8~10	7~9	6~8	5~7	4~5

(三)池塘管理

(1)每日早晨、中午和晚上分别巡塘一次,观察水色和鱼种的动态。早晨如鱼类浮头过久,应及时注水解救。下午检查鱼类吃食情况,以便确定次日的投饵量。

(2)经常清除池边杂草和池中杂物,清洗食台并进行食台、食场的消毒,以保持池塘卫生。

(3)适时注水,改善水质。通常每月注水2~3次。以草鱼为主体鱼的池塘更要勤注水。在饲养早期和后期,每3~5天加水1次,每次加水5~10厘米;7~8月份应每隔2天加水1次,每次加水5~10厘米,以保持水质清新。由于鱼池载鱼量高,因此必须配备增氧机,每千瓦负荷不大于1亩,并做到合理使用增氧机。

(4)定期检查鱼种生长情况。如发现鱼种生长缓慢,必须加强投饵。如个体生长不均匀,应及时拉网,进行分塘饲养。

(5)做好防洪、防逃和防治病害等工作。夏花鱼种出塘时,经过2~3次拉网锻炼,鱼种易擦伤,鱼体往往容易寄生车轮虫等寄生虫。因此在鱼种下塘前,必须采用药物浸浴。通常将鱼种放在20毫克/升的高锰酸钾溶液中浸浴15~20分钟,以保证下塘鱼种具有良好的体质。在7~9月份的高温季节,每隔20~30天用30毫克/升的生石灰水(盐碱地鱼池忌用)全池泼洒,以提高池水的pH,改善水质,防止鱼类患烂鳃病。此外,在汛期、台风季节,必须及时加固加高池埂,保持排水沟渠的通畅,做好防洪和防逃工作。

第七章 主要养殖鱼类的鱼苗、鱼种培育

(6)做好日常管理的记录工作。鱼种池日常管理是经常性工作,为提高管理的科学性,必须做好放养、投饵、施肥、加水、防病、收获等方面的记录和原始资料的分析、整理等工作,并做到定期汇总和检查。

(四)并塘与越冬

秋末冬初,当水温降至10℃以下,鱼种已停止摄食时,即可开始拉网并塘。按鱼种的种类和规格进行分塘,作为商品鱼养殖之用或进入越冬池暂养,安全过冬。

1. 并塘注意事项

(1)并塘时,应在水温5~10℃的晴天拉网捕鱼、分类归并。如果水温偏高,则鱼类活动能力强、耗氧大,操作过程中鱼体容易受伤;如果水温过低,特别是严冬和雪天,鱼体易冻伤,造成鳞片脱落,易生水霉病。

(2)并塘前,鱼种应停食3~5天。拉网、捕鱼、选鱼、运输等工作应小心细致,避免鱼体受伤。

(3)选择背风向阳、面积为1500~2000米^2、水深2米以上的鱼池作为越冬池。通常规格为10~13厘米的鱼种,每亩可囤养5~6万尾,如果是规格较大的鱼种,囤养的密度要相应减小。

2. 越冬管理

越冬水质应保持一定的肥度,及时做好投饵、施肥等工作。一般每周投饵1~2次,保证鱼种越冬的基本营养需求。长江以北地区,冬季冰封时间长,应采取增氧措施,防止鱼种缺氧。一般在12月中下旬开始打冰眼。每1000平方米水面可打2~3个冰眼,每个冰眼长3米、宽2米。每天早晚还要各打冰眼一次,以使之通气。加注新水,防止渗漏,加注新水不仅可以增加溶氧,而且还可以提高水位,稳定水温,改善水质。此外,应加强越冬池的巡视。

3. 鱼种质量的鉴别

优质鱼种的标准是：

（1）同池同种鱼种规格整齐，体质健壮，背部肌肉肥厚，尾柄肉质肥满，抢食活跃。

（2）体表光滑，有一薄层黏液，体色鲜明有光泽，无病无伤，鳞片、鳍条完整无损。

（3）游动活泼，逆水性强。

二、2龄鱼种的培育

食用鱼饲养的高产经验表明，放养2龄的青、草鱼种绝对增重最快，在食用鱼饲养1年后，青鱼体重可长到2.5～3.5千克，草鱼体重可长到2～3千克。江浙地区，青、草鱼种一般需要饲养2年，即当年鱼种再饲养1年，长到体重0.5千克左右，然后将其作为食用鱼的鱼种，这个过程称为2龄鱼种的培育。

1. 2龄青鱼的培育

青鱼在2龄阶段的主要特点是由以吃人工投喂的植物性饲料（饼、糟类）为主转为以吃螺、蚬类等动物性饲料为主。因为其食谱范围小，适口饲料少，对外界不良环境的适应能力较差，加之青鱼贪食又喜清新水质，所以饲养时，其条件往往满足不了青鱼的要求，导致青鱼容易患病，成活率仅为30％左右。因此，必须根据2龄青鱼的生物学特点，加以精心饲养管理，才能提高成活率。

（1）鱼种放养。2龄青鱼混养搭配的要求是：凡是在食性和生活习性上与青鱼有较大矛盾的鱼类均不能混养或只能少量混养，但必须控制其规格。如草鱼对投喂的商品饲料争食力强，只能少养或不养；鲤鱼与青鱼竞争螺、蚬和商品饲料，一般不养或只养夏花；鲢鱼、鳙鱼的混养比例也要适当。青鱼的放养密度随要求养成的规格和饲养条件不同而不同。一般放养情况见表7-9。

表 7-9 以 2 龄青鱼为主的放养模式

放养品种	每亩放养					每亩收获				
	日期	规格	尾数	重量（千克）	成活率（%）	尾数	规格（千克/尾）	重量（千克）	净增重（千克）	增重倍数
青鱼	1月初	29克	1835	52.75	97	1778	0.2	355.55	302.8	6.79
鲢鱼	6月底	2.5厘米	2500	1.77	98.3	2458	0.09	221.22	219.45	125
鳙鱼	6月底	15厘米	4	0.15	100	4	1.875	8.35	8.2	55.6
鲤鱼	1月初	50克	3	0.15	100	3	1.35	3.75	3.6	25
鲫鱼	1月初	10厘米	8	0.15	100	8	0.165	1.40	1.25	9.3
杂鱼								22.55	25.55	
合计								615.82	560.85	11.2

(2)饲养管理。培育 2 龄青鱼必须掌握“四定”的投饲原则，抓住以下 4 个环节。

①投喂适口饲料。青鱼在不同生长阶段和不同规格时，要求使用不同的天然适口饲料。随着规格的增大，其食谱范围也扩大。可参照这个食谱规律，在青鱼的不同发育阶段提供不同的适口饲料。

②注意饲料质量。投喂的饲料必须新鲜、不变质。如蚬壳张开，螺蚬发臭，在水中浮于水面，表明螺蚬已死亡变质。投喂的螺蚬应无杂质混杂、种类单纯、大小一致。

③投饲须适量、均匀。一般 3 月份开始投饲，这时水温低，一般每 4～6 天投 1 次，每次每 1000 米^2 投糖糟、豆饼粉 4.5～7.5 千克。4 月份开始投螺蚬，用轧螺蚬机将螺蚬轧碎后，掺和糖糟、豆饼粉等精料投喂，精料逐步较少。5 月下旬至 6 月底是青鱼发病期，此时又值梅雨季节，天气不正常，应控制投饲量，每天投喂 1 次球蚬、轧碎的螺蚬或豆饼粉，以 7～8 小时吃光为准。7～8 月份水温升高，鱼类食

欲旺盛,投饲量需增加,每天上午投喂,傍晚吃完,不吃夜食,并及时加注新水,改善水质。9月上旬(白露)前后是青鱼的第二个鱼病时期,投饲量应比平时适当减少,每天每次投饲以8~10小时吃完为准。9月下旬(秋分)以后,天气凉爽,这时青鱼摄食旺盛,日夜吃食,以吃完再投为标准,促进青鱼生长。11月份(立冬后),水温下降,青鱼食欲减退,可适量投喂饼类等饲料。

④日常管理。青鱼的日常管理主要是掌握水质和防治鱼病。2龄青鱼对肥水的适应力较差,应注意控制水质,防止水质变肥变坏。注意增氧,保持池水溶氧充足,增加鱼体抗病能力。在鱼病流行季节,应及时用药物防治。

2.2龄草鱼的培育

(1)鱼种放养。鱼种放养量和混养搭配情况与2龄青鱼池相似,但以草鱼为主体鱼,见表7-10。

表7-10 2龄草鱼池鱼种放养收获情况(无锡市,单位:亩)

种类	放养量		成活率(%)	收获量	
	规格(厘米)	尾数		规格	重量(千克)
草鱼	12~13	1000	60	100~500克	150
青鱼	12~13	100	70	100~500克	17.5
团头鲂	5~7	100	90	17厘米以上	7.5
鲢鱼	12~13	500	95	150~200克	80
鳙鱼	12~13	100	95	150~200克	17.5
鲤鱼	3	1000	90	100~150克	110
鲫鱼	2	3000	90		15
合计		5800			397.5

注:12~13厘米的鲢鱼、鳙鱼种养至7月底捕出,夏花鲢鱼于7月底放养,夏花鲫鱼于6月放养。

(2)饲养管理。2龄鱼种的饲养管理方法与1龄鱼种相同。但因2龄草鱼鱼种较贪食,容易患病,因此,更应加强饲养管理。根据草鱼的生长阶段和规格投喂适口的饲料,切勿使鱼种过饥或过饱。一般正常天气下,以上午投饵下午吃完为度。鱼病流行季节应减少投饲量,注意饲料卫生,不投喂变质的水草,并投喂药饵等防治鱼病;经常注入新水,保持水质清新。应及时捞出剩草,以免其下沉池底,腐烂发酵,恶化水质。

第八章 池塘养鱼

成鱼养殖是将鱼种养成食用鱼,故又称"食用鱼养殖"。成鱼养殖的目的是高产、优质和高效。目前,成鱼养殖的方式有池塘养鱼,流水养鱼,稻田养鱼,天然水域(湖泊、水库和河沟)养鱼,网围、网拦、网箱养鱼,工厂化养鱼等。其中池塘养鱼是我国精养成鱼的主要形式,其总产量占全国淡水养鱼总产量的75%以上。

目前,我国池塘养殖的常规鱼类主要有青、草、鲢、鳙、鲤、鲫、鳊、罗非鱼、鲮等10多种,而池塘养殖黄颡鱼、长吻鮠、鳜鱼、乌鳢、黄鳝等名优鱼类则更多。池塘养殖的品种多,面积大,产量高,技术精,效益好。池塘养鱼的先进性具体体现在"水、种、饵、密、混、轮、防、管"8个字上。不断充实和完善这8个字的配套技术,是推动我国池塘养鱼健康发展的强大动力。

一、池塘的基本条件

(一)池塘选址

与鱼种池有所不同,食用鱼养殖池塘要求面积较大、池水较深,方能利于鱼类的生长。

1. 位置

一般选择水源充足、水质良好、交通和电力供应方便的地方建造鱼池,这样既有利于排、灌水,也有利于鱼种、饲料以及食用鱼的运输和销售。

2. 水源和水质

池塘应具有良好的水源,水量充足,溶氧量高,不含有毒物质,远离污染源,能保证正常加注新水。河流、湖泊、水库的水均可。

3. 土质

饲养鲤科鱼类的池塘土质以壤土最好,沙质壤土和黏土次之,沙质土最差。黏质土易板结,通气性差;沙质土渗水性大,不易保水保肥,且容易坍塌。池底淤泥不要太深,一般保持在10~15厘米为宜。

(二)面积和水深

1. 面积

渔谚有"宽水养大鱼"之说,饲养食用鱼的池塘面积应较大,这样易于保持水质稳定,使鱼有足够的活动空间;池水面积大,受风力的作用也较大,利于表层水溶氧的增加,并通过水体的混合增加下层水的溶氧量。但是面积过大时,施肥、投饵难以均匀,水质不易控制,夏季捕鱼时,一网起捕过多,分拣费时,操作困难,稍有疏忽,容易造成死鱼事故;而且过风面积大,易形成大浪冲坏池埂。一般食用鱼养殖池塘面积以控制在6667~10000米^{2}较为适宜。

2. 水深

渔谚有"一寸水、一寸鱼"之说,即鱼池应有一定的水深,以保持一定的蓄水量。通常水较深的池塘溶氧状况和水质较好,适合于肥水养鱼的要求;同时,单位面积的水量大,可增加鱼种的放养量,因而较易实现高产。实践证明,精养鱼池水位应常年保持在2.0~2.5米。

(三)池塘形状和周围环境

鱼池形状一般以东西长、南北宽的长方形为好。其优点是池埂遮阴小,水面日照时间长,有利于浮游植物的光合作用;而且夏季多东南风,水面易起波浪,池水在动态中容易自然增氧。长方形的长宽比以 5∶3 为好,这样不仅外形美观,而且方便拉网操作,注水时也易造成全池池水的流转。池塘周围不应有高大的树木或建筑物,以免阻挡阳光的照射和风的吹动。

(四)池塘改造

良好的池塘条件是养鱼获得高产、稳产的关键之一。池塘改造时,总的原则是小改大、浅改深、死水改活水、低埂改高埂、狭埂改宽埂、半年塘改全年塘。

(五)池塘的清整

池塘在连续养几年鱼之后,池底沉积的淤泥增多,这些淤泥中常含有大量有机质,天热时会急剧分解而产生大量有机酸和有毒气体,对鱼类生长不利。因此,应及时挖出淤泥,以改善鱼类生活环境,促进其生长,有效防止鱼病发生。池塘清整时,还要选取合适的药物进行清塘。具体清塘方法见鱼苗、鱼种培育等相关内容。

二、鱼种

1. 鱼种的规格和质量

鱼种规格大小是根据食用鱼池放养的要求所确定的。通常 1 龄鱼种的规格应大,而 2 龄鱼种的规格应偏小,放养适宜规格的鱼种,是成鱼养殖增产的重要措施之一。对其规格的要求是:鲢鱼、鳙鱼在 0.05 千克以上或 0.25 千克左右,草鱼在 0.75 千克以上或 0.5 千克左右,鲤鱼、团头鲂在 0.05 千克以上或 0.1 千克左右。

鱼种的质量要求是体质健壮,即鱼体光滑,色泽鲜艳,背部肌肉丰满,鳞片完整,体表无外伤,无充血现象。同一品种鱼的大小应均匀整齐,游动活泼,并经过蓄养锻炼和药物消毒。

2. 鱼种来源

鱼种供应主要有自供鱼种和外购鱼种2种途径。池塘养鱼所需的鱼种最好由本单位自己专池培育,这样各种鱼的数量和规格能满足本单位生产的需要,质量也能得到保证。如果本单位生产的鱼种不能满足生产的需要,常需要从外地购进鱼种作为补充。此时一定要严格执行鱼种检疫制度,杜绝病原微生物随鱼种带入。鱼种进入食用鱼池前,还要进行浸浴消毒与免疫。鱼种下塘前用3‰～4‰的食盐水浸泡10～15分钟,或者用其他消毒药液浸浴消毒,草鱼、青鱼鱼种还要注射免疫疫苗。

3. 鱼种放养时间

提早放养鱼种也是争取高产的技术措施之一。长江以南地区一般在春节前后放养完毕;华北、东北和西北地区,则在解冻后,水温稳定在5～6℃时放养。近年来,北方条件较好的池塘已将鱼种的春季放养改为秋季放养,鱼种成活率明显提高。放养鱼种之前,应对鱼种进行消毒。鱼种放养须在晴天进行,严寒、风雪天气不能放养,以免鱼种在捕捞和运输途中冻伤。

三、混养与密度

在池塘中进行多种鱼类、多种规格的混养,可充分发挥池塘水体和鱼种的生产潜力,合理地利用饵料,提高产量。

(一)混养

1. 混养的生物学基础

混养是根据鱼类的生物学特点(栖息习性、食性、生活习性等),运用它们相互有利的一面,尽可能地限制和缩小它们有矛盾的一面,让不同种类和同种异龄鱼类在同一空间和时间内一起生活和生长,从而发挥"水、种、饵"的生产潜力。

我国池塘养鱼的人工和天然饵料主要包括浮游生物、底栖生物、各种水草和旱草、有机碎屑以及包括配合饲料在内的各种商品饲料。在投喂草类后，草鱼将草类切割，其粪便转化进入腐屑食物链，可供草食性、滤食性和杂食性鱼类反复利用，大大提高了草类利用率；在投喂人工精料时，精料主要被草鱼、青鱼、鲤鱼等取食，部分较小颗粒被鲫鱼、团头鲂和各种小规格鱼种吞食，鲢鱼、鳙鱼还可摄食粉状精饲料，这样全部商品精料都可为鱼类所利用，不至于浪费。

主要养殖鱼类的栖息水层不一。鲢鱼、鳙鱼和白鲫鱼等生活于水体上层，草鱼、团头鲂等生活于水体中下层，青鱼、鲤鱼、鲫鱼、鲮鱼和罗非鱼等在底层活动。将这些鱼类合理搭配混养在一起，可以充分利用池塘各个水层，相对增加了整个水体中鱼类的放养量，从而提高池塘鱼产量。

2. 主要养殖鱼类之间的关系

（1）青鱼、草鱼、鲤鱼、团头鲂与鲢鱼、鳙鱼间的关系。青鱼、草鱼、鲤鱼、团头鲂主食贝类、草类和底栖动物等，俗称"吃食鱼"，它们的残饵和粪便进入腐屑食物链和牧食链，从而给鲢鱼、鳙鱼提供了良好的饵料条件；而"肥水鱼"鲢鱼、鳙鱼又为喜清新水质的"吃食鱼"创造了良好的生活条件。渔谚"一草带三鲢"正是这种混养的生物学意义的概括。在不施肥和少量投精料的情况下，"肥水鱼"和"吃食鱼"的比例大致为1∶1，正所谓"一层吃食鱼、一层肥水鱼"，具体来说，每千克"吃食鱼"可以带养1千克"肥水鱼"；而在大量投喂精饲料和施肥的情况下，该比例下降至1∶0.3～1∶0.6。

（2）草鱼和青鱼之间的关系。上半年青鱼个体小，食谱范围狭窄；下半年贝类资源相对丰富。在饲养的中期和后期，青鱼投饲量增加，造成水质过肥，而青鱼较耐肥水；草鱼则喜欢水质清新，加之此时草类质量差，已不利于草鱼生长。因此，生产上在8月份以前抓草鱼的投喂，使大规格草鱼在8月份左右达到上市规格，轮捕上市，稀疏密度，有利于留池草鱼的生长；而青鱼上半年主要抓饲料的适口性，8

月份以后抓青鱼的投喂,促进青鱼生长,从而缓和青鱼和草鱼在水质上的矛盾。

(3)鲢鱼、鳙鱼之间的关系。鲢鱼、鳙鱼的天然食物只是相对的不同,在施肥和投喂精饲料的池塘中,鲢鱼的抢食能力远比鳙鱼强;在不投饵的池塘中,浮游动物的数量又远比浮游植物的少。因而鲢鱼会抑制鳙鱼的生长,即渔谚所谓"一鲢夺三鳙"之说,故鳙鱼的放养量不能太大。在长江流域,鲢鱼、鳙鱼的放养比例一般为3∶1～5∶1;但如果投喂足量的商品饲料,尤其是投喂粉状饲料时,鳙鱼的放养量可酌情增加,有时甚至可以超过鲢鱼的放养量。

(4)鲤鱼、鲫鱼、团头鲂与草鱼、青鱼之间的关系。草鱼、青鱼个体大,食量也大,而鲤鱼、鲫鱼、团头鲂则相反。将它们混养在一起,能起到清除残饵、改善水质的作用。主养青鱼的池塘中,鲤鱼的动物性适口饵料较多,故可多放养鲤鱼;主养草鱼的鱼池因动物性饵料较少,鲤鱼要少放一些,一般每千克草鱼鱼种可搭配饲养50克左右的鲤鱼1尾。放养1千克草鱼鱼种时,可搭配8～20克的团头鲂20尾左右。在商品饲料投喂充足的鱼池中,上述鲤鱼的放养量可增加1倍左右甚至更多,同时可饲养10～15克的鲫鱼1000余尾。

(5)罗非鱼与鲢鱼、鳙鱼间的关系。罗非鱼与鲢鱼、鳙鱼在食性上有一定矛盾。生产上常采取以下措施。

①罗非鱼与鲢鱼、鳙鱼交叉放养。上半年罗非鱼个体小,尚未大量繁殖,密度小,对鲢鱼、鳙鱼影响小,必须抓好鲢鱼、鳙鱼的饲养工作,使它们能在6～8月份达到0.5千克以上,轮捕上市;下半年罗非鱼大量繁殖,个体增大,密度增大,必须主抓罗非鱼的饲养管理。

②控制罗非鱼的密度,将达到上市规格的罗非鱼及时捕出。

③控制罗非鱼的繁殖,如采取放养少量凶猛鱼类或单养雄性鱼的方法。

④增加投饵、施肥量,保持水质肥沃,以缓和食物矛盾。

(二)放养密度

合理的放养密度应当是在保证达到食用鱼规格和鱼种预期规格的前提下,能获得最高鱼产量的放养密度。在合理的放养密度范围内,放养密度越大,产量越高,因此,合理的放养密度是池塘养鱼获得高产高效的重要措施之一。合理的放养密度因受鱼种规格、池塘环境条件、水质、饵料的质量和数量、混养搭配是否合理、机械化程度和饲养管理水平等诸多因素的综合影响而有变动。

1. 条件好的池塘

鱼种全长10～15厘米的放养密度为800～1200尾/亩,即25～50千克/亩,轮捕轮放的1600～2000尾/亩,即60～100千克/亩。罗非鱼4000～5000尾/亩;鲤鲫鱼3000～4000尾/亩。

2. 条件差的池塘

放养密度为200～400尾/亩。

(三)混养的主要类型

目前,我国主要的混养模式有以下几种类型,具体见表8-1至表8-5。

1. 以鲢、鳙鱼为主体鱼

以鲢、鳙鱼为主养鱼,可适当混养草鱼、鲤鱼、团头鲂、鲫鱼等鱼类,此外,还可以适当搭配罗非鱼、银鲷等。饲养过程中主要采用施农家肥的方法。农家肥法的优点是来源方便,成本较低,养殖周期短,但采用施农家肥方法的缺点是优质鱼的比例偏低。以鲢、鳙鱼为主体鱼,每亩净产500千克的投放和收获模式见表8-1。

第八章 池塘养鱼

表 8-1 以鲢、鳙鱼为主体鱼,每亩净产 500 千克的投放和收获模式

种类	投放规格（克）	尾数	成活率（%）	出池规格（克）	毛产量（千克）	净产量（千克）
鲢鱼	200	300	98	700～1000	246	186
鲢鱼	50(5～8月放)	300	90	200	54	39
鳙鱼	200～250	60	98	1000～1100	62	59
鳙鱼	50(5～8月放)	60	90	200～250	12	9
草鱼	125	100	90	750～1000	80	67.5
团头鲂	13.2	50	80	250	10	9
鲤鱼	11.5厘米	50	90	500	22.5	21.5
鲫鱼	6.6厘米	100	80	125	10	9.5
罗非鱼	4～5厘米	300	90	150～200	47	46
银鲴鱼	11.5厘米	500	80	150	60	54
合计		1820			603.5	500.5

2. 以草鱼为主体鱼

对草食性的草鱼、团头鲂投喂草类,利用草鱼、团头鲂的粪便肥水,培养浮游植物,带养鲢、鳙鱼。以草鱼为主体鱼,每亩净产 500 千克的投放和收获模式见表 8-2。

表 8-2 以草鱼为主体鱼,每亩净产 500 千克的投放和收获模式

种类	投放规格（克）	尾数	成活率（%）	出池规格（克）	毛产量（千克）	净产量（千克）
草鱼	500～700	65	95	1500～2000	105	65
草鱼	150～250	90	85	500～750	45	27
草鱼	11.5～13厘米	140	70	150～250	15	13
团头鲂	50	300	90	250～350	82.5	67.5
团头鲂	6.6～8.3厘米	400	80	50	16	13.5
鲢鱼	100～150	300	98	500以上	165	127.5
鲢鱼	3.3厘米	400	80	100～150	40	39.5
鳙鱼	100～150	100	98	600	59	46.5
鳙鱼	3.3厘米	150	80	100～150	15	14.5
鲤鱼	11.5～13厘米	40	90	500以上	19	18
鲤鱼	4厘米	100	60	11.5～13厘米	1	1
鲫鱼	10～11.5厘米	500	95	100～150	65	55
鲫鱼	3.3厘米	1000	50	10～11.5厘米	10	9
合计		3585			633.5	497

3. 以青鱼为主体鱼

对青鱼投喂螺蛳、蚬类,利用青鱼粪便肥水,培养浮游植物,带养鲢、鳙鱼。以青鱼为主体鱼,每亩净产500千克的投放和收获模式见表8-3。

表8-3 以青鱼为主体鱼,每亩净产500千克的投放和收获模式

种类	投放规格	尾数	成活率（%）	出池规格（克）	毛产量（千克）	净产量（千克）
青鱼	1000克	40	98	3750	147	107
青鱼	180克	80	90	1000	72	57.5
青鱼	13.2厘米	160	50	180	14.5	10.5
鲢鱼	13.2厘米	280	90	600	151	144
鳙鱼	13.2厘米	70	90	750	47	45
鲤鱼	11.5厘米	240	80	500	96	93
鲫鱼	6.6厘米	120	80	150	14.5	14
草鱼	250克	10	90	1700	15.5	13
团头鲂	13.2厘米	100	85	200	17	15
合计		1100			574.5	499

4. 以鲤鱼为主养鱼

鲤鱼是我国北方广大地区群众喜食的鱼类,该模式在北方有较高的推广价值。目前我国推广"8+2"养殖法,即主养鲤鱼塘,鲤鱼放养量为80%,其他鱼类放养量为20%,具体见表8-4。

表8-4 以鲤鱼为主的放养和收获(高产)实例

放养鱼类	放养			收获				
	规格（克）	尾数	重量（千克）	规格（克）	毛产量（千克）	净产量（千克）	净增肉倍数	占净产（%）
鲤鱼	129	2000	258	929	1337.5	1079.5	7.2	79.1
鲢鱼	100	400	40		353.7	293.7	4.9	20.9
鳙鱼	200	100	20					
合计		2500	318		1691.2	1373.2		100

5. 以鲮鱼和鳙鱼为主养鱼的混养类型

该类型是珠江三角洲普遍采用的一种养殖模式,具体见表8-5。

第八章 池塘养鱼

表 8-5 以鲮鱼和鳙鱼为主养鱼,每亩净产 750 千克的放养和收获模式(广东顺德)

鱼类	放养			收获(千克)		
	规格(千克)	尾数	重量(千克)	规格(千克)	毛产量(千克)	净产量(千克)
鲮	50	800	48			
	25.5	800	24	0.125		
	15	800	12	1 以上捕出	360	276
鳙	500	40×5	100			
	100	40	4	1 以上捕出	226	122
鲢	50	60×2	6	1 以上捕出	106	100
草鱼	500	100	60	1.25 以上	125	
	40	200	8	0.5 以上	100	157
鲫	50	100	5	0.4 以上	40	35
罗非鱼	2	1000	2	0.4 以上	42	40
鲤	50	20	1	1 以上	21	20
总计					1020	750

6. 以草鱼和青鱼为主养鱼的混养类型

该类型是江苏无锡渔区的典型养殖模式,具体见表 8-6。

表 8-6 以草鱼和青鱼为主养鱼,每亩净产 750 千克的放养和收获模式(江苏无锡)

鱼类	放养				成活率(%)	收获(千克)		
	月	规格(克)	尾数	重量(千克)		规格(千克)	毛产量(千克)	净产量(千克)
草鱼	过池	1~2	500~750	60	37	95	2 以上	120	
	过池	1~2	150~250	70	14	90	0.5~0.75	37	117.5
	冬花	1~2	25	90	2.5	80	0.15~0.25	14	
青鱼	过池	1~2	1000~1500	35	37	95	4 以上	140	
	过池	1~2	250~500	40	15	90	1~1.5	37	138
	冬花	1~2	25	80	2	50	0.25~0.5	15	
鲢	过池	1~2	350~450	120	48	95	0.75~1.0	100	
	冬花	1~2	100	150	12	90	1.0	135	213
	春花	7	50~100	130	10	95	0.35~0.45	48	

续表

鱼类		放养				收获(千克)			
		月	规格（克）	尾数	重量（千克）	成活率（%）	规格（千克）	毛产量（千克）	净产量（千克）
鳙	过池	1～2	350～450	40	16	95	0.75～12	40	75
	冬花	1～2	100	50	6.5	90	1.0	45	
	春花	7	50～100	45	3.5	90	0.35～0.45	16	
团头鲂	过池	1～2	150～200	200	35	85	0.35～0.4	60	52.5
	冬花	1～2	25	300	7.5	70	0.15～0.2	35	
鲫	冬花	1～2	50～100	500	40	90	0.15～0.25	90	154
	冬花	1～2	30	500	15	80	0.15～0.25	80	
	夏花	7	4 厘米	1000	1	50	0.05～0.1	40	
总计					302			1052	750

四、轮捕轮放

轮捕轮放就是分期捕鱼并适当补放鱼种，即在密养的鱼塘中，根据鱼类生长情况，到一定时间捕出一部分达到商品规格的食用鱼，再适当补放一些鱼种，以提高池塘单位面积产量。概括地说，轮捕轮放就是一次或多次放足，分期捕捞，捕大留小或去大补小。

（一）实施轮捕轮放的前提条件

（1）年初放养数量充足的大规格鱼种。只有放养了大规格鱼种，才能在饲养中期达到上市规格，轮捕出塘。

（2）各类鱼种规格齐全，数量充足，配套齐全，符合轮捕轮放要求，同规格鱼种大小均匀。

（3）同种不同规格的鱼种个体之间的差距要大，否则，易造成两者生长上的差异不明显，给轮捕选鱼造成困难。

（4）饵料、肥料充足，管理水平要高，否则，到了轮捕季节，没有足够的鱼达到上市规格。

（5）合理选用捕捞网具。使用网目长度为 5 厘米的大目网，网片水平缩结系数与垂直缩结系数相近，网目近似于正方形。轮捕拉网时，中、小规格鱼种穿网而过，不易受伤，而大规格鱼留在网内。这样选鱼和操作均较方便，拉网时间短，劳动生产率高。

(二)轮捕的主要对象和时间

轮捕轮放的对象主要是放养较大的鲢鱼、鳙鱼和养殖后期不耐肥水的草鱼。罗非鱼只要达到商品规格，也可作为轮捕的对象。青鱼、鲤鱼、鲫鱼因捕捞困难，难以轮捕。长江流域地区在6月份以前由于鱼种放养时间不长，水温较低，鱼增重不多，这时一般不能捕。6~9月份水温较高，鱼生长快，如果不通过轮捕稀疏，就会因饵料不足和水中溶氧降低而影响鱼的总产量。10月份以后水温日渐降低，鱼生长转慢，除捕出符合商品规格的鲢鱼、鳙鱼、团头鲂和草鱼外，还应捕出容易低温致死的罗非鱼。

(三)轮捕轮放的方法

1.捕大留小

放养不同规格或相同规格的鱼种，饲养一定时间后，分批捕出一部分达到食用规格的鱼，而让较小的鱼留池继续饲养，不再补放鱼种。

2.捕大补小

分批捕出食用鱼后，补放鱼种。这种方法的产量较捕大留小的产量高。补放的鱼种可根据规格的大小和生产的目的，或养成食用鱼，或养成大规格鱼种，为翌年放养奠定基础。

例如，江苏无锡郊区池塘里的轮捕轮放采用年初放足、多次捕出食用鱼，其间套养鱼种的做法。自放养至年底干池，一般经过5次轮捕和3次轮放(套养)。其轮捕轮放次数、时间和鱼类见表8-7。

表 8-7　江苏无锡市郊区池塘轮捕轮放情况

轮放			轮捕		
次数	季节	鱼类	次数	季节	鱼类
Ⅰ	4月下旬	越冬罗非鱼			
Ⅱ	6月中旬	夏花、鲤、鲫、鲢、鳙	Ⅰ	6月上中旬	70%为年初放养的大规格鲢、鳙,1.5千克以上的草鱼
			Ⅱ	7月中下旬	30%为年初放养的大规格鲢、鳙,1.5千克以上的草鱼;20%为年初放养的中、小规格鲢、鳙,0.3千克以上的团头鲂
Ⅲ	7月中下旬	鲢、鳙、草鱼鱼种	Ⅲ	8月中下旬	30%为年初放养的中、小规格鲢、鳙,1.5千克以上的草鱼,0.3千克以上的团头鲂、罗非鱼,0.2千克以上的白鲫
			Ⅳ	9月下旬至10月初	50%为年初放养的中、小规格鲢、鳙,1.5千克以上的草鱼,0.3千克以上的团头鲂、罗非鱼,0.2千克以上的白鲫
			Ⅴ	10月下旬至11月初	主要捕0.1千克以上的罗非鱼

3. 轮捕轮放的技术要点

在天气炎热的夏秋季节捕鱼,俗称"捕热水鱼"。因为水温高,鱼的活动能力强,捕捞较困难,加之鱼类耗氧量大,不能忍受较长时间的密集,而网中捕获的鱼大部分要回池,如在网中时间过长,很容易受伤或缺氧闷死。因此,在水温高时捕鱼工作技术要求较高,要求操作细致、熟练、轻快。

捕捞前几天,要根据天气适当控制施肥量,以确保捕捞时水质良好。捕捞要求在一天中水温较低、池水溶氧量较高时进行。一般多在下半夜、黎明时捕鱼,这样也便于供应早市;若要供应夜市,则在下午捕捞。如果池鱼有浮头征兆或正在浮头,则严禁拉网捕鱼。傍晚也不能拉网,以免引起上下水层提早对流,加速池水溶氧消耗,并造成池鱼浮头。

捕捞后,鱼体分泌大量黏液,同时池水浑浊,耗氧量增大。因此,须立即加注新水或开增氧机,使鱼有一段顶水时间,以冲洗过多的黏液,防止浮头。白天捕热水鱼,一般加水或开增氧机 2 小时左右即可;夜间捕鱼,加水或开增氧机,一般要待日出后才能停泵停机。

五、施肥与投饵

在密养条件下,要使鱼类能得到充足的食物正常生长,就必须大量施肥和投喂人工饵料。施肥与投饵是高产、高效渔业最根本的技术措施之一。

(一)施肥

鱼池施肥可增加水中营养物质的含量,促进池水浮游生物的生长繁殖,增加滤食性鱼类的天然饵料。有机肥料中的有机碎屑可直接作为滤食性鱼类和杂食性鱼类的饵料。

施肥以有机肥为主,化肥为辅。在冬春和晚秋季节应大量施用有机肥料,而在鱼类主要生长季节,需经常施以少量的无机磷肥。具体可采取下列方法。

1. 有机肥料

(1)基肥要施足。一般放养前至 3 月份的施肥量占全年施肥量的 50%～60%。有机肥料在池塘中逐渐分解,耗氧较低,肥效稳定,水质不易突变。高产渔区基肥施得足的鱼池才能保持具有优质水华的池水,从而保证高产。肥水池塘或养鱼多年的池塘,池底淤泥多,一般施基肥量较少或不施基肥。

(2)追肥要少量多次。应选择晴天,在良好的溶解氧条件下用泼洒的方法进行追肥;闷热的天气不能施肥,以避免耗氧量突然增加。

(3)有机肥料必须腐熟。有机肥料经腐熟后,除了能杀死大量致病菌,有利于池塘卫生和防病外,大部分已转化为中间产物。要在晴天中午用泼洒的方法施用,充分利用上层过饱和氧气,既可加速有机肥料的氧化分解，又可降低水中的"氧债"，夜间就不易因耗氧过多而引起浮头。此外，施肥要避开食场。

2. 无机磷肥

磷肥应先溶于水中，使之充分溶解，选择晴天上午9~10时，用喷浆机均匀喷洒于池内。此时，池水pH一般在8以下，有效磷的退化速度较慢，加之上下水层不易对流，使上层水溶性磷保持较高浓度；浮游植物开始向上层集中，利用藻类能"奢侈"吸收贮存磷的特点，可大大提高水溶性磷的利用率。

(二) 投饵

1. 饵料数量的确定

(1) 全年饵料计划和各月的分配。为了使池塘养鱼稳产高产，保证饵料及时供应，均匀投喂，必须在年终规划好翌年的投饵计划。首先应根据放养量和规格，确定各种鱼的计划增肉倍数，再考虑成活率，确定计划净产量；然后结合饵料系数规划好全年投饵量。例如，某养殖场有食用鱼养殖池100亩，平均每亩放养草鱼48千克，计划净增肉倍数为5，即每亩净产草鱼48千克×5＝240千克，颗粒饵料的饵料系数以2.5计，旱草的饵料系数以35计，并规定旱草投喂量应占草鱼净增肉需要量的2/3，则全年计划总需草量为240千克×2/3×35×100＝560000千克。颗粒饵料全年计划总需要量为240千克×1/3×2.5×100＝20000千克。青鱼、鲤鱼等的全年总投饵量也可依此方法计算。一年中各月饵料的分配计划，主要根据各月的水温、鱼类生长情况以及饵料供应情况来制定。

(2) 每日投饵量的确定。每日的实际投饵量还要根据季节、水色、天气和鱼类摄食情况确定。这里主要介绍按季节投饵的情况。

鱼的摄食量及其代谢强度随水温变化而变化，常根据各种鱼类的生长情况以及鱼病流行情况来确定不同季节的投饵量。冬季或早春的气温和水温较低，鱼类摄食量少，但在晴天无风、气温升高时，需

第八章 池塘养鱼

投喂少量精饲料,以供应鱼体活动所需的能量消耗,使鱼不至于落膘。糟麸类易消化,对刚开食的鱼有利。但刚开食时,应避免大量投饵,防止鱼类摄食过量而死亡。水温回升到15℃左右时,投饵量可逐渐增加,并可投喂嫩旱草、麦叶、菜叶和莴苣叶等。4月中旬到5月上旬是鱼类发病较为严重的季节,应适当控制投饵量,并保证饵料的新鲜、适口和均匀。水温由25℃逐渐升高到30℃左右时,鱼类食欲增大,可大量投饵,尤其是水草和旱草,此时数量多、质量好,加之水质较清新,应狠抓草鱼投喂,务必使大部分大规格草鱼在6～9月份达到上市规格。这样既降低了草鱼的密度,使小规格草鱼能迅速生长,也减轻了浮头的程度。9月上旬以后,水温在27～30℃,螺、蚬来源较充裕,应狠抓青鱼吃食,促使青鱼迅速生长。但要避免吃夜食,还要经常加注新水。9月下旬以后,气候正常,鱼病也较少,可大量投饵,日夜吃食,以促进所有养殖鱼类增重,这对提高产量有很大作用。10月下旬以后,水温日渐下降,仍应适量投喂,使鱼不落膘。总之,一年之中,投饵应掌握"早开食,晚停食,抓中间,带两头"的投喂规律。

2. 投饵技术

投饵技术和饵料质量与鱼产量的高低有重要的关系,投饵应遵循"四定"原则,即要定时、定量、定质、定点投喂。

(1)定时。必须让鱼类在池水溶氧高的条件下吃食,以提高饵料利用率。通常草类和贝类饵料宜在上午9时左右投喂。应根据水温和季节,适当增加精饲料和配合饲料的投喂次数,以提高饵料利用率。

(2)定量。每日投饵量不能忽多忽少,应在规定时间内吃完,以免鱼类时饥时饱,影响消化、吸收和生长,并易引起鱼病发生。

(3)定质。草类饵料要求鲜嫩、无根、无泥,鱼喜食。贝类饵料要求纯净、鲜活、适口、无杂质。精饲料要求粗蛋白质含量高。颗粒饲料要求营养全面、适口,在水中不易散失。不投腐败变质饵料。

(4)定点。鱼类对特定的刺激容易形成条件反射。因此,固定投饵地点,有利于提高饵料利用率,有利于了解鱼类吃食情况和食场消毒,并便于清除剩饵,保证池鱼吃食卫生。特别是投精饲料和配合饲料,要在池边搭设跳板。投饵时应事先给予特定的刺激(如音响等),使鱼集中在跳板附近,然后再投饵。这样可以防止饵料散失,提高饵料利用率。草类投放量大,一般不设食场,否则该处水质易恶化。

六、日常管理

"增产措施千条线,通过管理一根针",即一切养鱼的物质条件和技术措施到最后都要通过日常管理,才能充分发挥效能,达到高产、高效的目的。

(一)池塘管理的基本要求

池塘养鱼是一项技术较复杂的生产活动。它涉及气象、饲料、水质、营养、鱼类个体和种群动态等各方面的因素,这些因素又时刻变化、相互影响。因此,管理人员要全面了解养鱼全过程和各种因素间的联系,以便控制池塘生态环境,取得稳产、高产。

在精养鱼池中,养鱼取得高产的全过程是一个不断解决水质和饲料矛盾的过程。生产上,一是采用"四定"投喂技术来保证投饵施肥的数量和次数,以"匀、好、足"作为水质控制的措施;二是合理使用增氧机与水质改良机械,及时采用加注新水和使用调水剂等措施来改善水质,使水质保持"肥、活、爽"。

(二)池塘管理的基本内容

1. 经常巡视池塘,观察池鱼动态

每天要早、中、晚巡视池塘3次。黎明时观察池鱼有无浮头现象,浮头的程度如何;白天可结合投饵和测水温等工作,检查池鱼活动和吃食情况;近黄昏时检查全天吃食情况,有无残饵,有无浮头预兆。酷暑季节,天气突变时,鱼类易发生严重浮头,还应在半夜前后巡塘,以便及时制止严重浮头,防止泛池发生。

2. 随时除草去污,保持水质清新和池塘环境卫生

池塘水质既要较肥又要清新,还要含氧量较高。因此,除了根据施肥情况和水质变化经常适量注入新水,调节水质水量外,还要随时捞去水中污物、残渣,割除池边杂草,以免污染水质,影响溶氧量。

3. 及时防除病害

细致地做好清洁池塘的工作是防除病害的重要环节之一,应认真对待;一旦发现池鱼患病,应及时治疗。

(三)防止鱼类浮头和泛池

由于精养鱼池鱼类密度较大,投饲量和施肥量大,有机物多,因此耗氧量也大。鱼类浮头是常见现象,预防和解救浮头是一项十分重要的管理工作。

1. 鱼类浮头的原因

(1)因上下水层水温差产生急剧对流而引起的浮头。炎夏晴天,精养鱼池色浓水肥,白天上下层溶氧差很大;至午后上层水产生大量氧盈,下层水产生很多氧债,水的热阻力造成上下水层不易对流;傍晚以后,如下雷阵雨或刮大风,则表层水温急剧下降,上下水层急剧对流,上层水迅速对流至下层,溶氧很快被下层水中有机物耗净,整个池塘的溶氧迅速下降,造成鱼类缺氧浮头。

(2)因光合作用弱而引起的浮头。夏季如遇连绵阴雨或大雾天气,光照条件差,浮游植物光合作用强度弱,水中溶氧的补给少,而池中各种生物呼吸和有机物质分解都不断地消耗氧气,以致水中溶氧供不应求,易引起鱼类浮头。

(3)因水质过浓或水质败坏而引起的浮头。夏季久晴未雨,池水温度高,加之大量投饵,水质肥,耗氧也大。由于水的透明度小,增氧水层浅,耗氧水层深,水中溶氧供不应求,因此容易引起鱼类浮头。

如不及时加注新水,水色将会转黑,此时极易造成水中浮游生物因缺氧而全部死亡,水色转清并伴有恶臭(俗称"臭清水"),此时往往会造成泛池事故。

2.预测浮头的方法

鱼类浮头必有原因,也必然会产生某些现象,根据这些预兆,可事先做好预测预报工作。鱼类发生浮头前,可根据四个方面的现象来预测。

(1)根据天气预报或当天天气情况进行预测。若夏季白天晴天而下雷阵雨,使池塘表层水温急剧下降,引起池塘上下水层急速对流,则容易引起严重浮头。若夏秋季节晴天,白天吹南风,夜间吹北风,造成夜间气温下降速度快,引起上下水层迅速对流,则容易引起浮头。若夜间风力较大,气温下降速度快,上下水层对流加快,则也易引起浮头。若连绵阴雨,光照条件差,风力小、气压低,浮游植物光合作用减弱,致使水中溶氧供不应求,则容易引起浮头。此外,若久晴未雨,池水温度高,加以大量投饵,水质肥,一旦天气转阴则容易引起浮头。

(2)根据季节和水温的变化进行预测。如江浙地区4~5月份水温逐渐升高,水质转浓,池水耗氧增大,鱼类对缺氧环境尚未完全适应。此时,若天气稍有变化,清晨鱼类就会集中在水上层游动,可看到水面有阵阵水花,俗称"暗浮头"。这是池鱼第一次浮头,由于其体质娇嫩,对低氧环境的忍耐力弱,因此必须采取增氧措施,否则容易死鱼。在梅雨季节,光照强度弱,而水温较高,浮游植物造氧少,加之气压低、风力小,往往引起鱼类严重浮头。又如从夏天到秋天的季节转换时期,气温变化剧烈,多雷阵雨天气,鱼类容易浮头。

(3)观察水色进行预测。当池塘水色浓,透明度小,或产生水华现象时,如遇天气变化,就容易造成池水中浮游植物大量死亡,水中耗氧量大增,从而引起鱼类浮头泛池。

(4)检查鱼类吃食情况进行预测。经常检查食场,若发现饲料在规定时间内没有吃完,而又没有发现鱼病,那就说明池塘溶氧条件差,第二天清晨鱼要浮头。此外,可观察草鱼吃草情况。在正常情况下,一般看不到草鱼吃草,而只看到飘浮在水面的草在翻动,草梗逐渐往下沉,并可听到"嘎嘎"的吃草声。如发现草鱼仅仅在草堆边上吃草,则说明草堆下的溶氧已经很低。如发现草鱼衔着草在池中游动,想吃又吃不下,则说明池水已经缺氧,即将发生浮头。

3. 防止浮头的方法

若发现鱼类有浮头预兆,可采取以下方法预防。

(1)在夏季,如果天气预报预测傍晚有雷阵雨,则可在晴天中午开增氧机。将溶氧高的上层水送至下层,事先增加下层水的溶氧量,及时偿还氧债。

(2)如果天气连绵阴雨,则应根据预测,在鱼类浮头之前开动增氧机,改善溶氧条件,防止鱼类浮头。

(3)如发现水质过浓,应及时加注新水,以增大透明度,改善水质,增加溶氧。

(4)估计鱼类可能浮头时,根据具体情况,控制吃食量。鱼类在饱食情况下,其基础代谢高、耗氧量大,更容易浮头。如预测是轻浮头,则饵料应在傍晚前吃净,不吃夜食。如天气不正常,预测会发生严重浮头,应立即停止投饵,已经投下去的草类必须捞出,以免鱼类浮头时妨碍浮头和注水。

4. 观察浮头和衡量鱼类浮头轻重的办法

观察鱼类浮头通常在夜间巡塘时进行。

(1)观察鱼类浮头办法。

①在池塘上风处用手电光照射水面,观察鱼是否受惊。在夜间池塘上风处的耗氧量比下风处高,因此,鱼类开始浮头总是在上风处。用手电光照射水面,如上风处鱼受惊,则表示鱼已开始浮头;如只发现下风处鱼受惊,则说明鱼正在下风处吃食,不会浮头。

②用手电光照射池边,观察是否有螺、小杂鱼或虾类浮到池边。

由于它们对氧环境较敏感,如发现它们浮在池边水面,螺有一半露出水面,则标志着池水已缺氧,鱼类已开始浮头。

③对着月光或手电光观察水面是否有浮头水花,或静听是否有"吧咕、吧咕"的浮头声音。

(2)衡量鱼类浮头轻重的办法。鱼类浮头后,还要判断浮头的轻重缓急,以便采取不同的措施加以解救。可根据鱼类浮头的时间、地点、浮头面积大小、浮头鱼的种类和鱼类浮头动态等情况来判断浮头轻重(表8-8)。

表8-8 鱼类浮头轻重程度判别

浮头时间	池内地点	鱼类动态	浮头程度
早上黎明	中央、上风 中央、上风	鱼在水上层游动,可见阵阵水花 罗非鱼、团头鲂、野杂鱼在岸边浮头	暗浮头 轻
黎明前后	中央、上风	罗非鱼、团头鲂、鲢、鳙浮头,稍受惊动即下沉	一般
半夜2~3时以后	中央	罗非鱼、团头鲂、鲢、鳙、草鱼或青鱼(如青鱼饵料吃得多)浮头,稍受惊动即下沉	较重
午夜	由中央扩大到岸边	罗非鱼、团头鲂、鲢、鳙、草鱼、青鱼、鲤、鲫浮头,但青、草鱼体色未变,受惊动不下沉	重
午夜至前半夜	青、草鱼集中在岸边	池鱼全部浮头,呼吸急促,游动无力,青鱼体色发白,草鱼体色发黄,并开始出现死亡	泛池

5.解救浮头的措施

发生浮头时,应及时采取增氧措施。如增氧机或水泵不足,可根据各池鱼类浮头情况区分轻重缓急,先用于重浮头的池塘(出现暗浮头时,必须及时开动增氧机或加注新水)。增氧机解救浮头的效果一般比水泵好一些,此时开动增氧机或水泵加水主要起集鱼、救鱼的作用。因此,水泵加水时,其水流必须平行水面冲出,使水流冲得越远越好,以便尽快把浮头鱼引集到这一路溶氧较高的新水中,以避免死鱼。在抢救浮头时,切勿中途停机、停泵,否则会加速浮头死鱼。一般开增氧机或水泵冲水后须待日出后方能停机停泵。

发生严重浮头或泛池时,也可用化学增氧方法,其增氧救鱼效果迅速。具体药物可采用复方增氧剂,其主要成分为过碳酸钠($2Na_2CO_3 \cdot H_2O_2$)和沸石粉,含有效氧 12%～13%。使用时以局部水面为好,将该药粉直接撒在鱼类浮头最严重的水面,浓度为 30～40 毫克/升,一次用量为每亩 46 千克,一般 30 分钟后就可平息浮头,有效时间可保持 6 小时。该药物保存时需防止潮解失效。

6. 增氧机的合理使用

增氧机目前在全国各地的精养鱼池中普遍使用,但要避免"不见浮头不开机"的不合理使用方法,以免增氧机变成"救鱼机",不能充分发挥增氧机的生产潜力。适当开机时间的选择和运行的时间应根据天气、鱼类动态以及增氧机负荷大小等灵活掌握。一般在晴天中午开,阴天清晨开,连绵阴雨半夜开,傍晚不开,浮头早开;天气炎热时开机时间长,天气凉爽时开机时间短;半夜开机时间长,中午开机时间短;负荷面积大(>0.08 公顷/千瓦时)时开机时间长,负荷面积小(0.05～0.08 公顷/千瓦时)时开机时间短。

第九章 天然水域鱼类的养殖

在湖泊、水库等大水面,可以通过向这些水体投放鱼种进行鱼类养殖,当它们生长达到食用鱼规格时进行捕捞,以获得鱼产品。这种养殖方式的特点是鱼类的生长及其群体的生产量全部(或主要)依靠水体中的天然饵料资源。根据人为干预的程度不同分为粗放式养殖和集约化养殖两大类。

第一节 湖泊、水库粗放式养鱼

我国主要湖泊深度不大,水质肥沃,多数水库面积较小,管理方便。内陆渔业适合以粗放式养殖鲢、鳙等鱼类。鲢、鳙鱼具有复杂的滤食器官,能够非常有效地滤食浮游生物,而浮游生物在大水域中生产量较大,这使鳙、鲢鱼在鱼产量中能够占有绝对优势,它们往往在放养水体总鱼产量中占有80%~90%甚至90%以上的比例。其他鱼类,如草鱼、鲴、鳊、鲂等,只起搭配的作用。但放养要选择适宜水域,并对投放的鱼种质量严格把控,才能达到预期的经济效果。

一、水域的选择

1. 鱼产力较高

水域的鱼产力主要取决于天然饵料的丰度及鱼类对这些饵料资

源的利用效率,直接或间接影响以上因素的条件有很多。进行粗放式养殖的水域应是中、富营养型以上的水域。水质浑浊、软水、酸性水等鱼产力极低的水域,除经过根本性的水土改良外,一般不宜选用。

2. 凶猛鱼类的危害较轻

根据大水域凶猛鱼类的捕食习性和活动水层,对渔业危害最大的是鳡,其次是蒙古鲌和翘嘴鲌等。鳡较多的水体一般不宜放养鱼类,需彻底清野后再考虑;鲌型水体只要结合清野和提高放养规格,一般可以考虑选用。

3. 出入水口状况

出入水口较少,且水流平缓,易于设置拦鱼设备的水域适宜放养;水口较多,水流湍急,交通过于繁忙的水域不宜选用。

4. 交通运输方便

水域的交通要有利于器材、鱼种和产品的运输。

5. 其他条件

其他条件包括鱼种来源方便,有较好的捕捞条件,水域归属明确,管理统一等。

二、适合我国大水域粗放式养殖的主要鱼类

1. 以鲢、鳙作为主养鱼类的优越性

我国适于粗放式养殖的大型水域,浮游生物资源丰富,生产量大,而且敞水区(主要指水库)比重大,沿岸浅水区比重小。鳙、鲢鱼为敞水性鱼类,栖息于水的中上层,以浮游生物为食,又可利用腐屑和细菌,其生物学特点与水域鱼产性能相适合,是世界上淡水鱼类中利用浮游生物效率最高、生长速度较快的大型鱼类;鳙、鲢鱼在水上层有集群习性,容易集中捕捞,起捕率高;其人工繁殖及苗种培育技术已很成熟,放养大规格鱼种有保障。在我国大水域粗放式养殖中,绝大多数都以鳙、鲢鱼为主要养殖对象,无论是在放养量中,还是在渔获量中,鳙、鲢鱼都占绝对优势。

2.鲢、鳙鱼的相对优点

就这两种鱼而言,一般经验是:在水质肥度一般、鱼种放养密度较小的大水体,鳙鱼的生长优于鲢鱼;在水质肥沃、鱼种放养密度较大的较小水体,鲢鱼的生长优于鳙鱼。首先从种的特性上分析,鳙鱼喜栖息于水的中上层,较鲢鱼栖息的水层深,更适应大面积深水水域,鳙鱼的生长强度较鲢鱼高,在天然水体中一般都较鲢鱼生长快;鳙鱼性成熟较鲢鱼迟一些,这样,性成熟前的快速生长期比鲢鱼长;鳙鱼性情温和,行动迟缓,不像鲢鱼那样易受惊而跳出水面。由于枝角类、桡足类多栖息于较深水层,一般水深面大的水域中,总体上说浮游生物密度较小,但大型浮游动物数量相对较大,且有相当数量的粒径较大的腐屑、细菌絮凝物;而一些面积较小、水较浅的肥水水域中,小型浮游生物(浮游植物和原生动物)数量大,且小个体居多。

三、适合我国大水域粗放式养殖的搭配鱼类

除鲢、鳙鱼外,我国还有不少生长较快、个体较大、容易捕捞的不同食性、不同栖息水层的非捕食性经济鱼类,可作为养殖对象,这些鱼类一般为配养鱼类,在少数条件特殊的水域,也可成为主体鱼。

1.草鱼和鲴、鲂

这些生活在水体中下层的食草鱼类,可以利用水域的大型水生植物资源。大多数肥水水域中水草很少,只有一些消落区淹没的陆草,草食性鱼不宜多放,其放养量一般小于总放养量的5%。

由于水草的增殖力有限,草鱼摄食水草的能力很强,并且喜食水草嫩芽,所以草鱼对水草资源的破坏力很强。在大中型草型湖泊、水库中可适当多放一些草鱼,但仍需谨慎控制其数量,不能破坏水草的再生产能力。水草资源一旦遭到破坏,则短期内难以恢复,水体生态状况随之改变,进而影响草食性鱼类的养殖和许多经济水生动物的栖息和繁殖,导致鱼类等物种多样性下降,水质恶化,水体的渔业价值降低。

草鱼生长速度较快,但较难捕捞,在捕捞条件较好的水域,可以搭配草鱼;鳊、鲂肉质鲜美,经济价值高,食性较广,除水草外,还可利用植物碎屑、底栖动物,故它们生长得很好,而且性情温和,起捕率高。在水草资源少、捕捞条件较差的水域宜搭配鳊、鲂。

2. 鲤、鲫鱼

鲤鱼、鲫鱼是以底栖动物为主食的杂食性鱼类,对环境条件的适应性强,经济价值高,但比较难捕捞。水域中鲤、鲫鱼放养量的多少依自然繁殖条件、饵料资源和捕捞条件而定。如水域中有一定的自然繁殖条件,底栖动物资源不丰富,可不放养,只采取必要的增殖措施。如水域捕捞条件较好,但是缺少水草,或水位变动剧烈,会影响鲤、鲫鱼的自然繁殖,则需放养一定数量,主要应考虑对水位下降更为敏感的鲤鱼。

3. 鲷类和鲮鱼

鲮鱼喜栖息于开敞水面的中下层,适应流水情况,是中型鱼类,低龄期生长迅速,繁殖力强,群体生产力高,肉质细嫩。该鱼以下颌的角质缘刮食水底腐屑和底生藻类,使水域中这类饵料资源得以充分利用。鲷亚科鱼类中,常见且经济价值较高的有黄尾密鲴、银鲴、细鳞斜颌鲴和圆吻鲴,其中以细鳞斜颌鲴品质较好。

四、湖泊、水库合理放养技术

(一)适宜养鱼面积的计算方法

我国进行养鱼的湖泊一般多为中小型的浅水湖泊,水深常不超过5米,湖底较平坦且倾斜度小,水位比较稳定且变幅小,由水位波动引起的面积变化甚小,因此,湖泊的养鱼面积是相对稳定的。

水库的情况则有所不同,水库在运行过程中,水位是经常变动的。其变动的情况与水库所在流域的汛期特点、径流大小及水库在发挥防洪、灌溉、发电、供水等功能时的运行要求有关。随着水位的升降,相应的水库面积扩大或者缩小,使得合理地确定水库养鱼面积变得困难。但是,正确地确定水库养鱼面积是制定水库渔业利用规划、合理利用资源、实施各种渔业经营管理措施、正确统计和分析生产成效的必要前提,所以,有必要根据水库特点找到一种比较正确、合理的养鱼面积的计算方法。目前,我国使用的方法有如下2种。

(1)根据水文观测资料,统计出5~10年以上水库水位的多年平均值,与此多年平均水位相应的水库面积可作为水库养鱼面积。统计各年平均水位时,可以全年各月的平均水位为基础,也可以5月至10月鱼类主要生长期的各月平均水位为基础。

(2)根据水库设计的主要功能,确定一个最经常出现的水位作为核定养鱼水位,那么与核定养鱼水位相应的水库面积为核定养鱼面积。

核定养鱼水位的确定又有2种方法:

养鱼水位=(正常蓄水位-死水位)×2/3+死水位 (1)

养鱼水位=(正常蓄水位-死水位)×1/2+死水位 (2)

二者的区别是所乘系数有别(2/3或1/2),究竟采用哪个系数,应依不同水库决定,最好先试算后再行校核。

第一种方法是以水库运行的实际情况为基础的,因而比较准确,但需有系统的水文观测资料。第二种方法一般比较接近实际情况,但可能有较大的误差。这就需要根据实际情况适当修正。

(二)养殖鱼类的选定

湖泊、水库合理放养首先遇到的问题,就是选择哪些种类作为放养对象。湖泊、水库等水域生态系统具有多种多样的生态小生境。从空间上说,有表层、中层和底层之分,有沿岸带和敞水区之异;就天然饵料资源而言,存在着丰富多样的、分别处在不同营养层次上的各类饵料生物资源。因此,要充分发挥水体的生产潜力,就应当由多种不同生活习性和食性的经济鱼类分别占有各自的生态小生境,以便全面、合理地利用水体空间和饵料资源,这就需要多种鱼类进行"混

第九章 天然水域鱼类的养殖

养"。目前,我国湖泊、水库放养的种类主要有鲢鱼、鳙鱼、草鱼、团头鲂、青鱼、鲤鱼、鲫鱼、鲴科鱼类等温和性经济鱼类。它们在食性和栖息场所等方面的分化,使它们在同一水体中基本上各摄其食,各得其所,各自占有不同的生态小生境。它们对水体的空间和饵料资源的利用,以及种间的相互关系方面,可趋于互补而不直接竞争。

(三)放养比例

保持各种经济鱼类放养的恰当比例,科学地调节控制鱼类的种类和数量组成,是决定鱼产量高低的重要技术措施。

1. 水草型大水面养殖

采取这种模式时,可以多投放草鱼、鲤鱼,少投放花白鲢、鲤鱼,投放量一般是鲫鱼40%~50%、草鱼20%~30%、花白鲢20%、鲴科鱼类和肉食性鱼类10%。同时,为了提高经济效益,还可以投放适量的河蟹。千亩以内的水面河蟹投放量每亩不超过2.5千克,千亩以上的水面河蟹投放量每亩不超过1.5千克。

2. 富营养型大水面养殖

富营养型水面是指养殖经营时间较长、底泥较厚、水生植物比较少的水面。水源多为稻田泄水或雨水,肥力高、透明度低。采取此种养殖模式时,可多投放鲢鱼、鳙鱼,少投放草鱼,适当投放鲤鱼、鲫鱼。浮游植物数量保持500万个每升以上的水域,放养比例为鲢鱼60%、鳙鱼10%、鲤鱼、鲫鱼、草鱼20%,鲴科鱼类和肉食性鱼类10%。浮游植物数量低于100万个每升的水体,放养比例为鳙鱼40%、鲢鱼10%、鲤鱼、鲫鱼、草鱼40%,鲴科鱼类和肉食性鱼类10%。这种水体不适合养殖河蟹。

3. 贫营养型大水面养殖

贫营养型水面是指水质清瘦、浮游植物数量少、底泥有机质含量低的水面。这种水体(在北方大多属碱性水体,水体混浊度高)的养殖鱼类品种搭配要根据水体的特点来确定,水体中杂鱼数量多时,可适当增加肉食性鱼类的数量,但存塘量要低于总鱼量的5%。池塘底部为沙质土壤时,可投放大银鱼,浮游动物比较多时,也可适当增加鳙鱼数量。鲢鱼、鳙鱼投放比例可占鱼类总数量的40%,鲤鱼、鲫鱼占60%。每年定期向水体投入粪肥和饲料,当水体培肥后,再根据水体营养情况改变投放结构。

(四)苗种来源与培育

1. 我国水库、湖泊苗种生产存在的问题

(1)苗种生产不适应放养的需要,在鱼苗种的数量、规格和种类上都满足不了投放的要求。鱼谚"口头上讲四种鱼(青、草、鲢、鳙),繁殖只有三种鱼(草、鲢、鳙),放养只有两种鱼(鲢、鳙),大量上市只剩下一种鱼(鲢)"就是现实的反映。

(2)水库、湖泊鱼类放养的关键是要有数量多、规格大、品种齐全的鱼种。大量的鱼种依靠购买和长途运输来解决是不适当和不经济的。一般湖泊和水库都应建设配套的苗种生产基地,做到就地繁殖、就地培育、就地放养。

(3)苗种培育的主要困难是苗种池的面积不够,商品饵料和肥料不足,技术力量差等。

(4)培育13.3厘米以上大规格鱼种要比培育6.7~10.0厘米的鱼种困难得多。按池塘培育方法计算,1亩鱼池只能培育出13.3厘米鱼种4000~5000尾,一个1000公顷的水体,若按每公顷水面投放1500尾鱼种计算,则需要鱼种150万尾,这些鱼种需要20~25公顷鱼池来培育,同时需投30吨商品饲料以及大量的有机肥。

2. 苗种的来源与培育

就苗种池来讲,许多水库、湖泊都达不到所需要的面积。因此,必须开辟新的苗种培育途径。多年来,生产和科研单位除了提高池塘利用率外,主要是利用天然水面培育鱼种,包括库湾、湖汊培育鱼种、网箱培育鱼种,利用消落区、水库落差流水高密度培育鱼种,湖泊

第九章 天然水域鱼类的养殖

种稻、种稗、种小米草养鱼种,稻田养鱼种以及用围拦养鱼种等。

(五)鱼种放养规格和质量

1. 鱼种放养规格

粗放式养殖能否发挥水域的生产潜力,获得较高的渔获量,除了取决于水域的气候、理化条件及饵料、敌害和捕捞等因素外,还取决于放养鱼类的群体大小。在一定条件下,鱼种放养规格对群体大小有重要影响。

(1)对于新建的水库和新蓄水的湖泊以及凶猛鱼类危害较小或能够人为控制凶猛鱼类的水体,可以放养小规格鱼种。例如,江苏洪泽湖1966年由于大旱,水干鱼尽。1967年蓄水后投放夏花鱼种1820万尾,由于没有凶猛鱼类危害,1968年渔获量达10500吨,其中四大家鱼占93.2%。

(2)凶猛鱼类规格较大,数量较多,而水面面积又较大的湖泊和水库,拦鱼设施不易设置或只能拦住较大规格的鱼,这时鱼种放养规格要尽量提高,可放养16.7~20厘米的鱼种。例如,新安江水库原先放养11.7~13.3厘米的鱼种时回捕率仅1%,1978年改放50~100克的鱼种后回捕率提高到10%。

(3)一般水库鲢、鳙的放养规格可以根据面积确定,具体参考表9-1。

表9-1 不同面积的水库鱼种放养规格(单位:厘米)

品种	小型水库	中型水库	大型水库
鲢	10.0~11.7	11.7~13.3	>13.3
鳙	10.0~11.7	11.7~13.3	>13.3
草鱼	11.7~13.3	13.3~15.0	>15.0
鲤、鲫、鲂	5.0~6.7	6.7~8.3	8.3~10.0

2. 鱼种质量

鱼种的质量主要考虑鱼种的遗传性、健壮程度和生态上的健全性。

(1)鱼种的遗传性状。对于养殖鱼类的苗种来说,遗传性状好是最基本的经济要求,选取优良的品系或种群作为亲鱼生产苗种是增产的主要措施。放养鱼种的遗传性状包括生长速度、避敌能力、抗病能力和对不良理化环境的适应能力等。

(2)鱼种的健壮程度。鱼种的健康状况要求包括体形丰满,游泳活泼,溯水性强,鳞、鳍完整,体无病伤,色泽鲜明等。

(六)合理的放养密度

1. 决定放养密度的主要因子是水体供饵力的大小

放养密度是指单位面积投放鱼种的数量。其实质是通过投放一定数量的鱼种,使水体中保持一定的负载量。合理的放养量(或放养密度)应该是放养鱼类种群对天然饵料的利用程度尽可能与水体的供饵能力相适应,既要使放养鱼类种群最大限度地利用饵料资源,又不损害水域天然饵料的再生产能力。大型水体鱼类的养殖一般不存在溶氧量不足和鱼类排泄物及残饵恶化水质的问题,主要限制性因素是饵料。其中种群摄食强度(F)和天然饵料资源的供饵能力(C)的关系是鱼类和饵料关系的基本方面,二者的关系主要有以下3种模式。

(1)$F<C$。鱼类的饵料充裕,个体生长较快,肥满度高,但数量不多,种群生物量小。在渔业生产中鱼类个体生长固然重要,但种群生物量的增长更重要,这时鱼类的放养密度不够,鱼产量不高。

(2)$F\approx C$。鱼类种群最大限度地利用了饵料生物,但并不损伤其自然增长能力。鱼类的生长速度、肥满度适中,鱼类个体增长虽不及 $F<C$ 型,但种群数量和生物量较大,此时,水体鱼产潜力得到了较好的发挥,渔获量高而稳定。

(3)$F>C$。鱼类饵料不足,由于竞争饵料和觅食耗能多,相当大部分饵料能量用于维持生命活动,导致饵料系数大,个体生长缓慢,肥满度差。最终结果是种群数量大,生物量小,渔获量不大。这时饵料成为鱼类放养的限制因子。

2. 放养密度的确定和调整

在理论上,可以根据各类饵料资源的供饵能力,分别计算出相应食性鱼类的放养量。但这类方法对于生产单位往往难以做到,而且由于此类方法本身尚欠完善,由此计算的结果还需通过实践进行调整。因此,很多生产单位确定放养密度的方法主要是,根据鱼类生长速度进行调整,从而找出相对适合的放养密度。鱼类的生长速度综合地反映了鱼类种群数量与水体饵料资源之间相适应的程度,因此,它可以作为调整放养量的依据。使用这一方法时,通常是根据经济效益、生产周期、鱼类的生长特性等综合考虑,制定一个适当的生长速度指标,到捕捞时,实测放养鱼类的生长速度。

(七)湖泊、水库鱼类放养的参考指标

现根据我国湖泊、水库养鱼的实践,各提出一个粗略的放养参考指标。由于各地湖泊、水库的条件各不相同,在具体实施时,还应根据实践的检验不断加以修正。表 9-2、表 9-3 是根据我国湖泊、水库养鱼的实践,提供的一个粗略的放养参考指标。

表 9-2 湖泊放养和产量参考指标

放养种类和比例	水体营养	中型(0.067万公顷以下)			中型(0.067万~0.667万公顷以下)			大型(0.667万公顷以上)		
		富营养型	中营养型	贫营养型	富营养型	中营养型	贫营养型	富营养型	中营养型	贫营养型
鳙鱼(%)		40	35	35	50	45	40	40	45	40
鲢鱼(%)		40	35	30	30	25	20	30	25	20
草、鲂、青、鲤鱼(%)		20	30	35	20	20	40	30	30	40
亩放养密度(尾)		200~100			120~60			50~30		
亩预期产量(千克)		75~25			40~15			15~5		

注:鱼种规格为 13.3 厘米。

表 9-3　水库放养和产量参考指标

放养种类和比例 \ 水体营养	中型(0.007万～0.067万公顷以下)			大型(0.067万～0.667万公顷以下)			巨型(0.667万公顷以上)		
	富营养型	中营养型	贫营养型	富营养型	中营养型	贫营养型	富营养型	中营养型	贫营养型
鳙鱼(%)	45	50	40	45	50	40	45	50	40
鲢鱼(%)	40	30	20	40	30	20	40	30	20
草、鲂、鲤鱼(%)	15	20	40	15	20	40	15	20	40
亩放养密度(尾)	200～100			100～50			50～30		
亩预期产量(千克)	50～30			30～15			15～5		

注：鱼种规格为13.3厘米。

（八）放养鱼种的季节和地点

1. 放养的季节

在冬季或秋季放养鱼种效果较好。由池塘培育的鱼种，在放养初期往往不能适应大小水面的新环境，如找不到一定量的饵料，鱼群就常在岸边浅水处及进出水口附近集群巡游，当刮风水流急时，鱼种又喜迎风游动或逆水上游。在这些情况下，鱼种易变得消瘦，而且容易逃亡。针对这种情况，可选择在饵料丰富、条件优越的湖汊或库湾中进行暂养。在暂养期间可给予一些特别的养护，以使鱼种在暂养期内逐步适应大水面的环境条件，从而有利于提高鱼种成活率和生长率。具体做法是：在秋、冬季节，用拦网或竹箔将湖汊（或库湾）与主体部分隔开，围栏之前将大鱼赶走，并除去凶猛鱼类，然后将鱼种放入暂养，待翌年春季，将拦鱼设备拆除，鱼种就可以分散到各处。有时候鱼种经运输后体质瘦弱，也需短期暂养，使之恢复体力，以适合放养要求。有些冬涸湖泊，每到冬季湖面大大缩小，水位低浅，鱼种生活和越冬条件很差，则应选择条件相宜的局部水域进行围栏暂养，待水位回升后再放至大湖。

2. 合适的放养地点

在鱼种放养的地点上,应注意远离进出水口、输水洞、溢洪道及泵站等地,以免遭水流裹挟的损失;鱼种也不宜在下风口沿岸浅滩处放养,以免遭风浪袭击拍打上岸;不应集中于一个地点投放,免遭凶猛鱼类围歼;在冬季水位显著下降的湖泊、水库,不宜在上游或库湾浅处投放,以免鱼种因退水搁浅干涸而死。除以上不宜投放的地点以外,应选择避风向阳、饵料丰富、水深相宜的地点分散投放为好。

五、拦鱼设施

一个养鱼的水体,应能做到不让放养的鱼类向外逃逸,也不使外界的凶猛鱼类任意进入,这就需要兴建拦鱼设备。拦鱼设备是实现合理放养的重要保障,其勘察设计、建造维修及管理是渔业生产的重要环节之一。

目前,我国湖泊、水库用的拦鱼设备分机械类和电器类,机械类主要是栏栅(包括竹箔、金属栏鱼栅等)和栏网。根据投放的鱼种规格,选择合理的栅距和网目规格是非常重要的。栅距和网目太小,则增加投资,造成浪费;栅距或网目太大,则拦不住鱼,不能发挥拦鱼设备的作用。电器类主要是指电栅,它利用电极形成电场,使鱼触电后产生防御反应而改变游向,避开电场从而达到拦鱼目的。

湖泊、水库中往往有多种经济鱼类,它们各有不同的形态特点,当然无法同时采用多种拦鱼设备的规格,而只能以某一种鱼的体型特点来确定栅距和网目大小。拦鱼设备的栅距和网目大小一般依相应规格的鲢鱼鱼种的体型参数为标准来确定,即"鲢鱼标准"。

六、粗放式养殖的生产管理

(一)凶猛鱼类的控制

1. 凶猛鱼类在生态系统中的作用

在湖泊、水库养鱼中,对待凶猛鱼类应采取趋利避害的态度,对它们采取控制和利用的措施。正确的方法是:在提高鱼种规格、增强逃避敌害能力的同时,控制凶猛鱼类种群的总体规模,清除凶猛鱼类中的高龄(大个体)群体,将其对放养鱼种的危害减少到最小的程度;同时,使凶猛鱼类的捕食压力转向小杂鱼类,利用其抑制同样无法完全灭绝的小杂鱼类的作用,以获得相应的高值的凶猛鱼类的产量。

2. 凶猛鱼类的生态类型

凶猛鱼类主要是掠食型鱼类,掠食型鱼类又可分为表层型和底层型2种。

(1)表层掠食型。它们主要在水体的表层活动,行动迅猛,以追逐方式掠食其他鱼类,如鳡鱼、鲌类及马口鱼等。

(2)底层掠食型。这类鱼营底栖生活,摄食方式为守候伏击式,其代表有乌鳢、鲶鱼、鳜鱼及狗鱼等。

3. 控制凶猛鱼类的措施

对人工放养水域危害严重的是表层型凶猛鱼类。以下主要介绍控制这些鱼类的常用方法。

(1)捕捞。坚持常年除害和季节性重点捕捞相结合的方式,针对各种鱼类的习性,应用各种有效的渔具渔法,坚持不懈地进行捕捞,历经三五年时间,一般都能明显见效。特别是在凶猛鱼类的繁殖季节,集中力量捕捉其产卵群体或破坏其产卵条件,既能消灭它们的成年个体,又减少了它们的后代补充,效果十分明显。

(2)杜绝进入。在放养鱼种和引进新种时,要严格把关,绝不引入凶猛鱼类。

(3)清库。可以在放干水库时,大力清野。

(二)安全管理和越冬管理

安全管理的主要工作是防逃、防盗。水域的进出口都要建设拦鱼设施,定期检查维修;航道处的拦鱼设施要安装让船只通过的升降装置,并指派专人看管;行洪及台风前后,及时检查、加固。要建立必

第九章 天然水域鱼类的养殖

要的治安机构,维护好渔业秩序,禁止违法捕鱼,尤其要严禁炸鱼和毒鱼。

越冬管理主要针对北方寒冷地区一些水质肥沃的浅水湖泊和水库。这类水域冰封期长,冰层厚,一般腐泥层较厚,冬季水中溶氧往往降得很低,二氧化碳积累过多,而且常含有硫化氢,加重了对缺氧鱼类的危害,严重时可导致鱼类大量死亡。这类水域在越冬前应尽量保持较高水位,亦可适当施无机肥,以利于生物增氧;越冬期及时清除冰上积雪,必要时可用水泵扬水增氧,以改善水中的溶解气体状况,确保鱼类安全越冬。

(三)捕捞管理

捕捞固然是获得鱼产品的必要手段,然而科学的捕捞管理却是渔业最佳化管理的重要一环。

1. 合适的捕捞规格

从鱼类的生长规律而言,应在其生长率最大时捕捞;在生产上,则要求养殖周期短、周转快,能达商品规格就认为是合理的;从鱼产品的质量而言,应有较满意的肥满度,蛋白质和脂肪的含量较高,而含水分量较少;从经济上分析,要花较低的鱼种成本,获得较高的成鱼收益。

一般养殖鱼类在2~3龄期体长增长速度最快,3~4龄期体重增长最显著。因此,通常以3~4龄鲢、鳙鱼为主要捕捞对象是合理的,这样既能合理利用鱼的营养价值,又能在生产上取得最佳的收益。解决的办法通常有2种:其一为分级放养,放2龄鱼种,捕3~4龄成鱼;其二为提高1龄鱼种的规格,使2龄成鱼上市规格达1千克左右。

2. 渔期

一年多次捕捞,改集中上市为分批多次上市,既可满足市场需求,也可获得较高收益,同时有利于调整鱼类种群密度,充分挖掘水体的生产潜力。

3. 坚持常年、多种作业方式

通过捕捞控制凶猛鱼类和野杂鱼类，既可获得一定的收益，又对保护经济鱼类有利。

第二节 大水面捕捞技术

大水面捕捞是大水面渔业生产不可缺少的组成部分。通过捕捞不仅可以获得鱼产品，而且可以改变鱼类区系组成，改变种群结构，控制凶猛鱼类。

用于直接捕捉水产经济动物的工具称为"渔具"，包括网渔具、钓渔具、箔筌渔具以及应用声、光、电等专用设备配合进行生产的特种渔具等。在这些渔具中，网渔具是当前国内外普遍使用的渔具。

一、刺网渔具渔法

刺网是我国大水面捕捞的主要渔具之一。它是由若干片长方形网片连接成的一列长带形网具，垂直敷设在鱼类活动的通道上，鱼类在洄游或受惊逃窜时刺入网目，或者缠络于网上而被捕获。主要的捕捞对象有鲢、鳙、青、草、鲤、鲫、鳊、鲂、鲷、刀鲚、凤鲚等鱼类。

刺网适合于各种水体捕捞，结构简单，操作方便，成本低，渔获率高，而且对鱼的大小有较强的选择性，但也有摘鱼慢的缺点。

根据刺网的结构，有单层刺网、三层刺网、框刺网、混合刺网之分。单层刺网是结构最简单的刺网，由单层组成，同一刺网的所有网目大小和网线规格都相同。三层刺网是将两片大网目网衣夹一片小网目网衣共同装配在上、下纲绳上，小网目网衣面积较大，当鱼类穿过一层大网目网衣后，冲撞并带动了松弛的小网目网衣并又穿入另一层大网目网衣中形成小囊袋，鱼就被缠络于其中而被捕获。框刺网是在单层刺网上加了若干框格绳，使网片成为许多呈兜状的小框

第九章 天然水域鱼类的养殖

格,增加了对鱼的缠络能力。混合刺网是指同一顶刺网不同部分的网目、材料甚至结构不相同,以便能捕获不同水层中的不同规格的鱼。

按作业方式,刺网有定置刺网、流刺网、围刺网和拖刺网之分。定置刺网捕鱼时,是将刺网用桩、石头或锚固定在水体某处,设置于水体表层的为浮刺网,设置于较底层的为底刺网。流刺网主要在江河中使用,与水流方向垂直放网,网随流漂移,逆流游动而撞上网的鱼很难逃脱。围刺网作业时,是将鱼群先用刺网包围,然后用声响等手段惊吓鱼群,鱼群在惊慌逃窜中被刺网捕获。湖泊、水库中,在网箱养鱼的浮架周围进行围刺网作业,效果很好,因为浮架中的网箱之间有很多鲢、鳙、鲤等鱼类。拖刺网作业时有船拖带,产量比定置刺网高。

二、围网渔具渔法

围网作业在湖泊、水库等水域广泛使用。这种渔法机械化程度高,生产效率高,机动灵活,生产规模也很大。

围网呈长带形,中部稍高,两端稍矮,由网衣、绞括装置(有环围网)和属具组成。围网的捕鱼原理是:当发现鱼群后,机轮围绕鱼群所在区域呈圆形快速行驶,同时放出长带形网具,网衣垂直张开在水中形成圆柱形网壁包围鱼群,然后逐步缩小包围面积或收括网封锁底口,使鱼集中到取鱼部而被捕捉。捕捞对象主要是鲢、鳙、草等中上层鱼类。

围网按作业船只数可分为单船围网、双船围网和多船围网,按结构可分为有囊围网和无囊围网。无囊围网又有无环围网和有环围网之分。

三、拖网渔具渔法

拖网是一种流动性和过滤性网具。拖网作业时,可使用单船、双船或多船等形式,借助风力、水流或机械动力,带动一个或多个袋形网具在水中曳行,迫使在网口作用范围内的鱼、虾进入网内而被捕获。

拖网类渔具的特点是:规模大、产量高、速度快、机动灵活;捕捞对象广,可捕各种经济鱼、虾、蟹等;要求渔场水面宽广,底部平坦,障碍物少。

按捕鱼水层不同,拖网可分为浮拖网、中层拖网和底层拖网;按网具结构不同,拖网可分为有翼拖网和无翼拖网。

拖网捕鱼的船有风帆船(如太湖的银鱼拖网)和机动船(如水库底拖网)。使用风帆船时,需顺风或顺流放网进行拖曳,而机动船有足够的拖力,灵活方便得多。捕鱼的操作过程是:先选好渔场,并将网具整理好,然后开始放网;在检查确认拖网在水中正常伸展开,并保持正常形状后,全速前进进行拖曳;随后进行排网(包括取鱼)、起网和取渔获物;最后一步为重新将网具整理好,准备下次作业。

四、地曳网渔具渔法

地曳网又称"地拉网"或"大拉网",是我国湖泊、水库、江河中常用的渔具。地曳网按网具结构形式和捕捞对象不同可分为2种:一种是利用长带形的网具(有囊或无囊)包围一定水域后,在岸上、冰上或船上曳行并拔收两端曳纲和网具,逐渐缩小包围圈,迫使鱼类进入囊网或取鱼部而达到捕捞的目的;另一种是用带有狭长或宽阔的盖网,网后方结附小囊网或长形网兜的网具,通过在岸边拔收长曳纲,拖曳网具,将其所经过地区的底层鱼类拖捕到网内。地曳网兼有拖、围两种作用,能捕各种鱼类,效率很高。由于捕捞规模大,包围的面积宽,故要求渔场水面宽广,底部平坦。地曳网最好与其他渔具(如赶、拦、刺等方式)配合作业,以使鱼群相对集中,从而大大提高捕鱼效果。地曳网要求操作人员多,技术熟练。

地曳网按结构可分为有翼无囊和单囊型、翼状多囊和囊兜型、无翼扇形多囊和网兜型等。它们都由翼网（或盖网）、囊网（或取鱼部）、缘网、浮沉子、上下纲和叉纲、曳纲等组成。

地曳网作业有岸曳式和船曳式。前者是将网具放入预定水域形成包围圈后，在岸上两点分别拔引两边的曳纲、翼网，并逐渐向中间靠拢，最后取上囊网和渔获物；后者是在远离岸边在湖心生产作业，下网包围鱼群后，将网船抛锚，在船上拔收曳纲、翼网，最后获得渔获物。

五、张网渔具渔法

张网类渔具是定置网具。捕鱼原理是将网具固定设置在有一定水流的湖口、水库溢洪道、江河急流处、鱼类洄游通道上或鱼群密集的水域，依靠水流或人工驱赶，迫使鱼群进入网中而被捕获。

1. 方锥体张网

方锥体张网呈锥状，前部分为身网，呈喇叭状，后部分为圆筒形的囊网。根据敷设方式可分为墙张网、桩张网、锚张网、船张网和套张网5种。

2. 笼式张网

笼式张网呈长方体，身网前端入口处设有漏斗网，入口两侧连有翼网，有单口笼式和双口笼式之分。双口笼式张网的两头都为入口，且都装有漏斗网，可捕获来自两个方向的鱼。

3. 箱式张网

箱式张网呈箱形，由底网、墙网、盖网、导网（八字网）等组成。其形状有长方形、梯形和正菱形。为了增加网具的拦诱作用，可在张网上增设外八字网和舌网。为了减轻鱼群对身网壁的压力和取鱼方便，可在张网后墙网的中央部位开一个缺口，外接一个长15~20米的圆筒形囊袋。

我国水库"赶、拦、刺、张"联合渔法中应用的张网主要有长方形不带网袋张网、长方形带网袋张网、菱形带网袋张网、水库升降张网和笼式张网等。

长方形箱式张网是最简单、合理、方便，使用最多的一种形式，其规格取决于水库库形、作业水深、鱼群密度和栖息水层等因素。底网的长宽比以 2∶1～3∶1 为宜；张网高度一般不超过 20 米，八字网间夹角为 56°～65°，八字网内口宽为 80～90 厘米，盖网宽为 1.5～2.0 米，舌网与水底夹角为 30°。

第三节　湖泊、水库集约化养鱼

随着材料科学、电子技术、水处理技术及饲料工业的发展，我国水产集约化养殖的物质基础也大大提高。同时，我国的集约化养殖也逐步由高产低效向高产高效优质发展。在淡水渔业方面，现已形成工厂化养鱼、流水养鱼、池塘循环流水养鱼和湖泊、水库三网（围网、拦网、网箱）养鱼等多种集约化方式，适应了我国不同水域生态环境条件的开发与利用。本节内容主要介绍湖泊、水库的围拦网和网箱的集约化养殖。

一、围拦网养殖

湖泊围拦网养鱼是在湖泊内采用竹箔、网片等，将面积较大的水面分隔为小区域，运用池塘养鱼的基本原理，在围拦网内实行精养的一种养鱼技术。

（一）围拦网水域选择及形状和面积

1. 围拦网水域选择

围拦地点的选择非常重要，选择适宜的水域建立围拦设施是搞好围拦网养鱼的前提。

（1）围拦地点应选择在水位相对稳定，湖水深度在 4～10 月的生长期内保持在 1.5～2.5 米的水域。

(2)水质状况良好,没有污染物流入;拦网一般至少有一面靠岸,应选择背风处;围网各面均不靠岸,应选择风浪不大、水体比较平静或有微流水的地方。

(3)湖底要平坦,底质软硬适中,淤泥较少,这样底层鱼类不易将水搅浑,同时有利于打桩固定网具。

(4)远离闸口和主要航道,环境比较安静,洪水季节提闸放水和航运时不影响鱼类摄食,有利于平时管理。

(5)水草生长茂盛,底栖动物丰富,但不是水产资源繁殖保护区。

2. 围拦网的形状

单个拦网养殖单元由于靠岸的较多,水较浅,或拦一边,或拦两边,其形状可根据地形选择适合的形状。围网单元则可有正方形、长方形、圆形、椭圆形等各种不同形状,但以圆形或椭圆形为好。圆形的围网不仅有利于抗风浪,而且可节约材料。此外,圆形围网没有拐角,可以减少鱼类外逃的机会,同时,受漂浮物的影响也小些。

3. 围拦网的面积

(1)各地条件不同,围拦网的面积也有很大差别,大的有几十亩到数百亩,小的只有2~3亩。面积大可以节约网片、毛竹、木桩等材料,但饲养管理及年底起捕不便;面积小有利于精养,但材料消耗大。因此,每一块围网养殖区面积一般以5~10亩为宜。拦网养殖区的面积根据地形可以适当放大些,但不宜过大。

(2)整个湖泊的围拦网养殖面积以不超过总面积的15%为宜,这样有利于保护湖泊内的水草、螺蛳等水生生物资源。

(二)围拦网设施建造

1. 围拦网使用材料

目前,生产围拦网所使用的材料主要有聚乙烯网片、竹箔等。聚乙烯网片一般由规格为0.21/3×3或0.21/3×4的聚乙烯网线编结而成,使用寿命较长,水下部分可以使用5年左右,水上部分可使用3

年左右,价格较便宜,如果使用无结节网片,造价可能更低些。竹箔是将宽度为1厘米左右的竹篾,按照20～30厘米的箔筋间距,用聚乙烯等细绳编结而成的。竹箔施工比较方便,容易定形,但使用寿命比聚乙烯网片短些,造价也高些。从节约成本方面来看,选用聚乙烯网片较好。

2. 网目大小的确定

网目应根据投放鱼种的规格确定。可用经验公式计算,即 $a=0.13L$。式中 a 表示网目单脚的长度,L 表示鱼种全长。例如,投放鱼种全长为15厘米,则网目单脚的长度为1.95厘米,网片目大小为3.9厘米。网目过大不但会逃鱼,还会使小杂鱼进入围拦网区内争食投喂饲料。因此,网目宜小不宜大。

3. 围拦网的设施安装

围拦网养鱼设施一般采用双层结构,内外层间距为5米左右。围拦网的高度可以根据以往5年的最高水位,再参考浪高及鱼类跳网等因素而确定。一般内层网主拦网要比正常水位高出1米以上,如围拦养殖区正常水深为2～3米,网高要设计为3～4米。安装时,先用直径5毫米左右的聚乙烯绳装好网片的下纲,为防止围网受风力、水流的作用使下纲离地而导致逃鱼,下纲要牢固地踏入湖底泥中。下纲可每隔0.5米拴一根30厘米左右长的木棍,将木棍连同下纲一道踏入泥中,下纲内侧再加铺一层敷网。也可用网片缝制成直径为8～10厘米的圆筒,里面装入碎石,做成所谓的"石龙",每米重4～5千克。将"石龙"与围拦网的下纲固定在一起,沉入水底,以防鱼逃,效果会更好。同时,每隔3～4米垂直插一根毛竹或木棍作固定桩,毛竹或木棍的下端入泥0.5～1.0米深,上端露出水面1米左右,然后再将网衣挂在固定桩上,并用聚乙烯绳扎牢。在迎风面可多加几根固定桩。每个围拦区要留出通道,以便船只进出,但这里容易逃鱼,要特别注意防逃。

(三)鱼种投放

1.围拦网养鱼品种的选择

池塘、湖泊养殖的主要鱼类品种均可以作为围拦区内的养殖对象。一般选择水草茂盛的水域建立围拦养殖区,这里水质清新,水中溶氧量丰富。因此,围拦网养殖更适合选择草鱼、团头鲂、青鱼等优质鱼作为主要养殖品种。

2.鱼种规格的要求

鱼种要求规格整齐,个体大一些为好。一般草鱼规格为200～500克/尾,青鱼规格为500～750克/尾,团头鲂规格为50克/尾以上,鲫鱼规格为40～50克/尾,鲤鱼规格为50～150克/尾。同时,可以少量搭配投放鲢、鳙鱼,鱼种规格在100克/尾以上。投放这些大规格的鱼种,年底均能达到满意的上市规格。

3.鱼种投放的密度与搭配比例

鱼种的放养密度应根据饲料的来源、饲养管理技术和产量及上市规格等因素确定。一般要求每亩产250～300千克的,每亩可以放养鱼种50千克左右,尾数为600～800尾;每亩产500千克的,可以放养鱼种100千克左右,总尾数1000～1500尾。

鱼种要有适当的搭配比例。早在围拦网养鱼发展之初,沿江、沿淮许多湖泊的水草和螺蛳等底栖动物资源丰富,草食性鱼类投放比例较大,一般草鱼、团头鲂占60%～80%,青鱼、鲤鱼占15%～20%,鲫鱼占5%左右,鲢鱼、鳙鱼占10%以下。近几年来,不少湖泊的自然资源状况发生了很大变化,水草、螺蛳等数量减少,品种趋于单一,有些水域浮游生物的种类和数量均有增加,有的已进入富营养化湖泊的行列,已不再适合投放大量的草食性鱼类。如在"藻型湖"中,应适当增加鲢鱼、鳙鱼的比例,减少草食性鱼类的比例。如果主要依靠商品饲料养鱼,则以鲤鱼为主,搭配少量的草鱼、团头鲂、鲫鱼和鲢鱼、鳙鱼。因此,要根据养殖水域资源条件,调整投放鱼类的品种和比例,保护水草资源,合理利用水面。

鱼种投放时,要严格检疫,应投放规格整齐、健康无病的优质鱼种,发现带病、带伤的鱼种,不要投放。应按照规定的药品和浓度对所有投放鱼种进行消毒。比较简便的方法是用3‰~4‰的食盐水浸洗鱼种10~15分钟,或用10毫克/升的漂白粉溶液或8毫克/升的硫酸铜溶液浸洗鱼种15~20分钟,以杀灭细菌等病原体。

(四)饲养管理

1.饲料及其投喂

围拦网养鱼完全可以使用池塘养鱼的饲料。基本要求是饲料营养成分全面,新鲜、可口,价格适中。不要投喂粉状饲料、单一的原料饲料和霉烂变质的饲料,要尽可能加工成颗粒饲料再投喂,以减少浪费,提高饲料的利用率。可以适量捞取并投喂水草、螺蛳等鲜饲料,有条件的地方也可种植旱草用于喂鱼。

在鱼种投放后的1~2个月内,湖泊的水草并不多,这一阶段应以精饲料为主,日投饲料占鱼种总重量的2%左右。5月份以后,水温不断升高,水草逐渐繁盛起来,可在围拦网区附近捞取部分水草、螺蛳或割取旱草与人工颗粒饲料搭配投喂。鱼类喜欢摄食天然饲料,另外,投喂天然饲料还可以降低成本,减少疾病的发生。到了秋季,草料逐渐减少,则以投喂精饲料为主。

围拦区内要搭建饲料台,置于水面以下30~40厘米处,喂草时可用毛竹扎成三角框,实行定点投喂饲料。一般每1335~2000米²水面就要设置1个饲料台。饲料的投喂时间为,在水温20℃以上的鱼类摄食旺盛季节,上午8~9时、下午2~3时投喂。每天投喂1~2次。投喂量应根据摄食情况灵活掌握。

2.日常管理

(1)防逃。当鱼种投放后,由于它们不适应围拦区新的环境,游动不停,网衣稍有破损,极易发生逃鱼。因此,要勤检查围拦设施,发

第九章 天然水域鱼类的养殖

现漏洞后及时修补,尤其在鱼种投放后的几天时间。平时要注意防止网衣被船划破或被水老鼠咬破。夏季是暴雨多发季节,水位变动大,受到新鲜水流的刺激后,鱼群也易从围拦区内跳出。有时风浪较大,固定桩会被推倒,甚至"石龙"发生位移,部分"石龙"会被从底泥中拔起,造成鱼类从底部潜逃。暴风雨过后,要及时检查有无上述情况发生。如出现问题,要立即扶正、加固被风吹倒的固定桩,移正、压实"石龙"。

(2)鱼病防治。除在鱼种投放时全面消毒外,平时要注意观察鱼类摄食是否异常,是否发病。一旦有鱼病发生,要及时采取措施进行治疗。

二、网箱养鱼

网箱养鱼是利用合成纤维网片或金属网片等材料装配成一定形状的箱体,设置在水体中,把鱼类高密度地养在箱中,借助箱内外不断的水交换,维持箱内适合鱼类生长的环境,利用天然饵料或人工饵料培育鱼种或饲养商品鱼的方法。网箱养鱼最早起源于柬埔寨等东南亚国家,后来逐步在世界各地得到推广。目前,我国淡水网箱养鱼的方式、种类和产业结构有了新的发展,从主要依靠天然饵料的大网箱粗放式养殖转变为投喂配合饲料的小网箱精养;养殖种类由以滤食性和杂食性鱼类为主转变为以鳜、南方鲇、鳗鲡、加州鲈等肉食性鱼类为主。网箱养殖经营方式由单纯的经济效益型逐渐转变为经济效益和生态效益兼顾型,产量和效益明显提高。

(一)网箱的结构

网箱的结构与装置形式很多,可以因地制宜地建造,实际选用时,要以不逃鱼、经久耐用、省工省料、便于水体交换、管理方便等为原则。网箱的主要结构部分包括框架、箱体(网衣)、浮力装置、沉子及附属装置等,其中附属装置有栈桥、浮码头、工作房、投饵机、食台、固定装置等。

1. 网箱基本结构

箱体、框架、浮子、沉子及固定装置等是养鱼网箱的主体部分。

(1)箱体。由网线编织成网片,网片按一定尺寸缝合拼接成网箱。目前应用最普遍的网片是聚乙烯网片。网片的加工工艺有4种。

①聚乙烯合股线手工编结网片。优点是伸缩性好、耐用。缺点是有结节,易擦伤鱼体,且耗材多,滤水性差。

②非延伸无结节网片。该网片生产快、省料、便宜,但横向拉力差,易破损。

③延伸无结节网片。该网片拉力强、柔软、重量轻,比有结节的网箱成本低3/4。

④聚乙烯经编网片。该网片无节光滑,不伤鱼体,网目经定型不走样,箱体柔软,便于缝合,不易开孔逃鱼,成本较低。

目前,网箱网衣采用聚乙烯纤维单丝,直径为0.1毫米,比重为0.94~0.96,几乎不吸水,能漂浮于水面,在饱和状态时,吸水率为1.6%;具有强度较高、耐低温、耐酸、耐碱、价格便宜等优点。但该网片在日光下长期曝晒易"老化",强度也随之降低。表9-4为聚乙烯材料的一些参数。

表9-4 聚乙烯网线规格与编结网衣网目

网目	网线规格	直径(毫米)	百米重(克)	破断强度(千克)
0.5~1.0	0.23/1×1	0.23	4.36	2.37
1~2	0.23/1×2	0.46	9.33	3.55
3~10	0.23/1×3	0.53	14.0	5.32
10~13	0.23/2×2	0.67	17.0	6.62
13~20	0.23/2×3	0.78	28.0	9.94
20~25	0.23/3×3	0.96	42.0	14.9
25~30	0.23/4×3	1.13	56.0	18.4
30~40	0.23/5×3	1.29	67.0	23.0
>40	0.23/10×3	1.94	140	46.0

(2)框架。框架安装在箱体的上纲处,支撑柔软的箱体,使其张开并具有一定的空间形状;同时,也有一定的浮力,可充当浮子。框架的材料常选用毛竹、木材或无缝钢管等。若箱架的浮力不足,可在网箱的四条边角系上浮球或浮桶。

(3)浮子和沉子。浮子安装在墙网的上纲,沉子安装在墙网的下纲。其作用是使网箱能在水中充分展开,保持网箱的设计空间。浮子的种类很多,应用最为普遍的是塑料浮子。一般选用直径为8～13厘米的泡沫塑料浮子。沉子一般采用瓷质沉子,重量为每个50～250克,要求表面光滑。铅、混凝土块、卵石、钢管等也可用作沉子。用钢管作沉子时,还能将底网撑开,使网箱保持良好的形状和有效空间。此外,还要用铁锚固定网箱的位置,或用水泥桩和竹桩等支撑、固定网箱。

2. 网箱形状

网箱形状有长方形、正方形网箱、圆柱形、八角形等。目前,生产上常用长方形网箱,其次是正方形网箱,因其操作方便、过水面积大、制作方便。

3. 网箱大小

最小的网箱面积为 1 米^2 左右,通常 1～15 米^2 的网箱属小型网箱,15～60 米^2 的网箱为中型网箱,60～100 米^2 的网箱为大型网箱,面积更大的有 500～600 米^2 的网箱。一般来说,网箱的面积不宜过大,面积过大时操作不便,抗风力差,但大网箱使用材料少、造价低。实践证明,在同样水域条件下,网箱越小,箱内水体交换次数越多,网箱养鱼的产量越高。网箱的高度依据水体的深度及浮游生物的垂直分布来决定。一般网墙的高度在水库中取 2～4 米,在湖泊中取 1.5～2.0 米。敞口式网箱的网墙应高出水面 70 厘米。但网箱底与水底的距离最少要在 0.5 米以上,以便底部废物排出网箱。

4. 网目大小

网目大小以不逃鱼、节省材料、箱内外水体交换率高为原则。例如,网箱养鲢、鳙鱼,鱼苗育成夏花的网箱材料宜用 100 目/厘米^2 的聚乙烯网布;囤养夏花的网箱材料,以 6～8 目/厘米^2 的经编聚乙烯网布为好;对于夏花以上的不同规格鲢、鳙鱼种,其网目尺寸可参考表 9-5。

表 9-5 不同规格鱼种适用网目(厘米)

网目	0.7*	0.8*	1.0	1.1	1.2	1.3	1.4	1.5	2.0	2.2	2.5
最小鱼种规格	2.7	2.9	3.0	4.0	4.6	5.0	5.4	5.8	7.7	8.5	9.6

注:*为经编网,其余为聚乙烯结节网。

5. 网箱盖

网箱顶部还需覆上用不透光材料制成的网箱盖。加盖的目的是阻止阳光(特别是紫外线)进入网箱,不让鱼发现任何网箱上方的物体运动,这样可以减少不利于鱼类生长的光和惊恐应激等因素,还有利于保护鱼的免疫系统,提高生产性能。此外,加盖后的网箱也可防止肉食性鸟类的袭击。如加了遮光盖的网箱中的斑点叉尾鮰的生产性能比不加盖网箱中的高 10%。

(二)网箱的种类

根据水域条件、饲养对象和网箱类型的不同,目前,我国网箱装置的方法有如下 3 种。

1. 浮动式网箱

箱体的网片上纲四周绑结在用毛竹等扎成的框架上,网片下纲四周系上沉子,框架两端用绳子与锚系在一起,上口用网片封住,框架缚上浮子,漂浮于水面。浮动式网箱结构简单,用料较省,抗风浪能力较强,能随水位、风向、水流而自由浮动。该网箱一般设置在水面开阔、水位不稳定、船只来往较少的水面。该网箱有单箱浮动式和多箱浮动式 2 种。单箱浮动式是指单个箱体设置一个地点,用单锚或双锚固定。其优点是水交换良好,便于转箱和清洗网箱;缺点是抗风力较差。多箱浮动式是指将 3～5 个网箱串联成一列,两端用锚固定,每列网箱间距应大于 50 米。此法占用水面相对少,管理相对集中,适用于大面积发展,但生产性能不如单箱浮动式。

2. 固定式网箱

固定式网箱一般为敞口式网箱,由桩和横杆联结成框架,网箱悬挂在框架上,上纲不装浮子,网箱的上下四角联结在桩的上下铁环或滑轮上,便于调节网箱升降和洗箱、捕鱼等。网身露出水面0.7~1.0米,水下有1.5~2.5米。该网箱适用于水位变动小的浅水湖泊和平原型水库。其优点是成本低,操作方便,易于管理,抗风力强;缺点是不能迁移,难以在深水区设置。

3. 下沉式网箱

整个网箱沉没在水下预定的深度。其优点是网身不受水位变化的影响,网片附着物少,受风浪、水流影响小,适用于深水网箱养鱼以及在风浪大的地点使用;缺点是操作不便。我国北方常将下沉式网箱用于冬季鱼种越冬。

(三)网箱设置水域的选择

1. 设置区域

水面要相对宽阔,光照要充足。这样既有利于鱼类生长,确保网箱安全,也可避免大风浪和急流造成鱼类能量消耗,减小残饵对网箱水质的影响。最好是有外源性营养物质输入或水质较肥、浮游生物较丰富的区段。例如,在内陆水库、湖泊中一般选择上游较开敞库湾处。水域底部要相对平坦,有机沉积物不能过多,以免影响箱内水质状况。设置区域还要求环境安静,避开旅游区、游泳场、航道以及工厂、城镇的排污口。此外,由于鱼种、饲料和成鱼等运输量很大,因此,还需要有方便的水陆交通条件。

2. 水深

设箱区的水深应在4~5米或5米以上,最低水位水深不足3米的地方不宜设置网箱。足够的水深有利于箱内残饵、鱼的代谢废物和粪便的排除。这些有机废物下沉水底后,距离网箱较深,而不致影响网箱内水质。

3. 流速

设置网箱区水体的流速不应过大或过小。若流速过大,则鱼类会顶水而消耗过多的能量;若流速过小,则箱体内外的水流交换不充分,网箱养鱼的生态学原理不能充分体现。流速以 0.1～0.2 米/秒为宜,微流水既利于箱内外水体交换,保持网箱内清新的水质,又不致因流速过大而消耗鱼类体力。

(四)网箱设置

1. 网箱设置的水层

网箱设置深度一般不超过 3 米。因为浮游植物的分布在 2 米以内的水层中占 58.7%,而在 2.0～4.2 米的水层中占 41.3%,特别是透明度小的水体中浮游植物最丰富。浮游动物在水深 2～3 米处密度最大。凡水质肥、浮游植物丰富的水域,网箱应设置在较浅水层,但网箱底应距水底 0.5 米以上。在水质较瘦的水域,以养鳙鱼为主的网箱,可酌情设置在较深一些的水层中,但不宜过深。

2. 网箱的排列

网箱排列的原则是使每个网箱都尽量迎着水流的方向,既能保证每个网箱水流畅通,有利于鱼类生长,又便于管理、节约劳动力和材料。在这个原则下,可以用"一"字形、"品"字形、"非"字形和梅花形等网箱。另一种方式是以 3 米×3 米×3 米的网箱 9 个组成一个鱼排,两个鱼排为一组,鱼排用旧车胎阻隔,缓解风浪的磨损,每组涨落潮头各打 3～4 个桩,桩与鱼排用缆绳连接。鱼排的布局应与潮流流向相适应。临潮头的第一只网箱所受的冲击力最大,然后依次减小,每只网箱可减缓潮流 20%～25%。到第 4 只网箱时,即使在最大流速下,也能保持网箱形状不变,但过多的组合鱼排会影响网箱的水体交换,增加固定难度。在浮架外缚毛竹可提高鱼排的牢固性和抗风浪能力。

(五)网箱养鱼技术

1. 网箱养鱼的方式

依投入的物质和能量不同,网箱养鱼的方式可分为不投饲和投饲 2 种养殖方式。

第九章 天然水域鱼类的养殖

(1)网箱饲养不投饵的滤食性鱼类。利用天然饵料进行网箱养殖鲢鱼、鳙鱼鱼种或成鱼是我国网箱养鱼的一大特色。网箱养鲢、鳙鱼的投资小、效益高。

网箱饲养滤食性鱼类主要是利用水中的天然饵料生物,这些鱼类多以鲢、鳙为主,混养罗非鱼、鲤、鲫、鲮等。这种养殖方式的产量高低主要取决于水中浮游生物的种类组成及其生物量。国内有关单位网箱养鲢鱼、鳙鱼鱼种和成鱼的报道见表9-6。可以看出,在浮游植物160万个每升以上,浮游动物2000个每升以上的富营养水体,可放夏花鱼种200~600尾/米²,经60~80天培育,鱼种可长到10~13厘米,可生产鱼种200~500尾/米²;在一般营养型水体,夏花放养密度可控制在100~200尾/米²。网箱养殖滤食性鱼类的渔产力主要取决于天然饵料的丰度,其养殖密度应考虑天然饵料丰度、网箱容纳量、鱼种出箱规格、养殖技术水平等。

表9-6 水域浮游生物量与鲢、鳙养殖的关系

地点	水温(℃)	饲养天数	浮游植物数量(万个/升)	浮游动物数量(个/升)	入箱密度(尾/米²)	入箱规格(厘米)	出箱数量(尾/米²)	出箱重量(千克/米²)	出箱规格(厘米)
山东雪野水库	26~28	66	188.4	1913	325	5	300	3.35	10
湖北白莲河水库	27~34	55	392.1	3000	611	5	573	24.35	14.3~15.3
湖北白莲河水库		360			112	35~60克		96	60	625克
广东鹤地水库		55	161.6	14726	362	5.6	316	3.8	11.6
黑龙江新兴湖	17~25	53	198	35630	250	6.6	200		9~11
安徽佛子岭水库	26.5	146	197		79	14.6	78	12.65	

(2)网箱饲养投饵鱼类。投饵鱼类鱼种放养密度可比鲢鱼、鳙鱼鱼种的放养密度高,这主要取决于水的交换量、溶氧量的高低、饲料的供应和养殖的品种。若水流动较大,流速在0.2米/秒左右,水质

优良,溶氧高,饲料充足,则放养量可达1000尾/米^3。若水交换量小,水质较肥,则放养密度不宜过大。不论是用网箱培育鱼种还是养成鱼,最好随着鱼的生长而及时更换不同规格的网箱养殖。一般从鱼种到养成鱼采用3个规格的网箱。这样,不但可以改善网箱中的水质,而且可以节约网箱的成本。

2. 网箱的鱼种投放

(1)网箱养殖对鱼种的要求。

①适应性强。网箱养殖鱼种应选择适应当地养殖水域理化特征和生态条件,同时经过锻炼能适应网箱密集环境和耐长途运输的鱼种。

②生长快,饲养周期短。经一个周期饲养即能达到鱼种规格,这样有利于加速资金周转,提高经济效益。

③肉质鲜美、营养价值高。养殖鱼类必须具有较好的食用性。

④体格健壮,无病无伤,抗病力强,对各种细菌、寄生虫的感染率低,成活率高。

⑤体色鲜艳,游动活泼,无畸形,规格整齐。

⑥培育技术容易掌握,苗种数量大,来源有保障。

(2)鱼种入箱前的准备工作。网箱下水前应仔细检查是否有破洞、开缝。鱼种入箱前3~5天要提前将网箱安装好,放入养殖水域,网衣经浸泡和附生藻类后,可使网箱充分展开,并可避免擦伤鱼体。夏花入箱前10天,在原来池塘内拉网锻炼不少于3次,锻炼时密集的时间要逐次加长。宜选择晴朗、低温、无风的天气运输和进箱。

(3)放养的品种和搭配比例。在湖泊、河沟、水库等进行网箱养鲢鱼、鳙鱼鱼种时,由于水域的天然饵料组成不同,故其放养比例也不同。在水质较肥、透明度较小、浮游植物较多的水体,应以鲢鱼为主、以鳙鱼为辅。浮游动物较多的水体透明度较大,应以鳙鱼为主、以鲢鱼为辅。此外,要适当搭配5%左右的罗非鱼、鲫鱼、鲤鱼、鲷鱼或团头鲂等杂食性、刮食性鱼类,以清除网壁上的附着藻类等。

(4)放养规格。对于一般鱼种养殖网箱,夏花放养规格要求在3厘米以上,宜大不宜小。要求规格整齐,体色健康,体质健壮,体表无损伤。

(5)放养密度。网箱培育鱼种是高密度的养殖方式,其放养密度应依水质、养殖种类、商品鱼规格、产量、水体交换量、饲养管理技术水平和设备技术条件等而定。一般水体夏花鱼种放养密度为50~200尾/米^2,较肥水质可放200~400尾/米^2,特别肥沃的水质可放500~600尾/米^2,出箱规格为13厘米左右。培育鱼种时,一般每平方米放养10~13厘米长的鱼种20~60尾。实际上,在一定的密度范围内,放养密度增加可以提高鱼种群体生产量,但出箱鱼种个体规格较小;而适当降低密度,可相应提高鱼种出箱规格。

3.网箱养鱼的饲养管理

(1)日常管理。网箱养鱼日常管理工作应围绕防病、防逃、防敌害工作而进行。应有专人负责经常巡视,观察鱼的摄食及活动情况。一旦发现鱼病,应及时治疗,尤其在鱼病流行季节,要着重做好预防工作。结合清箱经常检查网箱是否破损,如有破损,应立即修补。在汛期及台风季节,要加强防范措施,保证网箱安全。由大风造成的网箱变形或移位,要及时整理,保证网箱内的有效空间和网箱间的合理距离不受影响。水位下降时,要及时移位,以免网箱着底。要经常检查网箱内是否钻入敌害鱼,有条件的应设置防止敌害的拦网。敞开式网箱要预防鸟害,还要定期检查鱼体,了解鱼类生长情况,分析存在的问题,及时采取相应措施。要记好网箱养鱼日志,积累经验,制定计划,提高技术水平。

(2)投饵管理。

①投饵方法。投饵有人工投饵和机械投饵2种方法。人工投饵虽然劳动强度较大,但可根据鱼类摄食情况随时调整投饵速度和投饵量,较机械自动投饵更机动灵活,目前仍普遍采用。在投喂方法上,应掌握"慢、快、慢"三字要领:开始应少投、慢投,以诱集鱼类上来

摄食;当鱼纷纷游向上层争食时,则多投、快投;当有些鱼已吃饱散开时,则减慢投喂速度,以照顾弱者。投饵时要注意观察鱼的摄食情况,看投下的饵料是否能被绝大部分摄食。不可一次投量太大,以免鱼来不及摄食即散失网外,不仅造成浪费,而且污染水质,这是网箱养鱼投饵之大忌。为减少投饵时饵料的损失,网箱内可吊设饵料台,将部分或全部饵料投入饵料台,以便观察摄食情况。在投饲技术上,还要遵循定质、定量、定时、定位的"四定"投饵原则,以及看天气、看水色、看鱼情的"三看"原则。

②投饵次数。一般在鱼体较小时,每天投喂3~4次,长大后可每天投喂2次(上午、下午各1次)。不同适温性的鱼类的投饵次数随季节的不同而不同。在高温季节,温水性鱼类每天投喂3~4次,冷水性鱼类每天投喂1~2次;冬季投喂次数则减少。如在四川雅安地区养殖齐口裂腹鱼,夏季每天可投喂3~4次,冬季则每天只投喂1次,或只在晴天中午投喂1次。

③最适投饵量。投饵量占鱼体重量的百分比称"投饵率"。投饵率因鱼的种类和水温不同而异,与水温呈正相关,与鱼体重呈负相关。投饵量最大限度为饱食量的70%~80%,鱼类一般以吃到八分饱为宜,此时饵料系数最小,否则,可能影响其下次投饵时的食欲。投饵时间长短主要根据养殖对象摄食情况而定。投饵时间一般应充分,但必须有一定限度,若超过限度,反而对鱼类的健康有不良影响。如真鲷摄食比较缓慢,投饵时间就应相对延长。

(3)清洗网箱。网箱下水后,会被一些藻类或其他生物所附着,严重时可堵塞网眼,影响网箱内外水体交换。水质越肥,附着物(俗称"青泥苔")越多;网目越小,着生程度越严重。一般附着物在1米深的水层内最多,若不及时清洗,容易造成箱内水质恶化、缺氧、缺饵,影响鱼类生长。清洗网箱是饲养管理中的重要措施之一。清洗网箱的具体方法见海水浮筏式网箱养鱼的相关内容。

(4)鱼种出箱。鱼种养到一定规格的,就可出箱,投放到湖泊、水库之中。一般都在秋冬季出箱,以早出箱、早放养为好。鱼种出箱前应适当密集锻炼,以免验收计数时造成伤亡。验收内容包括重量、规格、成活率、合格率、单产等,计数采用重量法,抽样不少于2次,每次2.0~2.5千克。当水温降至10℃左右时,鱼已基本停止摄食。这时暂不放养或出售,可按不同种类和不同规格分拣后,分别并箱囤养。囤养鱼种密度为1.5~2.5千克/米³。

(5)网箱越冬。为了提高大水面放养鱼种的规格和质量,减少越冬鱼池的负担,可利用网箱进行越冬。凡水质良好、水深超过3米以上,冬季水位相对稳定的水域,都可以进行网箱越冬。越冬用的网箱采用封闭式的,网目以2.0~2.5厘米为好。网箱大小为8米×4米×2米或7米×4米×2米,也可与鱼种网箱兼用。

入箱前鱼种要经过锻炼。网箱培育的鱼种在转入越冬箱时,稍加密集即可锻炼;池塘培育的鱼种应经过2次以上的拉网锻炼。入箱鱼种体长应在8.7厘米以上,才能保证较高的成活率。入箱鱼种擦伤后,易感染水霉病而死亡,这是越冬鱼种死亡的主要原因之一。为避免伤害鱼种,操作时应细心,应在10℃左右的低温下进行操作。

越冬鱼种放养密度可按8~20千克/米³安排。如进行鱼种培育或以成鱼养殖为目的,密度应小些,以秋冬入箱一次放足为妥。越冬网箱不得沉底,距水底至少应保持0.5米以上。

4. 网箱养成鱼的放养模式

(1)网箱养成鱼的主要放养模式。

①以养殖滤食性的鲢鱼、鳙鱼为主,搭配罗非鱼和其他刮食性鱼类5%~10%,不宜投饵或少投人工饵料。应选择水质肥沃、浮游生物丰富、有水流的水域设置网箱。

②以高密度养罗非鱼为主,宜适当投喂饲料。应选择水质特别肥沃,或浮游生物丰富的水域设置网箱。

③以放养草鱼、鳊鱼、鲤鱼、加州鲈鱼、斑点叉尾鲴鱼、鳜鱼等优质鱼种为主,搭配罗非鱼及鲢鱼、鳙鱼。鱼类放养规格要大,放养量

按水质状况、鱼种来源、饵料情况及养殖技术而定,每立方米放养20～200尾。全靠人工投喂精、粗饲料,还要将精、粗饲料按营养要求配合,加工制备成颗粒饵料投喂。应在水质较好的水域里设置网箱。

(2)成鱼养殖放养密度的确定。在水质条件好、溶氧充足、水中生物饵料丰富、水体交换量好的水域,鲢鱼、鳙鱼的放养密度可适当增大;反之,放养密度应适当减少。耐肥和耐密养的草食性和杂食性鱼类的放养密度比相互残食的肉食性鱼类的放养密度高。例如,鳜鱼的放养密度不及其他淡水鱼的1/10,多数海水鱼类的放养密度远比淡水鱼类低。在相近的条件下,产量比较高时,鱼种的放养密度较高;反之较低;鱼种的规格较大时,产量较高,放养密度应适当降低;鱼种规格小,成活率往往很低,此时,饲养周期就要长。当生产设施先进,管理科学而精细,生产经验较为丰富时,放养密度可适当增加。

5. 网箱养殖的病害防治

由于网箱设置在大水体中,且鱼群密度很高,因此,鱼病预防也有其特点,不能照搬池塘养鱼的方法,如不宜使用全箱泼洒药物等方法,而主要有挂袋、药浴、拌饵和使用疫苗等方法。

(1)用漂白粉、硫酸铜或中草药挂袋、挂篓。每只网箱(中、小型)用2～4只漂白粉篓,每篓装漂白粉100～150克,连续使用3天。每只硫酸铜挂袋装100克硫酸铜,由于硫酸铜是重金属盐,遇水极易分解,故一般在上午使用,下午水温高,不宜使用。由于挂袋后瞬间单位面积内药物浓度升高,网箱密度大,因此要注意观察鱼的情况,挂袋后2～3天可能影响鱼类吃食。最好选用对鱼类毒害作用较小的敌百虫挂袋,杀灭寄生虫比较安全可靠。中草药挂袋最好每箱一个,挂在网中间,投饵时即撒在挂袋处,以便鱼类摄入药物成分,如挂袋三黄粉、板蓝根等。

(2)药浴。用药液浸洗鱼体,先将网衣连鱼群一起密集到网箱一边,再将用白布做成的大袋从网箱底穿过,将鱼和网衣带水装入袋内。注意,不要过分密集,以免鱼体相互碰伤。然后,准确计算水体量,根据鱼病症状使用药液浸洗。

(3)投喂药饵。这是网箱养殖预防鱼病最有效的方法,可以在鱼病发生前,制成药饵预防鱼病。

(4)使用免疫疫苗。该方法是预防鱼病的有效途径,目前普遍使用的疫苗有草鱼出血病免疫疫苗和鲤鱼的几种常见病(烂鳃病、穿孔病、烂尾病等)的口服免疫疫苗。

第十章
稻田养鱼

稻田养鱼是指利用稻田的水环境辅之以人为的措施,既种稻又养鱼(或其他水生动物),达到鱼稻互利双丰收目的的农鱼结合生产方式。稻鱼共生使稻田的生态系统结构更合理,功能更完善,效率更高。鱼能除草灭虫,疏松土壤,起到保肥供肥的作用,还能免除农药污染,促进了绿色水稻的增产;鱼类的呼吸为水稻光合作用提供了营养,稻田为鱼类提供了良好的生活环境;稻鱼共生构成了大农业的框架,具有重要的经济、社会和生态效益。

一、稻田养鱼的类型和设施

(一)稻田养鱼的类型

1. 稻田兼作

(1)双季稻兼作养鱼。早稻插秧后放养鱼种,养至晚稻插秧前收获(或早稻收割后收获);晚稻插秧后再放养鱼种,养至年底(或晚稻收割后)收获。

(2)单季稻兼作养鱼。水稻插秧后放养鱼种,养至年底收获。

2. 稻鱼轮作

(1)早稻插秧后放养鱼种,养至年底收获,晚季不再种稻。

(2)上半年养鱼而不种稻,直至晚稻插秧前收获,晚稻种植时不再养鱼。

（3）早稻收割后放养鱼种，下半年不再种稻，养鱼至年底收获。

3. 全年养鱼

这是近年来发展起来的养鱼新类型。

（1）将过去稻田中临时性的窄沟浅溜改为沟溜合一的宽而深的永久性鱼沟。沟的形状依田块的形状而定，这种类型称"宽沟式稻田养鱼"。沟的面积不超过稻田面积的10%，鱼产量可达50千克左右，而稻谷产量不减。

（2）在稻田中起垄种稻，沟内养鱼，这种类型称为"垄稻沟鱼"。这是改造低产田的一种好方法。它能增加稻田土壤与空气的接触面积，协调水、气、热分布不平衡的矛盾，增加地温，使土壤、水分、小气候和热量始终保持稳、匀、足、适，促进水稻根系生长。沟内的鱼活动使上下水层对流，可促进养分分解，提高土壤肥力。通常沟宽约为0.5米，深约为0.7米，这样可增加稻田蓄水量，沟内施肥能培肥水质，并增加鱼类的天然饵料。垄宽为0.7米左右，可插4～6行秧。每亩稻田可养300尾鱼种（17厘米左右），其中草鱼、鲢、鳙鱼和鲤、鲫鱼各占1/3。

（二）稻田养鱼的基本设施

水源充足、排灌方便、旱季不涸、大雨不淹的稻田才能进行种稻和养鱼结合生产。稻鱼工程的建设应达到2个目的：一是使养殖生物有一个比较好的栖息、活动以及觅食的环境；二是具有有效的防逃措施，如拦鱼栅、河蟹和蛙类的防逃网、鳖的防逃墙等。

1. 加高加固田埂

养殖稻田的田埂必须要加高加固。放鱼前，加高田埂50～80厘米，可用开沟的泥土加高田埂，并锤结夯实，不留空洞，防止大雨冲塌或黄鳝钻洞逃逸。若有养殖特种水生经济动物的长期打算，则可用石板、水泥板等建筑材料做护坡和围栏。

2. 开挖鱼溜和鱼沟

鱼溜(又称"鱼凼")是指在养鱼稻田的田边或田中央挖成方形或圆形的深洼,以供鱼类在夏季高温、浅灌、烤田(晒田)或施肥和施放农药时躲避栖居,同时,也有助于鱼类的投饵和捕捞。鱼沟是纵横于稻田和连接鱼溜的小沟,其作用与鱼溜相同。

稻田中鱼溜和鱼沟的大小、深浅与养鱼产量的高低有密切的关系。鱼溜面积的设定应以不影响水稻产量为前提。通常鱼溜、鱼沟面积不超过稻田面积的10%。

(1)鱼溜(鱼凼)。鱼溜为永久性田间工程。鱼溜面积占总面积的5%～8%,鱼溜深为1.5～2.0米,呈长方形或正方形。鱼溜一般设在田埂边或在田中央,切忌选在田角和经常有过往行人的田埂边。在田埂边开挖鱼溜,离田埂应保持0.8米以上的距离,以防止田埂坍塌。鱼溜采用二级坡降式,即在上部1米按坡比1∶0.5开挖,在下部按1∶1的坡比开挖,两部分之间留一宽的平台,并用石板、条石、砖或水泥预制板护坡。为防止淤泥进入鱼溜中,应在鱼溜口边缘筑高为5厘米、宽为30厘米的埂。

宽沟式稻田养鱼,实质上是用深沟代替鱼溜。其面积占总面积的8%～10%,沟宽为1.5～2.5米,深为1.5～2.0米,长度则依田块而定。开挖方法和护坡要求同鱼溜。如稻田一侧为河沟,往往靠河沟一侧为土地利用率低的河滩地,可将河滩地加深,在靠河沟一侧筑堤加高,形成宽沟式稻田养鱼。其面积依滩地大小而定。

(2)鱼沟。鱼沟为临时性田间工程,其面积一般占总面积的2%～3%,鱼沟深为0.5米,宽为0.3米,其形状根据稻田的形状、大小而定,有"十"字形、"井"字形、"日"字形、"田"字形等。鱼沟的作用是为鱼类提供寻食、栖息的场所,使鱼类能顺利进入鱼溜和大田的通道。鱼沟通常需在每年插秧(或直插、抛秧)前开挖好。如田块较大或较长,应顺着长轴开挖中心沟,中心沟宽为0.8～1米,深为0.5～0.7米。田埂边的鱼沟应在离田埂1.5米处开挖。

第十章 稻田养鱼

3. 防逃设施

稻田养鱼的进出水口栏栅的宽为1米,高为0.85米,是用竹篾编成圆拱形,孔隙为0.2厘米的防护设施,既可防鱼外逃,又可增加过水面积,有利于控制稻田的水位,免遭大雨漫埂。

4. 遮阴棚

稻田的水位浅,尽管开挖了沟溜,但在夏季烈日下,水温最高可达40℃,鱼类难以忍受。因此,必须在鱼溜上搭设遮阴棚,以防止水温过高。遮阴棚以竹木为架,棚高为1.5米,棚的面积占鱼溜面积的1/5~1/3,地点位于鱼溜的西南角。如果鱼溜设在稻田中央,则棚架上覆盖稻草帘;如果鱼溜设在田埂一侧,则可种植丝瓜、扁豆、刀豆、南瓜等棚架植物,这样既可为鱼类遮阴、降温,又可提高稻田的综合利用效率。

二、稻田养鱼技术

(一)稻田中适宜饲养的鱼类

稻田养殖对象已发展为适合稻田养殖的名、特、优、新水生经济动物,包括草鱼、鲤鱼、鲫鱼、罗非鱼、团头鲂、鲢鱼、鳙鱼、革胡子鲶、黄鳝、泥鳅等鱼类。

(二)养鱼稻田适宜种植的水稻品种与栽培技术

1. 水稻品种的选择

由于各地自然条件不一,稻田养鱼的水稻品种也各有特色。宜选择生长期较长、分蘖力强、茎秆粗硬、耐肥、耐淹、叶片直立、株形紧凑、抗倒伏、抗病虫害和产量高的水稻品种。

2. 水稻的栽培

(1)秧苗类型以长龄壮秧、多蘖大苗栽培为主。秧苗移栽后,可减少无效分蘖,提高分蘖成穗率,并可减少烤田次数和时间,改善田间小气候,减轻病虫害,从而达到稻、鱼双丰收的目的。

(2)秧苗采用壮个体、小群体的栽培方法。即在整个水稻生长发育的全过程中,水稻个体要壮,以提高分蘖成穗率,群体要适中。这样可避免水稻的总茎蘖数过多、叶面系数过大、封行过早、光照不足、田中温度过高、病害过多和易倒伏等不利因素。

(3)栽插方式以宽行、窄距长方形的东西行密植为宜。采用这种栽插方式时,稻丛行间的透光好、光照强、日照时数多、湿度低、病虫害轻,能有效改善田间小气候,既为鱼类创造了良好的栖息与活动场所,也为水稻提供了优良的生长环境,有利于提高水稻的成穗率和千粒重。早稻的株行间距以 23.3 厘米×8.3 厘米或 23.3 厘米×10 厘米为佳。晚稻(如常规稻)的株行间距为 20 厘米×13.3 厘米,杂交稻的株行间距为 20 厘米×16.5 厘米。水稻栽插密度应根据水稻的品种、苗情、地力、茬口等具体条件而定。地力肥和栽插早的稻田,密度还可以适当小一些。稻田养鱼中开挖的鱼溜、鱼沟要占一定的栽插面积,为保证基本苗数,可采用行距不变,适当缩小株距,增加穴数的方法来解决;并可在鱼沟靠外侧的田埂四周增穴、增株,将水稻栽插成篱笆状,以充分发挥和利用边际优势,增加稻谷产量。

(4)稻田以施有机肥料为主,施化肥为辅。要重施基肥,轻施追肥,提倡化肥基施、追肥深施和根外追肥。

(5)稻田排灌应保持鱼沟中有一定水位。烤田时间不能过长,程度不能过重。

(6)稻田内病虫害的防治。以农业生态综合防治为主。

(三)鱼种放养

各地自然条件、水稻耕作制度和养殖方式不同,鱼类放养时间也有差异,但总的原则是"早",水稻移栽刚活棵时即可放养。放养体长 6 厘米以上的草鱼种时,需待秧苗返青后放入。目前稻田养鱼均有沟溜,可将鱼暂养后再放养。

稻田养鲤鱼和鲫鱼苗,一般每亩放水花 4 万~8 万尾。稻田养鱼种,在不投喂的情况下,每亩放养夏花1000~2000尾,出池规格为体长6~10厘米。放养比例为草鱼、团头鲂占70%,鲤鱼、鲫鱼各占10%,鲢鱼、鳙鱼各占5%;也有鲤鱼、鲫鱼占70%左右,草鱼占30%左右;以放养罗非鱼为主,罗非鱼占50%左右,青鱼、草鱼、鲢鱼、鲤鱼、鳊鱼等占50%左右。在投饲精养条件下,每亩可放夏花3000尾左右,放养比例同前,产鱼50千克左右。稻田条件差的,可适当降低放养量。稻田养食用鱼的放养模式见表10-1。

表10-1 稻田养食用鱼的几种放养模式(单位:尾/亩)

放养类型	放养量	鱼体长
以草鱼、鲢鱼、鳙鱼为主	草鱼20~21尾,鲢鱼51尾,鳙鱼18~21尾,鲤鱼20~25尾,罗非鱼45尾	鱼体长在10厘米以上
以鲤鱼、鲫鱼为主	鲤鱼50~70尾,鲫鱼30~40尾,草鱼15~20尾,鲢鱼、鳙鱼15尾	鱼体长在10厘米以上
	鲤鱼120~130尾,鲫鱼120~130尾,草鱼40~60尾	鱼体长在6厘米以上
	鲤鱼100尾,鲫鱼250尾,草鱼50尾	鱼体长在6厘米以上
以罗非鱼为主	罗非鱼200尾,鲢鱼5尾,鳙鱼15尾,鲤鱼30尾,白鲫鱼10尾	
	罗非鱼200尾,草鱼20尾,鲢鱼9尾,鳙鱼10尾,鲤鱼33尾,银鲫鱼12尾	
	罗非鱼400~500尾,草鱼30~80尾,团头鲂30~50尾,鲤鱼20~30尾,或搭养少量鲢鱼、鳙鱼	罗非鱼体长为3厘米
以鲫鱼为主	鲫夏花100~300尾或春片80~100尾,鲢鱼、鳙鱼15~20尾	鲢鱼、鳙鱼体长在10厘米以上
以大口鲶鱼为主	不投喂时,鲶鱼40~60尾,其他鱼100尾左右;投喂时,密度可大一些	鱼体长在7~10厘米

(四)投饵施肥及日常管理

1. 投饵施肥

稻田中的杂草、昆虫、浮游生物、底栖生物等天然饵料较多,每亩有10～25千克的天然鱼产量。但要达到100千克以上的鱼产量，必须采取投饵施肥的措施。稻田养鱼以投饵为主，特别是以投喂商品饲料为主。食场设在鱼溜或鱼沟内，需每天投喂1次。日投饵量控制在鱼体重的1%～3%，施肥投饵时间在上午8～9时或下午3～4时。施肥以粪肥为主，不宜施用化肥或绿肥。粪肥须经过腐熟发酵后泼洒全田，但不宜施入沟、溜内。施肥量可按池塘施追肥量的1/4～1/3计算。

2. 日常管理

(1)水位管理。养鱼稻田的水位管理，既要满足水稻生长的需要，又要考虑鱼类生长的需要。在可能的情况下，应尽可能加深水位。一般在水稻栽插期间，要浅水灌溉，返青期保持水位在4～5厘米，以利于活株返青。分蘖期更需浅灌，可保持稻田水位在2～3厘米，以利于提高泥温。至分蘖后期，需深水控苗，水位保持在6～8厘米，以控制无效分蘖的发生。水稻在拔节孕穗期的耗水量较大，稻田水位应控制在10～12厘米或更深些。在水稻扬花灌浆后，其需水量逐渐减少，水位应保持在5厘米以上。水稻成粒时，还应升高水位，以利于鱼类生长。在收获稻谷时，可逐渐放水，将鱼赶入主沟或鱼溜中。收稻时，应采用人工收割法，并运至田外脱粒。收获后要及时将稻田灌满水，以利于鱼类生长。

(2)日常管理。稻田养鱼的日常管理最关键的是防漏和防逃鱼。因此，必须经常巡视田埂及检查拦鱼网栅。特别是大雨天，要及时排水，注意清除堵塞网栅的杂物，以利于排注水畅通。稻田中田鼠和黄鳝都会在田埂上打洞，往往会造成漏水逃鱼，应仔细检查田埂，发现有洞后及时堵塞。

(五)稻田捕鱼方法

捕鱼前数天，应先疏通鱼沟、鱼溜，挖去淤泥。然后缓慢放水，使鱼集中在沟、溜中，再用手抄网等网具在沟、溜中捕鱼。捕出的鱼放

第十章 稻田养鱼

入盛水的桶中,然后送往事先放在池塘或河沟的网箱中,以清洗鱼鳃内残存的泥沙。如在未割稻的情况下捕鱼,必须在晚间放水,而且放水速度要慢,防止鱼躲藏在稻株边或小水洼内,难以捕捉。在水源不足和不便排水的稻田或冬水田中,可用罩或其他工具捕鱼。

第十一章
活鱼的运输

鱼类养殖生产过程中,苗种生产与销售、商品鱼的上市、不同国家和地区间的引种、野生亲鱼的采捕以及观赏鱼类等都涉及活鱼的运输。因此,提高运输鱼类成活率、降低运输成本等是鱼类养殖生产中必不可少的重要环节。

第一节 影响运输鱼类成活率的主要因素

影响运输鱼类成活率的因素是多方面的,其主要因素有鱼类的体质、水质环境、运输密度等。

一、鱼类的体质

鱼类的种类不同,其生活习性也不相同,它们对外界的反应敏感程度各不相同。比如鲢鱼性情急躁,受惊吓时即跳跃或激烈挣扎,在运输时容易受伤;而鳙鱼、鲫鱼性情温顺,受惊吓时不跳跃,运输时不易受伤。

运输鱼类的体质是决定运输成败的关键性因素,要运输的鱼类必须是健康的、无病的、无伤的。伤病及体弱的鱼类难以忍受运输过程中剧烈的颠簸和恶劣的水质环境,运输会加剧其伤病,易于死亡。运输鱼类在出池前须进行拉网锻炼,并集中蓄存于网箱中3~6小时,称为"吊养"。吊养能促使其排出粪便和代谢黏液,避免运输过程中代谢产物分解,大量耗氧的同时排出大量的二氧化碳,恶化水质环境,降低运输成活率(表11-1)。但由于鱼苗体内贮存的能量较少,故不宜进行拉网锻炼。运输鱼类至少提前1天停食,使消化道完全排空。具残食习性的肉食性鱼类,如胡子鲇等,应在起运前3~4小时停食,防止其弱肉强食;食用鱼及亲鱼在运输前3~4天停止投饵,并进行拉网锻炼或蓄养。

表11-1 锻炼对运输鲢亲鱼的影响

处理方式	体重（千克）	平均呼吸频率（次/分钟）	溶氧（毫克/升）	二氧化碳（毫克/升）	CO_2呼出率[毫克/(千克·小时)]	运输途中鱼体动态
不锻炼	6.8	18.3	8.98	183.6	7.5	排出粪便多,水浑浊,126小时死亡
锻炼	7.0	18.8	14.40	140.8	4.2	粪便少,120小时正常

二、水质环境

1. 溶解氧

运输水体含有较高的溶解氧,这是保证运输成功的关键因素。水中溶氧不足,会使鱼类在运输过程中无法正常呼吸,若严重缺氧,还会造成鱼类窒息死亡,从而影响鱼类的成活率。一般运输时,水中溶解氧应保持在5毫克/升以上。影响运输鱼类耗氧量的因素有运输鱼类的密度、水温、运输鱼类的状态、鱼类的种类和规格等。运输鱼类的密度越大、水温越高,耗氧量就越大。水温升高10℃,耗氧量会增加1倍。不同种鱼类的耗氧率有种间差异,应根据不同鱼类的耗氧率,确定其在单位容积水体中的合理装运量。不同规格的鱼类的耗氧率随体重的增加而相对降低。

2. 水温

鱼类是变温动物,体温随水温的变化而变化。各种鱼类都有自身的适温范围,超出适温范围就容易导致鱼类死亡。在适温范围内,水温越高,鱼类代谢强度越大,对氧气的需求也越大,同时,代谢废物也增多,这样易造成水质污染,使鱼体的活力下降。因此,降温是提高鱼类运输存活率的一个有效措施。春秋两季,冷水性鱼类运输的适宜水温为3~5℃,温水性鱼类的适宜水温为5~8℃。夏季,冷水性鱼类运输的适宜水温为6~8℃,温水性鱼类的适宜水温为10~12℃,一般以温差不超过5℃为宜。夏季气温太高,可在水面上放些碎冰,使其渐渐融化,从而达到降低水温的目的。冬季水温太低,要采取防冻措施。

3. pH 与二氧化碳

随着运输时间的延长,鱼体呼吸作用释放的二氧化碳会使 pH 降低。二氧化碳含量升高、pH 降低会对鱼体产生有害影响。鱼类和微生物的代谢产物——二氧化碳,会酸化水质,使血液载氧能力下降。正常情况下,鱼体消耗 1 毫升氧气会产生 0.9 毫升二氧化碳。随着运输时间的延长,容器中的二氧化碳含量会逐渐升高。Pecha 和 Kouril(1983)建议,密闭容器中的二氧化碳临界浓度,暖水性鱼类为 140 毫升/升,冷水性鱼类为 40 毫升/升。Kruzhalina 等(1970)也给出了密闭运输鱼类时的二氧化碳临界浓度,建议鲢鱼成鱼为 60~70 毫升/升,成熟鲟鱼为 40 毫升/升,鲟鱼苗为 20 毫升/升,成熟草食性鱼类为 140~160 毫升/升,草食性鱼类鱼苗为 100 毫升/升,而仔鱼为 80 毫升/升。

4. 氨

运输过程中,鱼类蛋白质代谢和微生物对排泄物的分解作用会产生氨,长时间后会出现氨积累。降低运输水温可以降低鱼类的代谢率,减轻鱼类运动,减少氨的排放量。还可以通过在运输前长时间停食和排空肠胃内容物,降低微生物的产氨量。因此,运输水温和最后投喂的时间是影响氨产生的重要因素。

三、运输密度

鱼类运输密度通常以鱼体总重量与水体体积的比值作为参考指标。对于稚、幼鱼,运输的鱼体与水体体积比不要超过1:3。亲鱼可以按1:(2~3)的鱼水比运输,但个体小的稚鱼需要降低为1:(100~200)。在换气良好,水温为8~15℃,运输时间在1~2小时内,建议运输鱼体重与水体体积比为商品鲤鱼1:1,鲤亲鱼1:1.5;商品虹鳟1:3,虹鳟亲鱼1:4.5;狗鱼亲鱼1:2;草食性鱼类1:2。

第二节 运输的准备和运输工具

一、运输的准备

在运输前,要进行认真准备,制定科学的运输计划,以保证顺利地完成运输任务。

1. 运输计划

根据运输鱼类的数量、规格、种类和运输的里程等情况,确定运输工具和方法,并与交通部门洽谈有关运输事宜。

2. 准备好运输工具

需要准备的运输工具主要包括交通工具、装运工具及增氧换水设备。检查运输工具和充气装置,以免运输途中发生故障。

3. 了解途中换水的水质

调查了解运输途中各站的水质情况,联系并确定好沿途的换水地点。

4. 运输前的苗种处理

要选择规格整齐、身体健壮、体色鲜艳、游动活泼的鱼苗进行运输。待运鱼苗应先放到网箱中暂养,使其能适应静水和波动,并在暂养期间换箱1~2次,使鱼苗得到锻炼。鱼种起运前要拉网锻炼2~3

次;起运前1天停止投饵,使鱼苗排空粪便。

二、运输工具

目前,鱼类运输常用的运输容器主要有塑料袋、橡胶袋、活鱼箱(车)、活鱼船等。

1. 塑料袋

塑料袋用透明的聚乙烯薄膜热加工而成,主要用于苗种运输。塑料袋的常用规格为(0.7～1.1)米×(0.35～0.45)米,容积为20～50升。运输过程中,塑料袋的外面要有防止机械损伤的防护包装。外包装要与运输袋的体积相当,这样便于操作,还具有保温作用。

2. 橡胶袋

橡胶袋用厚度为1.5毫米的橡胶制成,宽为0.8～1.5米,长为2.0～2.5米。橡胶带具有不易破损、容积大和可重复使用的优点。但橡胶袋造价较贵,一般适用于较大规格鱼类的运输。

3. 活鱼箱(车)

活鱼箱的容量大,操作简便,非常适用于食用鱼的运输。活鱼箱是安载于载重汽车上的用钢板或铝板焊接而成的特殊容器,箱内配有增氧和制冷降温装置、水质调控设施与水泵等。国产活鱼箱有SF、HY、SC、HTHY、SC、SW等型号。SF型增氧系统以喷水式为主,射流式为辅;HY型采用射流增氧系统;SF与HY型均属于开敞式运输方式,活鱼箱上端均留有30厘米舷,箱顶设有限位的金属拦鱼网,以免溢水时鱼苗逃掉,但活鱼箱容积没有充分利用;SC型则采用纯氧增氧,其运输效果好,运行时间长且成活率高,可充分利用鱼箱容积,但造价较高。

4. 活鱼船

在水网地区,活鱼船仍然被广泛用于食用鱼及亲鱼、苗种的运输,目前均已配有动力装置。活鱼船的载鱼舱中的水体通过船体运动与环境中的水体进行交换,因此也称为"活水船"。

第十一章 活鱼的运输

第三节 活鱼运输方法

活鱼运输方法可归纳为封闭式运输、开放式运输、无水湿法运输、低温无水运输及药物麻醉运输等。

一、封闭式运输

封闭式运输是将鱼和水置于密闭充氧的容器中进行运输的方式。运输容器主要有塑料袋、运输水槽等。该方法通常用于仔幼鱼和亲鱼的运输。在世界各地,用充氧塑料袋运输仔鱼是最常用、最有效的方法。

封闭式运输容器的体积小、重量轻;单位水体中运输鱼类的密度大;管理方便;运输过程中,鱼体不易受伤,成活率高。但是封闭式运输对于大规模运输成鱼和鱼种的操作效率较低,运输途中发现问题不容易及时解决;塑料袋易破损,不能反复使用;运输时间不宜超过30小时。

(一)聚乙烯塑料袋运输

1. 塑料袋制作

塑料袋的制作过程非常简单。塑料袋一般用白色透明、耐高压、薄膜厚度为 0.10~0.18 毫米的聚乙烯制作而成,长为 80~90 厘米,宽为 55~60 厘米,容积为 60~90 升。选择的塑料卷筒材料,应根据塑料袋的长度要求截取一段塑料桶后,一端用电热形成热融痕封闭,或打褶、系结后经火融定型。

2. 塑料袋鱼类运输的操作步骤

体积为 50 升的聚乙烯袋中,加入 20 升水,加水过多不仅会增加运输重量,且会减少充氧空间。塑料袋中装进一定数量的鱼苗,把袋中的空气挤出,同时把与氧气瓶相连的橡皮管或塑料管从袋口通入,

223

并扎紧袋口,即可开启氧气瓶的阀门,缓慢地通入氧气,当氧气瓶的压力达到0.02～0.04MPa(兆帕斯卡)后抽出通气管。实际操作时,用手指挤压塑料袋后,袋体立即恢复膨胀即可。将袋口折转并用橡皮筋扎紧,平放于纸箱或泡沫塑料箱中,使包装袋的水和氧气有较大的接触面,而且平时也不易破裂。

空运运输时间不宜超过12小时。鱼类在运输前1天应停止喂食,以免在运输途中因反胃吐食及排泄粪便而造成水质污染及缺氧死亡。包装时,使用砂滤海水或洁净淡水,水温应根据季节的自然水温情况,适当予以调节。夏季气温较高时,泡沫箱内应适当加一些碎冰,以防中途水温升高。鱼苗抵达目的地后,不要立即拆袋放苗,应先将装鱼苗的袋子放在池塘中浸30分钟,使袋内外水温接近(一般温差不宜超过5℃),然后解开扎口并加水,逐渐缩小袋内外温差,再放鱼苗入池,否则,鱼苗容易发生死亡。

3. 运输密度

根据运输鱼苗的个体大小、运输时间、运输温度和实践经验来确定合理的装运密度。用70厘米×40厘米的塑料袋,加水8～10千克后,在水温25℃时装运鱼苗、鱼种,鱼苗、鱼种的密度可参考表11-2。

表11-2 塑料袋装运鱼苗、鱼种的密度

运输时间(小时)	鱼苗(万尾/袋)	夏花鱼种(尾/袋)	8.3～10厘米鱼种(尾/袋)
10～15	15～18	2500～3000	
15～20	10～12	1500～2000	300～500
20～25	7～8	1200～1500	
25～30	5～6	800～1000	

(二)橡胶袋囊运输

橡胶袋囊的体积一般较大,小型的为0.5吨,大中型的为3～5吨,适用于大规格鱼种和食用鱼的运输。橡胶袋囊的运输要求水质稳定,中途可换水充气,并且鱼苗的成活率较高。常见鱼种的运输密度见表11-3。

图 11-3 橡胶囊运输鲤鱼种和食用鱼的密度

胶囊体积(米³)	装水量(千克)	装鱼(千克)	运输时间(小时)
4~5	2000~2500	300~400	25~30
		500~600	12~15
		700	7~10
8~9	4000~5000	1000~1200	25~30
		1500~1800	12~15
		2000~2500	7~10

二、开放式运输

开放式运输是将鱼和水置于非密封的敞开容器中进行运输。开放式运输可以用短途运输的小型容器，也可以用大型的运输槽车或船。开放式运输必须配有持续性供应空气或氧气的设施。如果运输时间在半小时以上，必须将容器装满水，以防水体飞溅和由于水体晃动而造成的鱼体创伤。开放式运输简单易行，可随时检查鱼类的活动状况，发现问题后可及时采取换水和增氧等措施解决；运输成本低，运输量大，运输容器可反复使用或"一器多用"。但该方法用水量大，操作劳动强度大，鱼体容易受伤，特别是对于成鱼和亲鱼。

（一）开放式运输设备

开放式运输容器多数采用泡沫材料、玻璃钢或塑料制品。泡沫和塑料材料的密封性良好、吸水量小，比较受欢迎。开放式运输使用的容器形状多数为直角形，但近年来有向椭圆形或部分圆形发展的趋势。椭圆形或部分圆形处理的容器可以促进水混合与水循环。

1. 小型运输设备

小型运输罐是一种开放式的小型鱼类运输设备。其体积为50~150升，配备容量为2升的氧气罐，运输时间在30小时以内不需要换氧气罐，氧气通过罐底部的气室对水体进行充氧。体积稍大的小型运输容器一般由玻璃钢或塑料制成,可以放入小型车辆内连续运输少量鱼类。运输槽有独立水泵,独立水泵由汽车电力带动,水流量约为1800升/小时。

2. 大型运输水槽

大型运输水槽的种类很多。水槽一般设有通气筐、双层底、过滤器和水流分配器、独立充气机、温度绝缘层等。大型水槽底部设有阀门,以排出浑浊水体。一般的大型运输水槽配有一个大闸门,用来放鱼,也可以加上漏斗形排放管,漏斗的直径为30~60厘米,具体视鱼体大小而定。

3. 专用运输卡车

用于活鱼运输的卡车有很多类型。卡车的运载容积有11400升、5400升、2700升和1700升。水槽均有保温设施,大水槽配有制冷系统,小水槽用冰块降温。新型卡车配有发电机,为制冷机和循环水提供电力保障。水泵和制冷机由发电机独立供电,1800升水箱的两端由车载电机提供电源。充气装置由水泵和分水喷头组成,底层水经充氧制冷后流回水箱,水体可以不断循环利用。由于不使用外界空气增氧,箱内温度相对稳定,也可由金刚砂气室充入纯氧。大型卡车的成本很高,而且结构复杂,因此,操作时要严格执行有关规定。在美国,运输鲑仔鱼采用的是运输能力更强的卡车。为避免由于水循环而出现的水温升高,专用运输卡车上配置了制冷系统。另外,采用以氧气作为动力的气提泵进行水循环。提水经由水体上部的过滤板回流,过滤板以物理和化学方式除去蛋白质以及其他废物,除去水体中的含氮物质,可以将氧饱和水平提高2.5倍。

4. 活鱼船

普通活鱼船的船体隔为5~7个舱,前后两舱不载鱼。中部为鱼舱,其两侧下部开有2~3排圆形水孔,孔径约为2.5厘米,并配有木塞,可以塞闭。各舱上都配有活动舱板。

活鱼船舱也可只分为3个舱,中、后两舱不装鱼,用以控制船体的吃水深度，前舱为鱼舱。活鱼舱的前端底部两侧为一方形水门，水门上设有拦鱼栅，配有木栓，可以启闭。鱼舱的后部两侧各开2个出水孔，也配有拦鱼栅及木栓，可以启闭。活鱼船行进时，水从前端水门进入，从后部两侧水孔排出，使舱内水体得以交换。由于此类活鱼船没有增氧等专用设备，如船在污水区域航行时，其进出水门必须关闭，否则时间过长，鱼类生存会受到严重威胁。因此，活鱼船的航线受到严格限制，同时鱼的装载量也很低。

在普通活鱼船的活水舱内安装了喷淋增氧装置(构成喷淋增氧活鱼船)，该装置由柴油机、水泵、喷水管、阀门等组成。由柴油机驱动水泵，将鱼舱底部的水抽吸上来送至喷水管，通过喷水管再喷洒于鱼舱水面进行增氧。广东至香港的活鱼船都安装有这种装置。夏季鱼水比为1∶3，冬季鱼水比为1∶2，运输时间为10小时左右。船在内河航运时，一方面打开前、后进出水阀门进行鱼舱换水，同时开动增氧装置进行增氧。船进入海区后，则关闭进出水阀门，单靠喷淋增氧装置进行增氧。目前，不少活鱼船已采用射流增氧装置代替喷淋增氧装置。

5.铁路运输

铁路运输作为鱼类运输的一种重要方式，曾被广泛使用。目前来看，这种方式已经逐渐被其他运输形式所取代。由于公路运输的迅猛发展，铁路运输的劣势已显现出来，如运输时间长，铁路、陆路间转运复杂等，但运输费用相对低廉。

(二)开放式运输密度

鱼类的安全运输密度取决于运输鱼的种类、规格、运输时间、水温和设施的性能。运输量可以根据水温和运输时间的变化作相应的调整，一般情况下，运输密度随水温的升高和运输时间的延长而降低。

运输量还可以根据水体条件变化作相应的调整。如水温为18℃

时,1升水体可以运输体长40厘米的叉尾鮰0.5千克;水温每降低5℃,运载量增加25%,水温上升,运载量同比例降低。如果运输时间超过12小时,则载鱼量下降25%;如果运输时间超过16小时,则载鱼量要降低50%或彻底换一次水。冬季运输鱼类的水温应保持在7~10℃,夏季水温应保持在15~20℃。体长为20~28厘米的虹鳟,运输时间为8~10小时,最大运输量为3.0~3.1千克/升。

三、无水湿法运输

无水湿法运输即鱼不需盛放于水中,只要维持潮湿的环境,皮肤和鳃部保持湿润便可运输。由于大多数鱼类的皮肤呼吸量很小,故不能进行无水湿法运输。只有那些具有较大皮肤呼吸量的鱼,如鳗鲡、鲤鱼、鲫鱼等,其皮肤呼吸量超过总呼吸量的8%~10%,才能进行无水湿法运输(表11-4)。鱼类利用皮肤呼吸的比值,随年龄的增长和水温的升高而降低。黄鳝、乌鳢、斑鳢、泥鳅等都具有辅助呼吸器官,能呼吸空气中的氧,只要体表和鳃部保持一定的湿度,可进行无水湿法运输。

表11-4 不同鱼类的皮肤呼吸量

种类	体重(克)	水温(℃)	皮肤呼吸量 [毫克/(千克·小时)]	皮肤呼吸占 总呼吸量(%)
当年鲤	20~30	10~11	29	23.5
鲤鱼	40~240	17	8.2	8.7
二年鳞鲤	300~390	8~11	7.9	11.7
三年镜鲤	300	8~9	5.9	12.6
鲫鱼	28	19.5	25.5	17.0
鳗鲡	90~330	8~10	19.9	9.1
鳗鲡	100~570	13~16	7.9	8.0

无水湿法运输的关键技术是必须使鱼体的皮肤保持湿润。为此,应经常对鱼体淋水,或采用水草裹住鱼体等方法,以维持潮湿的环境。一般运输时间不宜过长(不超过12小时),有条件时可配备低

温装置。如目前广泛使用的泡沫塑料运鱼箱,容积为60厘米×40厘米×30厘米。箱分2层,用有孔塑料板分隔,底层高5厘米,供盛水用,上层放鱼。一般每箱可放鱼5~8千克,其箱顶板内侧粘2~3个冰袋(有孔塑料袋装冰500克左右,依据运输季节有所增减)。利用冰块融化后的水滴,使鱼体保持湿润,并使箱内温度始终保持在5~8℃。这种运输方式主要用于食用鱼的运输,也用于苗种的运输。

运输鳗苗的苗箱一般分为上层冰箱、中间装苗箱和下层底盘。装苗箱由木板制成,其规格为50厘米×35厘米×8厘米,箱底和四周镶钉20目聚乙烯网片。水温在20℃以上时,在上层冰箱里装满冰块,融化的冰水漏入苗箱,这样既可降温,又可湿润鳗苗。每层苗箱中各装1~2千克鳗苗,然后同底盘一起捆扎、运输。用这种方法运输30小时后,成活率可达90%以上。

四、低温无水运输

鱼、虾、贝等冷血动物存在一个区分生与死的生态冰温零点,又称"临界温度"。冷水性鱼类的临界温度在0℃左右,低于暖水性鱼类。

从生态冰温零点到结冰点的这段温度范围叫"生态冰温"。生态冰温零点在很大程度上受环境温度的影响,把生态冰温零点降低或使其接近冰点是活体长时间保存的关键。对不耐寒、临界温度在0℃以上的种类,可驯化其耐寒性,使其在生态冰温范围内也能存活。在生态冰温范围内,经过低温驯化的鱼类,即使环境温度低于生态冰温零点,也能保持"冬眠"状态而不死亡。处于冰温"冬眠"的鱼类,其呼吸和新陈代谢极低,为无水活鱼的运输提供了条件。表11-5所示为部分鱼类的临界温度和结冰点。

表11-5 几种鱼类的临界温度和结冰点(℃)

种类	河鲀	鲔	沙丁鱼	鲷	大黄鱼	牙鲆	鲽
临界温度	3~7	7~9	7~9	3~4	3~4	−0.5~0	−1.0~0
结冰点	−1.5	−2.0	−1.2	−1.2	−1.2	−1.2	−1.8

当改变原有生活环境时,鱼、虾、贝类会产生应激反应,导致鱼、虾、贝类死亡,因此,宜采用缓慢降温的方法,降温梯度一般不超过5℃/小时,这样可减少鱼的应激反应,提高鱼的成活率。缓慢降温包括加冰降温和冷冻机降温2种方法。活鱼无水保活运输器一般是封闭控温式的容器,当活鱼处于休眠状态时,应保持容器内具有一定的湿度,并考虑氧气的供应,要求活鱼数量少,不用水,而将鱼暴露在空气中直接运输时,鱼体不能叠压。低温无水运输的步骤如下。

1. 暂养

暂养要求鱼类消化道内的食物基本排空,降低运输中的耗氧量、应激反应,延长其保活时间。如牙鲆在低温无水运输前,应先停食,暂养48小时以上。

2. 降温

在低温无水运输前,牙鲆的降温速率为:温度在10℃以上时,降温幅度在4℃/小时以内;温度为1~10℃,降温幅度在1℃/小时以内;温度在1℃以下,降温幅度应在0.5℃/小时以内。

3. 装运

将鱼类移入双层塑料袋中,加入少量的冰水,充纯氧扎口后,再移至保温箱中。控制箱内的温度是运输的关键,保证运输过程中温度始终保持在-0.5~1.5℃。

4. 放鱼

运输到达目的地后,将鱼放到5℃左右的清水中,加水慢慢升温至10~14℃,大约20分钟鱼类就会恢复正常。

五、化学试剂在鱼类运输中的应用

利用对鱼类无毒副作用的化学试剂处理鱼类是提高鱼类运输成活率的重要措施之一。用于鱼类运输处理的化学试剂有麻醉剂、化学增氧剂、抗生素、缓冲剂和氨吸附剂等。

1. 麻醉剂

运输过程中,使用麻醉剂可以使鱼类处于安静状态,减少氧耗量。但对于亲鱼、食用鱼的运输,使用麻醉药物需要符合相关规定,不得使用限制性药物。麻醉药物多在运输亲鱼时使用,方法如下:首先将运输鱼放入含有常规剂量麻醉剂的水体中镇静,然后用水稀释1倍后再来运输。亲鱼在稀释水体中会保持良好的安静状态。由于不同的鱼类对麻醉药物的敏感度和耐受力不同,因此运输前应试验测定不同鱼类所适应的麻醉剂量。有时相近种类对麻醉药物的反应差异很大。一般认为运输水温低于15℃时,使用麻醉剂的作用不大。

常用麻醉剂有烷基磺酸间位氨基苯甲酸乙酯(Ms-222)、喹哪啶(15~30毫克/升)、苯氧乙醇(30~40毫升/升)、叔戊醇(1.2~10.5毫升/升)、甲基戊炔醇(0.4~2.6毫升/升)和二氧化碳(0.5克/升)等。Ms-222是一种中度镇静剂,鱼类即使经过较长时间的麻醉也能很好地恢复过来。表11-6所示为不同鱼类的麻醉剂使用剂量。

表11-6 不同鱼类用 Ms-222 的剂量

鱼类	鲤鱼	草鱼	鲢鱼	鳙鱼	鲇鱼
Ms-222(毫克/升)	20	20	10	35	35

2. 氯化钠和氯化钙

运输水体中加入氯化钠和氯化钙,可以降低鱼类的应激反应。钠离子可以减少黏液的产生,钙离子可以调节鱼体的渗透压和防止代谢紊乱。Dupree 和 Huner(1984)建议运输水体中添加0.1~0.3毫克/升氯化钠与50毫克/升氯化钙。对于耐受力较强的鱼类,如条纹鲈、罗非鱼、鲤鱼等,氯化钠可以添加到5毫克/升。

3. 化学增氧剂

常用的化学增氧剂是过氧化氢。Huilgol 和 Patil(1975)指出,以过氧化氢作为鲤仔鱼运输时的氧源,水温为24℃时,1滴过氧化氢溶液(6%,1毫升=20滴)加入1升水中可以使溶氧量升高至1.5毫克/升,而二氧化碳和水体pH没有变化。

4. 抗生素

抗生素可用于防止鱼类运输过程中的细菌滋生,提高鱼体的抵抗力,但抗菌效果很可能不大,只有在鱼体的体表感染病菌时,抗生素才会产生作用。常用的广谱抗菌素有呋喃西林(10 毫克/升)、吖啶黄(1～2 毫克/升)、土霉素(20 毫克/升)、硫酸新霉素(20 毫克/升)等。

5. 缓冲剂

一些缓冲剂,如三羟甲基氨基甲烷,可以用来调节 pH。运输过程中,二氧化碳的积累会使 pH 下降,因此,适当加入缓冲液可以改善水体的酸碱度。

6. 氨吸附剂

长时间运输时,沸石粉可以降低运输水体中的氨浓度。研究表明,添加 14 克/升的沸石,可以将非离子氨控制在 0.017 毫克/升以下,而不加沸石的水体中的非离子氨浓度可达 0.074 毫克/升。

第十二章
鱼类常见疾病的防治技术

鱼类生活在错综复杂的水域环境中,经常会受到各种病毒、细菌、真菌的感染和水中各种寄生虫的侵袭。当鱼体受伤而抵抗力减弱时,就容易生病。鱼生病不仅不易被发现,在治疗上也存在一定的困难。如某些患肠炎的病鱼,即使是用特效药,药物也无法进入体内。又如孢子虫病、复口吸虫病等根本无专门的药可用,而只能在清塘时,采用药物杀死潜伏在鱼池中的孢子或传播疾病的中间宿主(如螺类)的方法加以防治。因此,认真做好鱼病的防治工作,积极贯彻"全面预防,积极治疗,防重于治"的方针,认真加强饲养管理,注意消除可能引起鱼病发生的因素,及早进行药物预防,是获得养鱼稳产、高产的关键。

第一节 鱼病预防

由于鱼池养殖的各种鱼类都是以群栖方式生活、栖息在同一水体中,一旦发生鱼病,鱼病很快就会传染、蔓延开来,而且对病鱼的检查、隔离、投药等都比陆生的家畜、家禽要困难得多。鱼病发生以后,患病的鱼大多丧失食欲,而养鱼者无法强迫它们服用药饵,在疗效上不可能达到理想的效果。其实在鱼病发生后再进行治疗,也只能是挽救尚未发病或病情较轻的鱼类免于死亡而已,对于病情严重的鱼,即使施药往往也难以见效。因此,若要减少和防止鱼病发生,提高养鱼产量,必须以预防为主。在采取预防措施时,要注意消灭传染源,切断传染和侵袭途径,提高鱼体本身的抗病力。用综合预防的方法,达到预期的防病效果。

一、鱼病发生的原因

(一)鱼病发生的环境因素

1. 理化因素

(1)物理因素。物理因素主要为温度和透明度。一般随着温度升高,透明度逐渐降低,病原体的繁殖速度加快,鱼病发生率呈上升趋势,但个别喜欢低温的病原体除外,如水霉菌、小型点状极毛杆菌(竖鳞病的病原菌)等。

(2)化学因素。水化学指标是判断水质好坏的主要标志,也是导致鱼病发生的最主要因素。在养殖池塘中,水化学指标主要为溶氧量、pH和氨态氮含量,在溶氧量充足(每升4毫克以上)、pH适宜(7.5～8.5)、氨态氮含量较低(每升0.2毫克以下)时,鱼病的发生率较低;反之,鱼病的发生率较高。如在缺氧时,鱼体极易感染烂鳃病;pH低于7时,鱼体极易感染各种细菌病;氨态氮含量高时,极易发生暴发性出血病。

2. 生物因素

与鱼病发生率关系较大的生物因素为浮游生物和病原体生物。常将浮游植物含量过多或种类不好(如蓝藻、裸藻过多)作为水质老化的标志。这种水体中的鱼病发生率较高。当病原体生物含量较高时,鱼病的感染机会增加。同时,中间寄主生物的数量多少,也直接影响相应疾病(如桡足类会传播绦虫病)的传播速度。

3. 人为因素

在精养池塘中,人为因素大大加速了鱼病的发生,如放养密度过大、大量投喂人工饲料、机械性操作等,因此,精养池塘的鱼病发生率高,防病、治病工作变得更为重要。

4. 池塘条件

池塘条件主要指池塘的大小和底质。一般较小的池塘中,温度和水质变化都较大,鱼病的发生率较大池塘的高。底质为草炭质的池塘的 pH 一般较低,病原体的繁殖较快,鱼病的发生率较高。底泥厚的池塘中病原体含量高,有毒有害的化学指标一般也较高,因而较容易发生鱼病。

(二)鱼的体质因素

鱼的体质是鱼病发生的内在因素,是鱼病发生的根本原因,主要为品种和体质。一般杂交的品种较纯种的抗病力强,当地品种较引进品种的抗病力强。体质好的鱼类,各种器官机能良好,对疾病的免疫力、抵抗力都很强,故鱼病的发生率较低。鱼类的体质也与饲料的营养密切相关,当鱼类的饲料充足、营养平衡时,鱼的体质健壮,较少得病;反之,鱼的体质较差,免疫力降低,对各种病原体的抵御能力下降,极易染病。同时,在营养不均衡时,又可直接导致各种营养性疾病的发生,如瘦瘠病、塌鳃病、脂肪肝等。

二、鱼病防治

(一)做好池塘清整工作,加强饲养管理

1. 做好池塘清整工作

池塘清整包括修整池塘和药物清塘 2 个方面,其目的是为养殖鱼类创造优良的环境条件,有利于促进其生长和提高养殖鱼类的成活率,提高池塘的生产力。

池塘经过长时间的养鱼生产后,由于残留的饲料、肥料、池鱼粪便、浮游生物、其他水生生物尸体等沉积于池底,以及泥沙受水流冲击混合而形成的底部淤泥的淤积,有的鱼池也可能受到风浪的影响而塌方等,都需要及时清理、修整。最好在每年的冬天清整1次。在冬季,将池水排干,让池底经较长时间的日晒或者冰冻,以杀灭病虫害的病原体,并使池底的土质疏松,加速土壤内有机质的分解,达到改良底质和提高池塘肥力的效果。池水排干以后,应挖去过量的淤泥,将池底整理平整,修好池塘的堤岸、进排水口,补好漏洞、裂缝,清除杂草、杂乱砖石等。池塘经曝晒数日后,再用药物清塘。

药物清塘就是利用药物杀灭池塘中危害养鱼生产的各种敌害生物、凶猛鱼、野杂鱼和病原体,为养殖鱼类的生活、生长创造一个良好的环境条件。药物清塘是预防鱼病、提高池养鱼类成活率的重要措施。清塘药物的种类和使用方法很多,其中以生石灰清塘的效果最好,漂白粉清塘的效果次之。具体内容参见第七章。

2. 加强饲养管理

加强养鱼过程中的饲养管理,不论是对预防鱼病的发生,还是增加养鱼产量,都极其重要。池塘养鱼取得高产的全过程,其实就是不断地解决水质和饲料这一对矛盾的过程。也就是说,一方面要为池塘中饲养的鱼类创造一个良好的生活、生长的环境,另一方面要让这些鱼类获得量多质好的饲料。在密度较高的养鱼池塘内,特别是在鱼类的生长季节,往往要投喂大量的饲料,但带来的后果就是水质过肥,导致水质恶化;假如限制投饵、施肥,就不可能获得高产量的鱼类。这就使水质和饲料处在矛盾的统一体中。要促进其转化和发展,对矛盾的两方面的要求是:在水质方面要求保持"肥、活、爽",在投饲施肥方面达到"匀、好、足"。保持水质的"肥、活、爽",给予鲢鱼、鳙鱼丰富的浮游生物和良好的生活环境,也为投饲施肥达到"匀、好、足"创造了有利条件。保持投饲施肥"匀、好、足",使青鱼、草鱼、鲢鱼、鳙鱼、鲂鱼等鱼类在密养条件下能最大限度地生长,不易得病,使池塘生产力不断提高,也为水质保持"肥、活、爽"打下较好的物质基础。

生产实践中,要运用看水色、防浮头的知识和经验,采用合理使用增氧机、加注新水等措施改善水质,使水质保持"肥、活、爽",以便大量投饲施肥;采用"四定"等措施,以控制投饲与施肥的数量和次数,使投饲施肥保持"匀、好、足",以利于水质的稳定。

加强池塘养鱼的饲养管理以预防鱼病和提高鱼产量的一切措施中,都是围绕着这对矛盾进行的。抓住这对管理中的主要矛盾,并兼顾其他矛盾,定能防止鱼类发病,获得高产。

除上述投饲施肥与水质的主要问题外,投饲的具体措施和做法也比较重要。饲料的质量和投饲的方式方法与增强鱼类抗病力和促进鱼池丰产也有很密切的关系。我国养鱼生产工作者在长期养鱼生产实践中探索、总结出来的行之有效的、极重要的饲养管理方法之一,即投饲中的"四定"投饵法,是加强饲养管理、预防鱼病发生的重要措施之一,对预防鱼病、夺取高产有积极的作用。平时,还应注意鱼池的环境卫生,勤除杂草和敌害,及时捞出残饵和死鱼,在捞捕和运输时要细心操作,防止鱼体受伤等,这些对于预防鱼病的发生都是有益的。

(二)药物预防

预防鱼病的发生,除加强饲养管理中的"四定"投饵法外,药物预防中的"四消"也很重要,对预防鱼病、夺取高产也有同样的积极作用。"四消"的原则和方法如下。

1. 消毒食场

养鱼池塘内设置的食场,是鱼类集中取食的场地。这里往往堆积较多的残饵和鱼类粪便,如不及时消除,特别是在高温季节,残饵和鱼类粪便极易腐败,导致病原体大量繁殖,使食场成为疾病传播的场所。在食场周围施放药物,使该场所形成一个药物区,鱼在这里游动就能起到药浴消毒的作用。消毒食场是积极的防病措施之一。

一般常用的消毒食场的方法有挂篓法和挂袋法 2 种。预防草鱼的细菌性赤皮病、烂鳃病时，可采用漂白粉挂篓消毒法。用 3 根竹竿扎成等边三角形的饵料框，即可作为食场，每一角都用竹桩固定在池底，框的一边与池岸保持一定距离，约为 15 厘米，以便于鱼在其周围游动，但不可搭建在池的中央，因为中央水深，药的浓度不稳定，达不到消毒的目的。

每天投喂的草都投放在三角框内，一般以 4～5 小时内能吃完来定喂草的数量，连续投喂 5～6 天，使草鱼养成到食场来吃草的习惯。此后停喂 1 天，再从第二天起连续 3 天投喂草鱼最爱吃的草料。这 3 天中，在三角框每一边的中央及角上悬挂竹篓 3～6 只，具体只数由食架附近的水深情况而定，水浅少挂，水深多挂。要将竹篓的口露出水面 3 厘米左右，在竹篓中放一块小石头作为沉子，然后每天在竹篓内分装 50～100 克漂白粉，在第二天装漂白粉前，将第一天的漂白粉残渣就地洗净。每次挂好竹篓（漂白粉有极强的腐蚀性，不能用纱布等替代，只能用竹篓），就将草鱼最喜欢吃的草投入三角框内，诱鱼来吃食。漂白粉在水中吸水而变成次氯酸，从竹篓中扩散出来，到达食场的周围，具有强烈的杀菌能力。草鱼因往返进出食场，通过次氯酸"区域"，身体和鳃瓣被次氯酸浸洗了几次后，体表和鳃上带有的致病细菌就会被次氯酸杀灭或抑制，达到了防病的目的。这种方法也适用于病鱼的早期治疗。漂白粉挂篓法对于鱼类没有不良影响，对池中的浮游生物的影响也不大。若要预防青鱼的细菌性疾病，则改用沉水一字形的挂篓法。

青鱼的习性与草鱼不同，它通常在塘底吃食，故装漂白粉的竹篓要沉到水中离池底约 20 厘米的地方。又因竹篓沉入水下时，漂白粉比重小，会上浮，因此竹篓必须加盖。细菌性皮肤病和烂鳃病在每年 5～9 月份经常发生，如果经常在食场定期悬挂漂白粉篓，则能够防止或减轻此病的发生和流行。经常在食场四周直接泼洒漂白粉，还能够将鱼体的排泄物和分泌物中的病原体及时杀死,杜绝病原体的传染、蔓延。漂白粉的用量可视食场的大小、水的深浅而酌情增减。一般应宁多勿少,以保证杀灭病原体,不必顾虑鱼群能否忍受大剂量的漂白粉,因为鱼类能自行回避。

2. 消毒鱼种

实践证明,即使很健壮的鱼种,也会或多或少地带有某些病原体,真正完全没有病原体的鱼种是极少数的。如在清塘消毒过的池塘里放养未经过消毒的鱼种,那么池塘也就等于没有消毒。如果忽略了这一点,往往到了春季转暖后,鱼病就会在清过塘的鱼池中流行。消毒鱼种一般常用3%～5%的食盐水、10毫克/升的漂白粉溶液、8毫克/升的硫酸铜溶液、20毫克/升的高锰酸钾溶液等。这些药适用于杀灭鱼类皮肤和鳃上的细菌和寄生虫。食盐的效果较差,但来源方便,对水霉也有一定的预防效果;漂白粉与硫酸铜混合使用,除对小瓜虫、黏孢子虫和甲壳动物无效外,对大多数寄生虫和细菌都有效;高锰酸钾和敌百虫对单殖类吸虫和锚头鳋有特效。

3. 消毒工具

鱼池上使用的工具一定要消毒,如不注意消毒和分塘专用,则会成为传播鱼病的媒介。凡是在患有流行病或带有致病病原体的鱼池中捞捕过病鱼或死鱼的网具,投饵用的木桶、木瓢或投饵人的身体接触池水后,如果立即就用于无病鱼池或接触其池水,无病鱼池即被带入致病菌或寄生虫,就会暴发流行病。往往一池发病,很快就会蔓延到附近的鱼池。因此,最好每一池塘有一套专用的小网具和投喂器具,如不能做到,应在一池使用后,将工具放入10毫克/升的硫酸铜溶液中浸洗5分钟,再用于别的鱼池。大型工具可在阳光下晒干或用硫酸铜溶液浸洗后再用于其他鱼池。

4. 消毒饵料

动物性饵料如螺蛳等可用清水洗净,挑选鲜活的直接投喂;植物性饵料,如水草,放置于6毫克/升的漂白粉溶液中浸洗20～30分钟后再投喂,陆生植物则不必进行消毒;肥料,如粪肥,则在500千克粪肥中加120克漂白粉,搅拌均匀后投喂。

大多数鱼病的发生、流行都有一定的季节性,通常在每年的4～10月份流行。了解和掌握鱼病的流行季节,在发病之前就使用药物预防,会收到事半功倍的效果。发病季节前的药物预防有以下几种。

(1)体外鱼病的药物预防。发病季节前预防鱼类体表的细菌性疾病,常用1毫克/升的漂白粉溶液全池遍洒,每半个月遍洒1次。如用0.3毫克/升"鱼安"效果更好些。用15～20千克生石灰施放于水深为1米、面积为667米^{2}的池内,对杀灭水中致病菌和改良水质有积极作用。预防体外寄生虫,如鳃隐鞭虫、车轮虫、中华鳋等,可用硫酸铜、硫酸亚铁合剂。对单殖类吸虫和寄生甲壳虫,如锚头鳋,可用0.2～0.5毫克/升的敌百虫溶液,半个月至1个月遍洒1次。

(2)体内鱼病的药物预防。通常用药拌和饲料制成药饵,采用口服法预防体内鱼病。如用磺胺胍预防肠炎病,按草鱼和青鱼的不同习性,可将磺胺胍制成浮性和沉性2种药饵。浮性药饵配制的饲料一般用米糠或麸皮,黏合剂用榆树粉、红薯粉或面粉。计算好所需的药物和饲料,将它们与黏合剂均匀混合,加入适量的热水调和。根据需要,将药饵制成软硬适度的块状、条状或颗粒状。晾干、装袋,待用。要求药块、药条或药物颗粒能在水上漂浮1～2小时。沉性药饵配制的饲料一般用菜饼或豆饼,黏合剂和配制方法与浮性药饵的配制方法相同,沉性药饵可供青鱼等底层鱼类吞食。在肠炎病的流行季节到来之前,可投喂药饵作防病措施,连续投喂6天为一疗程,每天投喂一次,第一天按池塘内鱼体重每50千克用磺胺胍粉1克计算,第二天至第六天的药量减半。草鱼在投喂药饵时,可不用投其他饵料;青鱼则需先投喂少量饵料,然后再投药饵。在实践中,每50千克饵料中加250克食盐和250克大蒜头,对预防肠炎和细菌性烂鳃病有一定效果。

(3)定期性的药物预防。从池塘养鱼的历史经验和实践来看,最主要的几种鱼病有细菌性肠炎、寄生虫性鳃病和皮肤病等，它们往往都集中于一定的季节或月份严重暴发，都有一定的规律性。这一点可以作为防病的重要根据和参考，及时采用药物进行提前预防，做到无病早防。例如，在长江中下游一带，细菌性肠炎的流行季节每年有2次：5～6月份一次和8～9月份一次。可提前在5月初和8月初投饲药饵，并认真地进行食物消毒，这样就可降低鱼类的发病率或不暴发严重的流行病。再如，寄生虫性鳃病、鳃隐鞭虫病、车轮虫病等，在每年的7～9月间流行，常使当年草鱼大批死亡。如果在发病季节，每2周在食场悬挂一次硫酸铜和硫酸亚铁的药袋，或者在发病前，即7月份，全池泼洒硫酸铜和硫酸亚铁（5:2），使池水中药物浓度为0.7毫克/升，便能彻底消灭鱼体上除小瓜虫以外的致病原生动物。硫酸铜和硫酸亚铁的挂袋方法和漂白粉挂篓法相似，只是盛药剂的竹篓要改为细密的布袋，这样可减慢药液的散失。要求硫酸铜和硫酸亚铁溶解的速度越慢越好，至少能持续3～4小时溶完才符合标准，所以必须用细密的布袋盛放。每天挂袋1次，挂袋只数和每只袋装药的重量依食场的大小和水深来决定。饲料框长为3米，食场区水深为0.3米，则应挂袋2只，每袋装100克硫酸铜、40克硫酸亚铁，依此类推。第一次挂袋时，因各池的具体情况不同，不可硬性规定挂袋数量，要通过试验，观察挂袋1小时后鱼是否前来摄食，如果鱼不来摄食，则表示药液浓度太大，应减少向池中央一边所挂的袋数，至袋中的药物没溶完而鱼能来摄食为宜。由于草鱼具有不害怕到浅水处吃食的特性，故投饵的三角框应设在池塘的浅处。这样可以减少挂袋所用的药量，药的浓度也较稳定、持久，杀虫的效力也大。

（三）免疫预防

免疫，就是对病原体产生抵抗力，而不受其感染。人类和畜禽类的疾病，尤其是用药物难以治疗的病毒性疾病，采用免疫的方法进行预防已被广泛应用。目前已经生产出鳗弧菌菌苗的商品疫苗，疖疮和曲桡病的疫苗也已试验成功。我国鱼病工作者对草鱼和青鱼的传染性鱼病的免疫做了不少研究工作。研究证实,草鱼和青鱼的出血病是一种病毒性鱼病,抗生素和其他抗菌药物对它毫无作用,只有免疫注射是唯一有效方法。采用疫苗注射,均取得较好的成效,可使原来只有20%～30%的成活率提高到1倍以上,最高达到80%。

1. 草鱼病毒性出血病的免疫预防

草鱼病毒性出血病的免疫方法是制备灭活疫苗,然后对鱼体进行注射。疫苗应用前必须进行效力试验,以防止发生事故,试验的目的就是要证明制作的疫苗能使鱼产生保护力。目前,免疫途径大多采用注射法,注射疫苗的分量按鱼的大小而定,每尾注射量为0.3～0.5毫升。针筒容量以5毫升为宜。所用针头按鱼的大小而定,3厘米大小的鱼种采用4号针头,18～21厘米的鱼种用6～7号针头。

2. 细菌性鱼病的菌苗免疫预防

菌苗制作方法的第一步是制备细菌悬液,第二步是悬液灭菌。细菌性菌苗的免疫方法是口服进行免疫,具有一定的免疫效果。由于菌苗在池塘投喂时有一定的损耗,故菌苗的数量应大些。一般以每千克鱼用2毫升菌苗(100亿菌)为标准,每隔7天投喂1～2天,每天投喂1次,第一、二次每千克鱼喂2毫升,以后每次喂4毫升;菌苗与饵料拌和时要加入黏合剂,常用的黏合剂为甘薯粉或榆树粉。将甘薯粉或榆树粉加入热水中,不停地搅拌,使之成黏糊状,然后与菌苗及饵料拌和。要搅拌均匀,菌苗要在投喂前1～4小时拌入饵料,不宜过早,也不能过夜,以免菌苗变质。

3. 细菌性鱼病的土法免疫预防

细菌性鱼病的土法免疫预防即组织浆免疫预防。珠江水产研究所在广东主要的淡水鱼产区进行试验,证明土法免疫预防对细菌性赤皮、烂鳃、肠炎等病的流行有较好的预防效果。广东渔民已普遍推广使用土法免疫来预防细菌性草鱼病。土法免疫采用注射法,一般要求:每尾草鱼体重在250克左右、9厘米以上时,注射剂量为0.1毫升;注射部位可以在胸鳍基部、背部肌肉或腹鳍基部,注射深度为0.2～0.5厘米,但不能伤及其内脏。

(四)物理防治法

物理防治法是指采用紫外线、升温、磁化水、交(直)流电等杀灭虫害。如常采用日照升温法治疗小瓜虫病,即将病鱼放在盛有绿水的小容器中,置于日光中曝晒,几日后即可治愈。因为小瓜虫对高温较为敏感,适宜的水温为16～22℃;绿水吸热快,日晒后水温逐渐上升,当水温达到26℃以上时,虫体即可自行脱落。国外学者曾试图采用交(直)流电来治疗小瓜虫病。

第二节　鱼病治疗

为了对鱼病做出正确的诊断,不仅要了解鱼病的病原体、种类及其发病的特征,还应详细检查病鱼,以便对症下药。

一、鱼病诊断方法

1. 肉眼检查法

鱼体的肉眼检查,简称"目检"。在实际生产中,目检是检查鱼病的主要方法之一。目检可以观察到病原体侵袭机体后机体表现出的各种症状,对于某些症状表现明显的疾病,有经验的技术人员凭借经验即可作出初步诊断。另外,一些大型病原体如较大的寄生虫,肉眼也可观察到。一般病毒性和细菌性鱼病,通常表现为充血、发炎、腐烂、脓肿、蛀鳍、竖鳞等。鱼类致病病毒和致病菌的确定,需要较为复杂的设备和具有专业技术的人员,同时,致病菌的培养和鉴定也需要较长的时间。因此,在实际生产中,通常是排除寄生虫类鱼病后,根据病鱼表现出的症状,大致确定为某种类型的鱼病。寄生虫引起的鱼病,常表现出黏液过多、出血、羽点状或块状的孢囊等,根据寄生部位和所引起的症状不同,有的凭肉眼即可作出较为准确的诊断。

肉眼检查法的检查步骤:先检查体表(头部、眼睛、口腔、鳍、鳞片等);再检查鳃部;最后剖检内脏器官(肠、肝、鳔、性腺等)。对于有疑点的部位,取少量组织或黏液,压片后用显微镜检查。

2. 显微镜检查法

肉眼不能看清的小型寄生虫,需用显微镜放大后检查。有时并发几种疾病,确定究竟是哪一种疾病,也需要用显微镜检查,并加以判断。体表和鳃部是鱼类发病的主要部位,一般也作为显微镜检查的重点部位。一个鱼池至少应有3~5尾用于检查的鱼,最好是将要死亡或刚死亡不久的病鱼,每一个需要检查的部位均需要制片2~3片。刚开始接触鱼病时,会遇到一种困难,即确定寄生虫数量与鱼病的关系。寄生虫少量存在并不会对鱼类健康带来很大影响,只有当寄生虫达到一定数量时,才会导致鱼生病、死亡。如车轮虫病、斜管虫等小型寄生虫在中倍镜下检查,平均一个视野有数十个以上寄生虫时,才会引起鱼病。

3. 水质分析

在用上述2种方法检查不出鱼病的情况下,应考虑水中是否存在有毒物质,需要对水质进行化验。目前,大部分地区尚无专门为渔业分析水质的机构,这给诊断鱼病带来了一定困难。但可用一种简易方法,间接证明水中有无毒物存在,即将网箱放在病鱼塘内或用木桶盛有病鱼塘的池水放养若干条健康鱼,观察健康鱼在数天内有无死亡情况。此法对于急性中毒病例有较大的准确性。有些常规水质检查项目,如溶氧、酸碱度、硫化氢等,均可自行测定。

4. 现场调查

引起鱼类发病的原因很复杂,单纯检查鱼体不一定能找到真正的病因,还需要结合"问诊"了解鱼病发生的全过程(即何时开始死鱼,每天死亡数量以及病鱼的活动情况),历年鱼病情况(去年同期发生过何种鱼病),周围环境情况(水中有无敌害,附近有无农田和工厂),以及放养密度、施肥、投饵、运输、拉网等饲养管理情况。

二、常见鱼病的治疗

养殖鱼类的常见病、多发病种类很多,既有传染性鱼病(通常包括由病毒、细菌、真菌和单细胞藻类所引起的鱼病,统称为"传染性鱼病"),又有侵袭性鱼病(也称"寄生虫性鱼病"),还有非寄生性鱼病(鱼类敌害等)。每一种鱼病都有它发生的原因、症状和流行特点。实践证明,只有认识和掌握每一种鱼病的发病特点和主要症状,才能对症下药,及早治好。

(一)病毒性鱼病

由病毒引起的鱼病称"病毒性鱼病"。病毒是一类比细菌还要小的生物,直径只有20~300纳米,能通过除菌滤器,要借助电子显微镜放大数万倍才能看清。病毒与细菌不同,病毒不能自营新陈代谢,只能在活细胞中生存和复制新的病毒,故病毒性鱼病的治疗一般比较困难。目前,常见的病毒性鱼病主要有以下几种。

1. 病毒性出血病

(1)病原体。病原体是呼肠孤病毒,病毒颗粒多呈球形或六角形。该病毒可感染青鱼和草鱼的红肌。

(2)症状。病鱼体表呈现暗黑色,游动迟缓,食欲减退或不摄食,并逐渐消瘦死亡。病鱼主要表现为全身充血。根据病鱼所表现的症状,大致分为3种类型。

①红肌肉型。即全身肌肉充血明显,有时出现"白鳃"。

②红鳍红鳃型。鳃盖、鳍基、头顶、口腔等处体表明显出血。

③肠炎型。肠道严重出血,常伴随松鳞、肌肉充血。

由于该病的症状复杂,容易与其他细菌性鱼病混淆,所以,诊断时务必仔细观察病鱼的体表和体内肠道等器官,以免误诊。首先检查病鱼的口腔、头部、鳍条基部有无充血现象,然后用镊子剥开皮肤,观察肌肉是否有充血现象,最后解剖鱼体,观察鱼体的肠道是否有充血症状。如果充血症状明显,或者有几种症状同时出现,可诊断为草鱼出血病。

(3)流行情况。草鱼出血病的流行季节:5~9月份主要危害草鱼,也危害青鱼。其中5~7月份主要危害2龄草鱼,8~9月份主要危害当年草鱼鱼种。

(4)防治方法。草鱼出血病的病毒可以通过水来传播,患病的鱼和死鱼不断释放出病毒,加上该病毒的抗药性强,就造成药物治疗的困难。目前比较有效的预防方法如下。

①注射灭活疫苗。对草鱼进行腹腔注射免疫。当年鱼种注射时间是在6月中下旬,当鱼种规格在6.0~6.6厘米时即可注射。每尾注射疫苗0.2毫升,1冬龄鱼种每尾注射1毫升左右。经注射免疫后的鱼种,其免疫力可达14个月以上。另外,还可用浸泡疫苗进行浸泡免疫。

②每100千克鱼用50克克列奥-鱼复康拌饲料投喂,1天1次,连喂3~5天。在鱼类发病季节(7~9月份),还可每月用该药2个疗程,每个疗程连用3天,对预防出血病有效。

③在发病季节,每亩水面(水深为1米),每次用15千克生石灰溶水后全池泼洒,每隔15~20天泼洒1次,也有一定的预防效果。

④每万尾鱼苗种用4千克水花生,捣烂后拌入豆饼粉制成药饵,连喂3天,也具有一定效果。

2. 鳜鱼暴发性传染病

(1)病原体。一种颗粒状的截面呈六角形的病毒。

(2)症状。病鱼严重贫血,鳃及肝脏的颜色苍白,并常伴有腹水,肝脏有淤血点,肠内充满淡黄色黏稠物。

(3)流行情况。病毒在鳜鱼体内可长期潜伏,在广东省流行于5~11月份。

(4)防治方法。严格执行检疫制度,进行综合预防,比如注射灭活疫苗,不乱用药物,在发病季节及时预防细菌、寄生虫感染,并保持水质优良、稳定等。

3. 痘疮病

(1)病原体。痘疮病是一种病毒性传染病,病毒直径为0.07～0.1微米,通常由成群的球状病毒颗粒感染所致。

(2)症状。早期病鱼体表出现乳白色斑点,以后变厚、增大,形成表皮的增生物。色泽由乳白色逐渐转变为石蜡的颜色,长到一定程度后自行脱落,但又会重新长出。当增生物数量不多时,对病鱼无太大危害。如果增生物蔓延到鱼体的大部分,就会严重影响鱼的正常生长,使鱼消瘦,并影响亲鲤的性腺发育。

(3)流行情况。此病不常见,只有鲤鱼对这种病较为敏感,流行面不广,危害性不大。

(4)防治方法。

①将病鱼放到含氧量高的清水或流水中饲养一段时间,体表的增生物会逐渐脱落转愈。

②每立方米水体用0.4～1.0克红霉素全池泼洒,对治疗痘疮病有一定的效果。

4. 鲤水肿病

(1)病原体。此病是由病毒和细菌双重感染引起的。病毒初步诊断为鲤春病毒。细菌主要是点状产气单胞菌。病毒是原发性病原,细菌是继发性病原,不利的环境因素是催化剂。

(2)症状。

①急性型。患病初期的病鱼皮肤和内脏有明显的出血性发炎,皮肤红肿,身体的两侧和腹部由于充血发炎,出现不同形状和大小的浮肿红斑;鳍的基部发炎,鳍条间组织被破坏,形成"蛀鳍",肛门红肿外突,全身竖鳞,鳃苍白,全身浮肿;随着病情的发展,病鱼行动迟缓,离群独游,有侧游现象,有时静卧于水底,呼吸困难,不食不动,最后尾鳍僵化,失去游动能力,不久死亡。急性型的病鱼一般发病后2～14天即死亡。

②慢性型。开始时皮肤表层局部发炎出血,表皮糜烂,脱鳞,而后形成溃疡,肌肉坏死,邻近组织发炎,呈现红肿现象,有时局部竖鳞,鳍充血,有自然痊愈的,也有因此而死亡的。慢性型发病过程长,可拖至45~60天或更长时间。病鱼死亡之前,常伴有全身水肿,腹腔积水,眼球突出,有的出现竖鳞。

(3)流行情况。在我国大部分地区均有水肿病的发生,该病主要危害2~3龄鲤鱼,在鲤鱼产卵和孵化季节最为流行。病鱼池的鲤鱼患该病的死亡率可达45％,最高达85％,成鱼饲养池的鲤鱼的死亡率也可达50％以上。

(4)防治方法。

①严防鱼体受伤,受伤鱼不能用作亲鱼,更不要将受伤鱼和健康鱼一起混养。

②产卵池要挖除污泥,并用漂白粉或生石灰消毒。

③每立方米水体用50克氯霉素,浸洗病鱼24小时。

④对患病的鲤鱼,每尾体重为150~400克的个体,注射3毫克土霉素。

⑤每千克饵料中加1.8克土霉素做成颗粒饵料,每50千克鱼每天投喂颗粒饵料1.5千克,连续投喂8天。

(二)细菌性鱼病

1. 鱼类暴发性出血病

(1)病原体。该病是由以嗜水气单胞菌为主的多种细菌感染而引起的细菌性传染病。

(2)症状。早期病鱼的上下颌、口腔、鳃盖、眼睛、鳍基和鱼体两侧出现轻度充血,进而出现严重充血,有的眼球突出,肛门红肿,腹腔积有淡黄色的透明腹水,肠内没有食物而被黏液胀得很粗,鳔壁充血,有的鳞片竖起,肌肉充血,鳃丝末端腐烂。但也有症状不明显而突然死亡的,这是由于鱼的体质弱、感染病菌太多、毒力强所引起的超急性病例。病鱼表现为厌食、静止不动,继而发生阵发性乱窜,有的在池边摩擦,最后衰竭而死。

(3)流行情况。该病初发于江浙一带的养鱼老区,20世纪80年代以后才蔓延至全国各养鱼区。

(4)防治方法。

①在鱼种下池前要彻底清塘消毒。

②每亩水面用35～50千克生石灰兑水全池泼洒,并用"出血止""出血康""渔家乐-a"或呋喃唑酮等药物配成药饵投喂(药饵配法可见产品使用说明),连续投喂3～5天。

2.肠炎病

(1)病原体。初步认为,肠炎病的病原体是肠炎点状产气单孢杆菌。

(2)症状。鱼体颜色发黑,离群独游,行动缓慢,不吃食,腹部有红色斑点,肛门红肿突出,轻压腹部有黄色黏液流出。解剖肠道时发现,患病严重时肠道呈紫红色,尤以肠充血发红最为明显。

(3)流行情况。肠炎病是养殖鱼类中最严重的病害之一,流行季节为4～9月份,1～2龄草鱼和青鱼发病季节是4～9月份,当年鱼为7～9月份,常可引起大批鱼类死亡。在精养鲤鱼池中也常发生肠炎病流行现象。

(4)治疗方法。

①磺胺脒。用药量同预防。

②大蒜素微囊。每100千克鱼每天用药2.4克,做成药饵投喂,连续用3天。

③呋喃唑酮(即痢特灵)。每50千克鱼用500～1000毫克,拌入饲料中投喂,每天喂1次,连续用6天,隔一周重复1次。

④克列奥鱼服康。内服,每100千克鱼每天用50克,混入饲料中或制成颗粒料投喂,每天1次,连用3～4天。

⑤草鱼宁。每1000米^{2}的池塘用2.3～3.0千克草鱼宁,用70～80℃热水浸泡后,倒出上层液,加水冲稀后全池泼洒,剩下的药再浸

泡一次,冲稀后泼洒;口服法,每100千克饲料加1.5～2.0千克草鱼宁,混合搅拌,做成颗粒饲料投喂,连续投喂5～6天。

3. 烂鳃病

(1)病原体。烂鳃病的病原体是鱼害黏球菌。青鱼和草鱼都可感染烂鳃病,此病是一种常见的细菌性鱼病。

(2)症状。病鱼行动缓慢,反应迟钝,离群独游,体色发黑,尤其头部最黑。严重时病鱼的鳃盖骨内表皮充血,其中部分表皮常被腐蚀成一个圆形小孔,俗称"开天窗"。掀起鳃盖可看到鳃丝尖端的软骨外露,附着有污泥和黏液。

(3)流行情况。烂鳃病主要危害草鱼,常同肠炎和赤皮病并发。水温在20℃以上时开始流行,水温为25～30℃时流行最盛,危害严重,能引起草鱼大量死亡。近年来在精养鲤鱼池中或网箱养鲤中发现的烂鳃病也很严重,同样可引起鲤鱼大量死亡。

(4)治疗方法。

①漂白粉。每立方米水体用1.0～1.5克漂白粉,全池撒布,隔一天再撒1次,共用药2次。

②大黄。将大黄用氨水处理,能提高疗效。具体方法:500克大黄用10千克0.3%氨水浸泡12～24小时,然后,按每立方米水体用药2.5～3.7毫米,全池均匀泼洒。

③呋喃唑酮。每100千克鱼用3.5克药与饲料拌和做成颗粒料,连续投喂6天。

④草鱼宁。每1000米^{2}用2.25～3.0千克草鱼宁,将药物在70～80℃热水中浸泡4～6小时,用上层液加水冲稀,全池泼洒,隔一天重复1次。口服法:每100千克饲料加1.5～2.0千克草鱼宁,搅拌均匀,做成颗粒饲料投喂,连续投喂5～6天(兼治草鱼肠炎和赤皮病)。

4. 赤皮病

(1)病原体。赤皮病的病原体为萤光极毛杆菌。此菌体为短杆状,两端呈圆形。

(2)症状。病鱼的体表局部或大部分充血、发炎,鳞片脱落,尤以鱼体两侧和腹部的鳞片脱落最为明显。鳞片脱落处常寄生有水霉菌,鳍末端腐烂,鳍条间的组织被破坏,有时可见尾鳍烂掉或残缺不全。

(3)流行情况。赤皮病主要危害青鱼、草鱼,常年可见此病,主要发生在6~9月份,常与烂鳃、肠炎并发。

(4)治疗方法。

①磺胺噻唑。每100千克鱼可用药10克,连续用6天。

②漂白粉。每立方米水体用药1.0~1.5克,全池撒布,隔一天撒1次,共撒2次。

③鱼安、鱼康或鱼虾宁。全池泼洒,每立方米水体用鱼安、鱼康、鱼虾宁分别为0.3克、0.5克、0.4克。

④五倍子。全池泼洒,每立方米水体用药3~4克。

⑤草鱼宁。方法同治疗肠炎和烂鳃病。

5. 打印病

(1)病原体。打印病的病原体为嗜水产气单胞杆菌嗜水亚种。菌体呈短杆状,两端为圆形,有活动力。感染此菌的鲢鱼和鳙鱼的发病率达85%,鲂鱼的发病率达72%。

(2)症状。患处主要在鱼的臀鳍上方两侧和尾柄基部。打印病的主要症状是鳞片松开或脱落,有浮肿感,有的出现红斑。水温升高时病情加重,病灶范围会越来越大,腐烂严重的可见骨骼及内脏外露,不久病鱼便死亡。病灶一般呈圆形、卵形或椭圆形。病鱼不吃食,身体瘦弱,漂浮在水的表层,尾巴向上翘。

(3)流行情况。发病时间一般从5月上旬开始,7~8月份达到高峰。当水温下降到10℃以下时,病菌的毒性便减弱。患有轻度打印病的鱼大多数可不治而愈,但翌年仍可复发。鲢鱼和鳙鱼最易感染此病,尤其是成鱼、亲鱼,感染率为60%~90%,严重的达100%。目前尚未发现鲢鱼和鳙鱼的1龄鱼种患打印病的病例。斜颌鲴鱼、鲂鱼、草鱼、鲫鱼也有患此病的情况,但病情较轻,一般不会引起鱼类的大批死亡。

(4)治疗方法。

①用漂白粉和苦参配合治疗。第一天可用漂白粉全池撒布,每立方米水体用1.2克漂白粉。第二天用苦参治疗,每1000 米^3 水体约用1.2千克苦参,将苦参熬成药汁,然后全池泼洒,隔一天重复1次,3次为1个疗程。病情较轻的鱼,1个疗程即可病愈;病情较重的鱼需进行2～3个疗程的治疗。单用苦参治疗时,每1000 米^3 水体需用药3.5千克,煎汁,全池均匀泼洒,效果较好。

②石炭酸。用2％的石炭酸或漂白粉干粉直接涂抹在鱼体病灶处。此法仅适用于亲鱼。

③高锰酸钾、敌百虫。全池泼洒,每立方米水体用高锰酸钾、敌百虫分别为0.5克、0.8克,隔一天再重复用药1次。

6. 白皮病

(1)病原体。病原体是白皮极毛杆菌,花、白鲢都可感染白皮病。

(2)症状。病鱼的背鳍与臀鳍间至基部的体表呈现白色或灰色,严重时病鱼头部朝下,尾鳍向上翘。

(3)流行情况。此病流行于5～8月份,主要发生在鳙鱼、鲢鱼的夏花阶段,草鱼有时也可感染,若治疗不及时,会造成较高的死亡率。发病的鱼池中,池水往往不干净,尤其是施过未发酵的粪肥。此外,在捕捞、运输时,损伤的鱼体也会导致白皮极毛杆菌的感染。

(4)治疗方法。

①用1毫克/升漂白粉全池泼洒,每天1次,连用2天。

②用2～4毫克/升五味子全池泼洒,连用2天。

③呋喃唑酮。全池泼洒,每立方米水体用药0.3克。

7. 白头白嘴病

(1)病原体。白头白嘴病的病原体是一种黏球菌,四大家鱼都可感染。

(2)症状。病鱼的额部和嘴周围色素消失,呈白色,故称"白头白嘴病"。个别病鱼的头部出现充血现象。用肉眼诊断易与车轮虫病混淆。

(3)流行情况。此病流行于5月下旬至7月上旬,各种养殖鱼类的鱼苗、夏花鱼种均能感染此病,但主要危害夏花草鱼鱼种。

(4)治疗方法。

①用1毫克/升漂白粉全池泼洒,每天1次,连用2天。

②生石灰的用量为15~20千克/亩,水深为1米的水池进行全池泼洒。

③呋喃唑酮。全池泼洒,每立方水体用药0.3克。

8. 竖鳞病

(1)病原体。竖鳞病的病原体是点状极毛杆菌,鲤鱼、鲫鱼、金鱼都可感染此病。

(2)症状。病鱼的身体倒转,腹部向上在池中仰游,捞起后仔细观察鱼体,可见病鱼的鳞片向外张开像松球,鳞片的基部水肿,看上去极像珍珠鱼。除鲤鱼外,鲫鱼、金鱼也会感染竖鳞病。

(3)流行情况。竖鳞病主要危害鲤鱼、鲫鱼,草鱼也有发生此病的可能性,每年春季发病率最高。

(4)治疗方法。

①用1.0~1.5毫克/升漂白粉全池泼洒,每天1次,连用2天。

②氯霉素或盐酸土霉素。每100千克鱼用2.5~5克氯霉素或盐酸土霉素,拌入饲料中投喂,连续用数天,效果较好。

(三)真菌性鱼病

1. 水霉病

(1)病原体。水霉病是由水霉、腐霉等真菌附生引起的一种常见鱼病。这些真菌大多数具有呈分支状和细长状的菌丝体,附生在鱼体上,肉眼观察为灰白色、柔软的棉毛状物。

(2)症状。此病主要是由于拉网、搬运时,操作不小心,擦伤鱼体,或寄生虫破坏皮肤后,细菌侵入使组织坏死,水霉菌乘机侵袭所致。肉眼可见到一簇簇白色或灰白色棉絮状物。感染水霉菌的鱼运动失灵,食欲减退,瘦弱而死。另外,在鱼卵孵化时,也常发生此病,能引起鱼卵大批死亡。

(3)流行情况。水霉病一年四季均可发病,主要发生在20℃以下的低温季节。

(4)治疗方法。

①孔雀石绿。每立方米水体用0.1~0.2克孔雀石绿,全池撒布,隔一周撒1次,可用2~3次。鱼卵可用浓度为十五万分之一的溶液浸洗10~15分钟,连续用2~3次。

②食盐、小苏打合剂。浓度各为万分之四,全池泼洒。

③食盐。用浓度为3‰~4‰的溶液浸洗5分钟,或用0.5%~0.6%溶液浸洗更长时间。

④福尔马林、硫酸铜。全池泼洒,每立方米水体用福尔马林、硫酸铜分别为30~40克、0.7克。隔3天再重复用药1次。

⑤克霉唑药饵。每100千克饲料用40克克霉唑,与饲料拌和做成药饵,连续投喂5~6天。

(四)侵袭性鱼病

1.鳃隐鞭虫病

(1)病原体。鳃隐鞭虫病是由鞭毛虫纲的鳃隐鞭虫引起的一种寄生虫性鳃病。虫体呈柳叶形,扁平,前端较宽,后端较窄;从前端长出2根不等长的鞭毛,一根向前,为前鞭毛,另一根沿着体表向后组成波动膜,伸出体外,为后鞭毛。虫体的中部有一圆形胞核,胞核前有一个形状和大小相似的动核。

(2)症状。病鱼的鳃部无明显的病症,只是黏液较多。当鳃隐鞭虫大量侵袭鱼鳃时,能破坏鳃丝上皮并产生凝血酶,使鳃小片血管堵塞,导致黏液增多,严重时可出现呼吸困难,不摄食,离群独游或靠近岸边水面,体色黯黑,鱼体消瘦,以致死亡。若要确诊,还需借助显微镜来检查。离开组织的虫体在玻璃片上不断地扭动前进,波动膜的起伏摆动尤为明显。固着在鳃组织上的虫体不断摆动,寄生的病原体多时,在高倍显微镜的视野下能发现几十个甚至上百个虫体,即可诊断为鳃隐鞭虫病。

(3)流行情况。鳃隐鞭虫对寄主无严格的选择性,池塘养殖的鱼类均能感染。但能被引起生病并造成大量死亡的主要是草鱼苗种,尤其在草鱼苗阶段饲养密度大、规格小、体质弱时,容易发生此病。此病在每年5～10月份流行。冬春季节,鳃隐鞭虫往往从草鱼的鳃丝转移到鲢鱼、鳙鱼鳃耙上寄生,但不能使鲢鱼、鳙鱼发病,因鲢鱼、鳙鱼有天然免疫力而成为"保虫寄主"。另外,大鱼对此虫也有抵抗力。

(4)防治方法。

①鱼种在放养前,用硫酸铜溶液洗浴20～30分钟,硫酸铜的浓度为每立方米水体用药8克。

②每立方米池水用0.7克硫酸铜和硫酸亚铁合剂(5∶2),全池遍洒。

2.鳃碘泡虫病

(1)病原体。鳃碘泡虫病是由野鲤碘泡虫寄生而引起的鱼病。虫体壳片内前端有2个瓶状极囊,内有螺旋形极丝,细胞质内有2个胚核和1个明显的嗜碘泡。孢子为长卵形。

(2)症状。鱼鳃被野鲤碘泡虫大量侵袭,形成许多灰白色瘤状胞囊。在鲤鱼种的鳃弓上,寄生大量的野鲤碘泡虫胞囊,使鱼致死。

(3)流行情况。鳃碘泡虫病在我国南北地区均有发现,是一种严重的寄生虫病。

(4)防治方法。

①进行彻底的清塘消毒,在一定程度上抑制其孢子的大量繁殖,减少此病发生。

②目前尚无有效的治疗方法。

3.车轮虫病

(1)病原体。寄生在鳃上的车轮虫有卵形车轮虫、微小车轮虫、球形车轮虫和眉溪小车轮虫。这类车轮虫的虫体都比较小,故将它们统称为"小车轮虫"。车轮虫的身体侧面呈碟子状,身体隆起的一面叫"口面",相对的一面叫"反口面",向中间凹陷,构成吸附在寄主身上的胞器,叫"附着盘"。从反口面看,可以看到一个像齿轮状的结构,叫"齿环"。在齿环外围有许多呈辐线状的辐线环,在辐线环周围长着一圈长短一致的纤毛。

(2)症状。幼鱼和成鱼都可感染车轮虫病,在鱼种阶段最为普遍。车轮虫常成群地聚集在鳃丝边缘或鳃丝的缝隙里,使鳃腐烂,严重影响鱼的呼吸机能,从而使鱼致死。

(3)流行情况。寄生在鳃上的车轮虫病是鱼苗鱼种阶段危害较大的鱼病之一。全国各地养殖场都有流行,特别是长江流域各地区,每年5~8月间,鱼苗、夏花鱼种常因此病而大批死亡。广东、广西的鲮鱼"埋坎病"的主要病原就是微小车轮虫。此病在面积小、水浅和放养密度较大的水域最容易发生,尤其是经常用大草或粪肥沤水培育鱼苗鱼种的池塘,水质一般比较脏,是车轮虫病发生的主要场所。

(4)防治方法。

①在鱼种放养前,用生石灰清塘消毒,用混合堆肥代替大草和粪肥直接沤水培育鱼苗鱼种,可避免车轮虫的大量繁殖。

②当鱼苗体长达2厘米左右时,每7米^{2}的水面(水深为1米)放15千克苦楝树枝叶,每隔7~10天换1次,可预防车轮虫病的发生。

③每立方米池水用0.7克硫酸铜和硫酸亚铁合剂(5∶2),全池泼洒,可有效地杀死车轮虫。

④每亩水面(水深为1米)用30千克苦楝树枝叶,煮水全池泼洒,可有效地杀死车轮虫。

4.指环虫病

(1)病原体。指环虫病是由指环虫属中的许多种类引起的寄生

第十二章 鱼类常见疾病的防治技术

虫性鳃病。我国饲养鱼类中常见的指环虫有鳃片指环虫、鳙指环虫、鲢指环虫和环鳃指环虫等。指环虫的虫体扁平，头部前端的背面有4个黑色的眼点，口在眼点附近，口下面膨大的部分是咽，咽后分两根肠管延伸到体后端，连接成环状。虫体后端有固着盘，由1对大锚钩和7对边缘小钩组成，借此固着在鱼鳃上。指环虫是雌雄同体的卵生吸虫。在虫体的后部有一卵巢，精巢在卵巢的后面。

（2）症状。鱼类被大量指环虫寄生时，鳃丝黏液增多，鳃丝全部或部分变成苍白色，妨碍鱼的呼吸，有时可见大量虫体被挤出鳃外。鳃部显著浮肿，鳃盖张开，病鱼游动缓慢，直至死亡。

（3）流行情况。指环虫病是一种常见的多发性鳃病。它主要靠虫卵和幼虫传播，流行于春末夏初，大量寄生指环虫可使鱼苗鱼种大批死亡，对鲢鱼、鳙鱼、草鱼危害最大。

（4）防治方法。

①鱼种放养前，用高锰酸钾溶液浸洗15~30分钟，药液浓度为每立方米水体20克高锰酸钾，可杀死鱼种鳃上和体表寄生的指环虫。

②水温为20~30℃时，可用90%晶体敌百虫全池遍洒，每立方米池水用药0.2~0.5克，效果较好。

③每立方米池水用2.5%敌百虫粉剂1~2克全池遍洒，疗效也很好，成本比晶体敌百虫低些。

④用晶体敌百虫与面碱合剂全池遍洒，晶体敌百虫与面碱的比例为1.0∶0.6，每立方米池水用合剂0.10~0.24克，效果很好。

5. 中华鳋病

（1）病原体。中华鳋病的病原体有大中华鳋和鲢中华鳋。中华鳋雌雄异体，雌虫营寄生生活，雄虫营自由生活。大中华鳋的雌虫寄生在草鱼的鳃上，鲢中华鳋寄生在鲢鱼的鳃上。雌虫用大钩钩在鱼的鳃丝上，像挂着许多小蛆，所以中华鳋病又叫"鳃蛆病"。

（2）症状。中华鳋寄生在鱼的鳃上，它除了用大钩钩破鳃组织，夺取鱼的营养外，还可分泌一种酶，刺激鳃组织，使鳃组织增生，病鱼

257

的鳃丝末端肿胀发白、变形,严重时,整个鳃丝肿大发白甚至溃烂,从而导致鱼死亡。

(3)流行情况。此病主要危害1龄以上的草鱼。每年5～9月份为中华鳋病的流行盛期。

(4)防治方法。

①鱼种放养前,用0.7克/升的硫酸铜和硫酸亚铁合剂(5∶2)浸洗鱼种20～30分钟,杀灭鱼体上的中华鳋幼虫。

②病鱼池用90%晶体敌百虫泼洒,每立方米池水用药0.5克,杀死中华鳋幼虫,可以减轻病鱼的病情。

6.碘泡虫病

(1)病原体。碘泡虫病是由多种碘泡虫寄生而引起的鱼病。鲮鱼、鲤鱼碘泡虫病多为野鲤碘泡虫和佛山碘泡虫寄生引起的鱼病,鲫鱼、黄颡鱼碘泡虫病多是由鲫碘泡虫、圆形碘泡虫和歧囊碘泡虫引起的鱼病。碘泡虫的形态大同小异,如野鲤碘泡虫为长卵形,前端有2个瓶状的极囊,内有螺旋形极丝,细胞质内有2个胚核和1个明显的嗜碘泡。

(2)症状。患鲮鱼、鲤鱼碘泡虫病的鱼体常在体表出现大量乳白色瘤状胞囊,患鲫碘泡虫病的鲫鱼吻部及鳍条上分布着大小不等的乳白色圆形胞囊,患黄颡碘泡虫病的鱼的胞囊分布在各鳍条末端,白色胞囊的大小不等或重叠起来呈灰白色。患碘泡虫病的鱼的体型消瘦,特别是各种胞囊让人望而生畏,使鱼失去商品价值。

(3)流行情况。鲮鱼碘泡虫病多发生在鲮鱼的鱼苗、鱼种阶段,鲫鱼、鲤鱼、黄颡鱼等的碘泡虫病在全国各地都有流行,并有日趋严重的趋势,有的可引起病鱼的大批死亡。

(4)防治方法。

①每亩水面用125千克生石灰彻底清塘,可以防止此病的发生。

②每立方米水加500克高锰酸钾,充分溶解后浸洗病鱼20～30分钟。

7. 斜管虫病

(1)病原体。斜管虫病是由鲤斜管虫寄生而引起的鱼病。虫体有背腹之分,背部稍隆起。腹面的左边较直,右边稍弯,左面有9条纤毛线,右面有7条纤线,每条纤毛线上长着长短一致的纤毛。腹面中部有一条喇叭状口管。大核近圆形,小核为球形,身体左右两边各有一个伸缩泡,位置在一前一后。

(2)症状。斜管虫寄生在鱼的鳃和体表,刺激寄主分泌大量黏液,使寄主皮肤表面形成苍白色或淡蓝色的黏液层,寄主的组织被破坏,影响鱼的呼吸功能。病鱼的食欲差,鱼体消瘦发黑,靠近塘边,浮在水面作侧卧状,不久即死亡。

(3)流行情况。此病广泛流行,对鱼苗、鱼种的危害较大,能引起鱼类的大量死亡。该寄生虫繁殖的最适温度为12~18℃,初冬和春季最为流行。

(4)防治方法。

①用生石灰彻底清塘,杀灭底泥中的病原体。

②鱼种入池前,每立方米水用8克硫酸铜或2%食盐浸洗病鱼20分钟。

③每立方米水用0.7克硫酸铜与硫酸亚铁合剂(5:2),全池遍洒。

④防治金鱼斜管虫病可用2%食盐溶液浸洗鱼体5~15分钟,或每立方米水用20克高锰酸钾。水温在10~20℃时,浸洗病鱼20~30分钟;水温在20~25℃时,浸洗病鱼15~20分钟;水温在25℃以上时,浸洗病鱼10~15分钟。

8. 小瓜虫病

(1)病原体。小瓜虫病为多子小瓜虫寄生而引起的疾病。虫体有幼虫期和成虫期,幼虫呈长卵形,前尖后钝,前端有一乳头状突起,称为"钻孔器"。前端稍后有一似耳形的胞口,后端有一根尾毛,全身有长短一致的纤毛;大核近圆形,小核为球形。成虫期的虫体呈球形,尾毛消失,全身纤毛均匀,胞口变为圆形,大核呈香肠状或马蹄形,小核紧靠大核,不易看到。小瓜虫的生活周期可分为营养期和胞囊期。营养期的幼虫钻进皮肤或鳃上后,在皮肤组织间不停地来回钻动,吸收养料,促进自身的生长发育,同时刺激寄主组织增生,形成一个白色脓泡。虫体经内分裂繁殖,至一定时期后冲出脓泡,在水中自由游泳一段时期后,在池边或草上形成胞囊,虫体经内分裂成数百至数千个幼虫,幼虫冲破胞囊,在水中游泳找寻寄生,当幼虫接触鱼体后,即进入鱼体的体表上皮层或鳃组织间,进行新的生活周期。

(2)症状。小瓜虫寄生处形成许多直径在1毫米以下的小白点,故又名"白点病"。当病情严重时,鱼的躯干、头、鳍、鳃、口腔等处都布满小白点,有时眼角膜上也有小白点,同时伴有大量黏液,表皮糜烂、脱落,甚至出现蛀鳍、瞎眼等症状;病鱼体色发黑、消瘦、游动异常,最终因呼吸困难而死。

(3)流行情况。小瓜虫病对鱼的种类及年龄没有严格的选择性,全国各地均有发生,尤其当水温在28℃以上时,幼虫最易死亡,故高温季节患此病的情况较为少见。小瓜虫病对高密度养殖的幼鱼及观赏性鱼类的危害最为严重,常引起鱼类的大批死亡。

(4)防治方法。

①用生石灰彻底清塘,并进行合理放养。

②每立方米水体用0.2~0.4克孔雀石绿浸洗病鱼2小时。

③每立方米水体用2克硝酸亚汞浸洗病鱼,水温在15℃以下时,浸洗2.0~2.5小时;水温在15℃以上时,浸洗1.5~2.0小时。

9. 三代虫病

(1)病原体。三代虫病是由三代虫属中的一些种类寄生而引起的鱼病。三代虫的外形和运动状况类似于指环虫,主要的区别:三代虫的头端仅分成两叶,无眼点;后固着器为伞形,其中有一对锚形中央大钩和八对伞形排列的边缘小钩。虫体中部为角质交配囊,内含一弯曲的大刺和若干小刺。最明显的是虫体中已有子代胚胎,子胚胎中又已孕育有第三代胚胎,故称为"三代虫"。

(2)症状。大量寄生三代虫的鱼体,皮肤上有一层灰白色的黏液,鱼体失去光泽,游动极不正常。食欲减退,鱼体瘦弱,呼吸困难。将病鱼放在盛有清水的培养皿中,仔细观察,可见到蛭状小虫在活动。

(3)流行情况。三代虫寄生于鱼的体表及鳃上。三代虫病分布很广,其中以湖北和广东地区较严重,每年春夏季节危害鱼苗鱼种。

(4)防治方法。

①鱼种放养前,每立方米水体用20克高锰酸钾溶液浸洗鱼种15～30分钟,以杀死鱼种体上寄生的三代虫。

②用90%晶体敌百虫全池遍洒,水温在20～30℃时,每立方米池水用药0.2～0.5克,防治效果较好。

③用2.5%敌百虫粉剂全池遍洒,每立方米池水用药1～2克。

④用敌百虫与面碱合剂全池遍洒,晶体敌百虫与面碱的比例为1.0∶0.6,每立方米水体用药0.10～0.24克,防治三代虫效果也很好。

10.锚头鳋病

(1)病原体。锚头鳋病是由多种锚头鳋寄生而引起的鱼病。常见的锚头鳋有4种:寄生在鲢鱼和鳙鱼体表、口腔的叫"多态锚头鳋";寄生在草鱼鳞片下的叫"草鱼锚头鳋";寄生在草鱼鳃弓上的叫"四球锚头鳋";寄生在鲤鱼、鲫鱼、鲢鱼、鳙鱼、乌鳢、金鱼等体表的叫"鲤锚头鳋"。对鱼类危害最大的为多态锚头鳋。锚头鳋体大、细长,呈圆筒状,肉眼可见。虫体分为胸、胸、腹3部分,但各部分之间没有明显界限。寄生在鱼体上的为雌鳋,生殖季节其排卵孔上有1对卵囊。

(2)症状。锚头鳋把头部钻入鱼体内吸取营养,使鱼体消瘦。鱼体被锚头鳋钻入的部位,鳞片破裂,皮肤的肌肉组织发炎红肿,组织坏死,导致水霉菌侵入丛生。锚头鳋露在鱼体表外面的部分,常有钟形虫和藻菌植物寄生,外观好像一束束的灰色棉絮。鱼体大量感染锚头鳋时,好像披着蓑衣,故又称"蓑衣病"。此病对鱼种的危害最大,一条6~9厘米长的鱼种体上若有3~5个锚头鳋寄生,就能引起死亡。锚头鳋病在秋季流行时最严重。

(3)防治方法。

①用生石灰清塘消毒,可以杀灭水中的锚头鳋幼虫。

②用90%晶体敌百虫全池泼洒,每立方米水体用药0.5克,隔7天泼洒1次,连续泼洒3次。

11.鱼鲺病

(1)病原体和症状。鱼鲺病是由甲壳类寄生虫引起的鱼病。虫体分头、胸、腹3部分,有背、腹之分;腹面前端中央处有一口刺,两侧各有一吸盘;腹部不分节,为1对扁平的长椭圆形的叶片。鱼鲺的形状和大小与真虫相似,用口刺吸血时,能分泌一种毒液来刺激鱼体。病鱼在水中极度不安,俗语说"鱼弄水,必有鲺"。

(2)流行情况。该病流行于6~8月份,危害各类养殖鱼类的幼鱼,1尾幼鱼附上几条鱼鲺就可以引起死亡。

(3)治疗方法。用0.2~0.5毫克/升晶体敌百虫全池泼洒。

(五)其他几种常见病的防治

1.感冒

鱼类的感冒和人类的感冒不完全相同,鱼类是变温动物,体温随水温的高低而升降,短期内温度突变,可导致鱼类的生理性障碍,俗称"感冒"。当鱼苗、鱼种放养时,若装鱼容器内的水温和鱼池水温相差太大(鱼苗超过2℃,成鱼超过5℃),则会刺激鱼类的神经,造成鱼类生理机能混乱,行动失常,甚至丧失游动能力,漂浮在水面上,严重时造成死亡。平时也不见死鱼,分塘拉网时才发现只有少量活鱼。

预防方法:在鱼苗、鱼种下塘时,应先调节盛鱼容器内的水温与池塘的水温,使二者接近,再放入塘。

2. 气泡病

气泡病是鱼苗、夏花阶段的一种病。当水中各种气体过饱和时，气体形成小气泡溢出水面，被鱼误吞并积累在肠道内或附着在体表，使鱼体失去平衡，浮出水面。若不及时抢救，则可造成鱼类的死亡。

3. 跑马病

跑马病是夏花鱼种阶段的一种疾病。病鱼成群结队地围绕池边狂游，故体力消耗过度，导致死亡。病因是鱼苗下塘后，连日阴雨，池水不肥，完全是由鱼苗缺乏饲料而引起的。通常 5~8 厘米的草鱼、青鱼易患此病。

预防方法：在放养鱼苗 10 天左右，投喂一些豆浆；一旦发生此病，可用芦席等隔断病鱼的狂游线路，增加投喂豆饼、米糠等食物。

4. 弯体病

弯体病是鱼种阶段的一种疾病。病鱼身体呈"S"形弯曲或鳃盖凹陷，上下腭和鳍条出现畸形，严重影响鱼类的生长、发育，导致鱼类陆续死亡。发生这种疾病主要有以下 2 种原因：水中含有重金属盐类，刺激鱼的神经，导致肌肉收缩；鱼体缺乏钙质、维生素等营养物质。新建的养殖场培育的当年鱼苗种，易患此病，尤其是草鱼鱼种和鳙鱼鱼种。近几年来，采用颗粒配合饲料饲养的鳙鱼常有此病发生。病鱼鳃盖骨内陷，有的上颌向下弯曲似鹰嘴，全身骨骼变软，煮熟后似软骨组织。

预防方法：发生过弯体病的鱼塘，多换几次水，以改良水质，或投喂营养丰富的饲料。新开鱼池在 1~2 年内最好养成鱼。

… 第十三章

名贵鱼类养殖

　　淡水鱼是我国传统的水产养殖品种,养殖历史悠久,种类繁多,是我国重要的水产经济品种,为我国消费者提供了丰富而质优的蛋白质源。随着人们生活水平的提高,名贵淡水鱼类的养殖必将有一个广阔的发展前景。本章将鱼类形态学、鱼类生物学原理和养殖技术应用于目前新开发的具有较高经济价值的名优淡水鱼类养殖,如鳜鱼、乌鳢、长吻鮠、黄颡鱼、黄鳝、泥鳅、虹鳟、翘嘴红鲌等。

第一节　鳜鱼养殖

　　鳜鱼($Siniperca\ chuatsi$)在鱼类分类上属于鲈形目、鮨科、鳜属,又名"鳌花""桂花鱼""季花鱼"等。鳜鱼是我国淡水鱼中的名贵珍品,肉质结实,味道鲜美,刺少,是鱼中上品。鳜鱼已成为各地名贵鱼类养殖的主要对象。

一、生物学特性

(一)形态特征

　　鳜鱼体侧扁,呈纺锤形,背部明显隆起。口大、端位,能伸缩,下颌稍稍突出;口裂略倾斜,上颌骨延伸至眼后缘;下颌骨稍突出,上、下颌前部的小齿扩大呈犬齿状,眼上侧位,前鳃盖骨后缘呈锯齿状,下缘具4~5枚棘,鳃盖骨后部有2个平扁的棘。体被小圆鳞。各鳍条的特征:背鳍条具12棘,13~15枚鳍条;腹鳍胸位,1棘,5枚鳍条;臀鳍具3棘,10~11枚鳍条,侧线鳞121~128片;尾鳍近圆形。体背侧面为灰褐色、青黄色,腹部为白色;身体两侧有不规则的暗棕色斑点及斑块,在背鳍的下方有一条较宽的暗棕色垂带纹,奇鳍上有暗棕色的斑点连成带纹。

(二)生活习性

鳜鱼为暖水性中上层鱼类,喜栖息于静水或缓慢流动的水层中,特别喜欢栖息于水草茂盛的湖泊中。在夏、秋两季,鳜鱼活动频繁,白天潜伏在洞穴中,夜间在水草丛中觅食。在冬季,当水温降至7℃以下时,鳜鱼就不大活动,常钻到深水处越冬,待到春季水温回升以后,游至沿岸浅水处摄食。鳜鱼不喜欢群居,幼鱼常在沿岸水草丛中栖息活动。鳜鱼有钻卧洞中及下陷低洼处的习性,所以渔民可用"踩鳜鱼"的方法捕捉。

(三)食性

鳜鱼是典型的凶猛肉食性鱼类,与其他多数凶猛肉食性鱼类不同,它一生主要以活食特别是活鱼为食,常常会追捕其他鱼类,还有同类相残、相互吞食的现象。鳜鱼鱼苗经孵化至卵黄囊消失后,就转入到主动摄食阶段,能吞食其他鱼苗。当鳜鱼体长达7厘米时,就能捕食相当于本身体长一半(即3.5厘米)的鱼苗,当体长达25厘米以上时,以鲤鱼、鲫鱼等为食,冬季一般停止摄食。

(四)生长

由于鳜鱼生性凶猛,摄食量大,故其生长速度较快。1龄鳜鱼体重达119克,2龄鳜鱼达300克,3龄鳜鱼可达812克,4龄鳜鱼可达

淡水鱼养殖实用技术

1520克以上,到4龄以后,鳜鱼生长速度减缓。天然水域中最大的鳜鱼个体可达10千克左右。在人工饲养条件下,如果饲料充足,鳜鱼的生长速度较快,当年可达100克,第二年长到400~500克,第三年就可长到1000~1500克。

（五）繁殖

鳜鱼的初次性成熟年龄因地区不同而异,如我国的中部地区为1冬龄,华北地区为2冬龄,黑龙江流域为3冬龄。鳜鱼性成熟的最小个体为80克,怀卵量从数万粒到数十万粒不等,一般为1万~10万粒。鳜鱼在江河、湖泊、水库中都能产卵繁殖,产卵期为4~8月份,一般在雨天或一定的流水环境中产卵。产卵前,亲鱼在水面来回游动,当汛期到来时,亲鱼便成群结队地到支流的浅滩或较浅处的水草中产卵,通常产卵都在夜晚进行。产卵水温在30℃左右,亲鱼产卵后即分散到各处活动和觅食。受精卵为浮性、半浮性,卵径为1.1~1.4毫米,卵膜吸水膨胀后的卵径为1.9~2.1毫米。刚出膜的鱼苗全长为3.8~4.5毫米,身体前部腹下有一个1.5毫米长的卵黄囊,这样的仔鱼只能做上下垂直的间歇性运动,不动时便卧于水底。鱼苗出膜48~60小时后便能进行水平运动,并开始摄食,此时的鱼苗体长为5毫米左右,但是已经能吞食比其自身还长的6~7毫米的其他鱼苗。

二、鳜鱼的人工繁殖

（一）亲鱼的来源和培育

1. 亲鱼的来源

用于人工繁殖的鳜鱼亲鱼以3~5龄、体重1.0~1.5千克、第二次性成熟的亲鱼为宜。亲鱼最好是在鱼池中精心饲养而成的,这不仅可以大大降低亲鱼的成本,而且能避免长途运输使亲鱼受伤,且催产效果良好。也可在繁殖季节直接从湖泊、水库中捕捞鳜鱼,经短途运输和短期培育后催产,但亲本容易受伤。

2.亲鱼的培育

鳜鱼是一种凶猛的肉食性鱼类,如果单独培育并投以活饵料,其培育成本较高。根据生产实践试验,将鳜鱼套养在家鱼亲鱼培育池中是一种行之有效的方法。因为只要在家鱼亲鱼培育的基础上,加强水质管理,增加投喂鲢鱼、鳙鱼鱼种作为鳜鱼亲鱼的补充饵料,就能培育出成熟度较高的鳜鱼亲鱼。

(1)套养鳜鱼成鱼。在家鱼亲鱼塘中每亩套养40~50尾鳜鱼亲鱼,规格为0.5~1.5千克,亲鱼塘内饵料鱼的总量,包括亲鱼塘内天然生长的野杂鱼,应接近于鳜鱼亲鱼的重量,不足部分还要适时投喂鲢、鳙鱼种给予补充。

(2)套养鳜鱼夏花。在家鱼亲鱼池内套养4厘米以上鳜鱼夏花,每亩30尾左右。鳜鱼夏花完全靠捕食池中的野杂鱼,不另外投饵料鱼。鳜鱼夏花的年底成活率可达80%,平均尾重0.4千克左右,这批鳜鱼可作为后备亲鱼。

(二)人工繁殖

1.催产亲鱼的选择及催产季节

(1)雌雄鉴别(从头部和腹部开孔来鉴别)。

①雌性鳜鱼。下颌前端呈圆形,超过上颌不多,短圆。腹部有肛门、生殖孔和泌尿孔。

②雄性鳜鱼。下颌前端呈三角形,超过上颌很多,尖长。生殖孔和泌尿孔合为一孔(尿殖孔)。腹部有肛门和尿殖孔。

(2)催产亲鱼的选择。选择雌性成熟亲鱼时,从外观特征来判断,腹部翻朝上时,卵巢轮廓明显,生殖孔和肛门稍红且稍突出。成熟雄鱼有白色精液流出,入水会自然散开。为提高鳜鱼苗的成活率,必须选择个体大的亲本。亲本个体大,不仅怀卵量大,而且其卵粒也大,孵化出的鱼苗个体较大。因此,催产鳜鱼亲本的体重一般选择

1.0~2.0千克,雄鱼应选择0.5千克以上。雌、雄鳜鱼比例为1:1。

(3)催产季节。由于人工培育的条件下,环境条件适宜,饵料充足,卵巢在4月底就发育至Ⅳ期,因此,鳜鱼在5月初就可以催产。人工繁殖时间为4~6月份,要求水温稳定在20℃以上,最适水温为24~28℃。由于鳜鱼经常受到拉网惊扰,若等到家鱼人工繁殖基本结束后再催产,性腺容易退化,往往会导致催产失败。

2. 催产剂的种类和剂量

鳜鱼亲鱼的人工催产可采用以下催产剂。

(1)PG、HCG、LRH-A三种混合激素。每千克雌鳜鱼用2毫克PG、800IU HCG和50~100微克LRH-A。

(2)DOM、LRH-A。每千克雌鳜鱼用5毫克DOM和100微克LRH-A。

以上方法,雄鱼的剂量减半。用生理盐水将催产剂制成悬浊液,随配随用。

3. 注射方法

鳜鱼的人工催产剂可以一次注射,也可以二次注射,二次注射的时间间隔为12~24小时。方法同家鱼的人工繁殖方法。

4. 效应时间

鳜鱼的效应时间长短与水温、注射催产剂的种类、注射次数、亲鱼年龄、性腺的成熟度以及产卵的环境条件等有密切的关系,其中,最重要的因素是水温和注射次数。若采用一次注射,当水温为18~19℃时,效应时间为38~40小时;当水温为32~33℃时,效应时间为22~24小时。若采用二次注射,当水温为20.2~26.0℃时,效应时间为16~20小时;当水温为23.4~27.8℃时,效应时间为6~8小时。

5. 产卵

鳜鱼产卵可以利用家鱼产卵池,在产卵池中吊放经开水煮过的棕榈皮或其他经过消毒的鱼巢。当达到效应时间时,雌、雄鱼在棕榈皮附近互相追逐、产卵。一般情况下,卵产在棕榈皮上,但在微水流的条件下,卵几乎全部掉入池中,只有极少部分黏在棕榈皮上。

由于鳜鱼亲鱼的个体大小不一,亲鱼的性腺成熟度也不一样,因此产卵开始的时间有早有晚,产卵持续时间也比较长,一般需6~8小时,在这段时间内,不要急于排水收卵。鳜鱼的卵较厚,在微流水的条件下,不会影响受精卵的胚胎发育。因此,要等那些个体小、成熟度低的亲鱼产完卵后才收卵,这样对提高亲鱼的催产率有利。

6.受精卵的人工孵化

(1)胚胎发育。鳜鱼卵属具油球的黄色半浮性卵,卵径大小与鳜鱼大小呈正相关。排卵时卵径为0.6~1.1毫米,吸水后为1.3~2.2毫米。当水温为20.2~22.4℃时,受精卵需经6小时40分钟才能完成卵裂,56小时后胚体出膜。

(2)孵化工具。孵化工具有流水孵化桶,其孵化率稳定可靠。这是因为鳜鱼卵含有油球,但卵膜厚,卵径小,其浮性较家鱼卵差。一般采用水量为200千克的孵化桶,放置15万~20万粒卵。

(3)孵化管理。

①孵化水温。鳜鱼卵孵化的最适水温为22~28℃,在整个孵化期内,要保持水温相对稳定。

②孵化水质。孵化用水要进行过滤,要求水质清新,无泥沙,且含氧量充足,流速和流量应比孵化家鱼时大。

③受精卵消毒。由于鳜鱼卵膜较厚,微黏性,孵化期较家鱼略长,故更易受到水霉菌的侵袭。孵化期水霉菌的滋生是造成鳜鱼孵化率降低的主要原因之一。为了防止水霉菌的滋生,鱼卵一般在孵化前用药物进行浸洗。方法是在0.3%福尔马林溶液中浸洗20分钟,或在0.50%~0.75%的食盐水中浸洗5分钟。

④清除污物。导致鳜鱼孵化率下降的另一个主要因素是,受大量的鳜鱼苗出膜后的卵膜及未受精的卵的影响。它们不像家鱼那样,鱼苗孵出后,卵膜很快就溶解于水中,只要及时刷洗孵化桶的滤水纱窗就可以解决。数量很多的卵膜、死卵和嫩弱的幼苗混杂在一起,常导致幼苗缺氧死亡。简单地加快孵化桶内的水流速度,会引起

淡水鱼养殖实用技术

胚胎畸形或损坏鱼苗,致使孵化率下降。好的方法是转桶,即将孵出的鳜鱼转到新的孵化桶内继续孵化。具体做法是:孵化桶间隔停水,停水时卵膜及死卵迅速下沉,待鱼苗上浮时,将鱼苗撇到调节好水流量的新桶内,要反复多次,间隔停水时间不宜过长,一般需3~5分钟。另外一种方法是:孵化桶暂时停水流,待鱼苗上浮、污物下沉至孵化桶底部时,迅速拔掉孵化桶的进水管,把沉到孵化桶底部的污物随水放掉,并立即接上水管。这两种方法都能保证鳜鱼孵化期间孵化桶内水质清新、溶氧充足,可提高鳜鱼的孵化率。

三、鳜鱼苗种的培育

将鳜鱼苗培育成2~3厘米的夏花鱼种,是鳜鱼人工养殖生产中的关键技术。

(一)苗种生长阶段的适口饵料规格及日摄食量

刚孵出的鳜鱼苗平均全长为4.9毫米,出膜3天后开口摄食;鳜鱼从开口到7.0毫米长都在孵化缸中培育,7.0~17.0毫米长的鳜鱼在一级网箱(60目)内培育,17毫米以上的鳜鱼则可在网箱、水泥池或池塘中培育。

1. 4.9~7.0毫米长的鳜鱼苗的适口饵料及日摄食量

开食的鳜鱼苗全长为4.90毫米,口裂宽为0.55~0.60毫米。由于受口裂宽的限制,对饵料鱼的体长及体高有极严格的选择性。鳜鱼苗摄食时总是捕获饵料鱼的尾部,饵料鱼横向进入鳜鱼的口裂。刚开口的鳜鱼口裂较小,不能将饵料鱼整个吞进口中,吞不进的部分用上下颌的牙齿咬断后丢弃,只有吞进饵料鱼全长的1/3以上才能算有效摄食。

此外,开口饵料鱼的游泳能力也会影响鳜鱼的有效摄食。开口饵料鱼的游泳能力太强,会减少鳜鱼的摄食几率。如果开食2天后捕不到适口的鱼苗,以后即便有适口的饵料鱼,绝大部分鱼苗会因饥饿而无力追逐、捕食饵料鱼,8~10天内会陆续死亡。

对出膜后不同家鱼苗的体长、体高进行比较发现,出膜后不久的团头鲂鱼苗的全长为5.7毫米,体高只有0.7~0.8毫米,尾尖嫩弱,游泳能力也不强,鳜鱼苗极易咬住其尾部并吞食。因此,鳜鱼的开口饵料鱼以出膜后1~3天的团头鲂苗为主。

鳜鱼从开口(4.90毫米)至7毫米长的阶段为鳜鱼开口期,一般为4~5天,开口期鳜鱼鱼的适口饵料及日摄食量见表13-1。

表13-1 开口期鳜鱼苗的适口饵料及日摄食量

鳜鱼日龄(日)	全长(毫米)	饵料鱼种类	每尾鱼的日摄食量(尾/日)
3	4.90~5.50	团头鲂	2
4	5.00~5.15	团头鲂	3~4
5	5.20~6.00	团头鲂或草鱼	4~6
6	6.10~6.80	草鱼	4~7

2. 7~17毫米长的鳜鱼苗的适口饵料及日摄食量

7毫米以上鳜鱼可以摄食任何家鱼鱼苗,这一阶段适口饵料鱼的种类、规格及日摄食量见表13-2。

表13-2 7~17毫米鳜鱼长的饵料鱼种类、规格及日摄食量

日龄(日)	全长(毫米)	饵料鱼种类	饵料鱼全长(毫米)	饵料鱼体重(毫克)	每尾鱼的日摄食量(尾/日)
7	7.0~7.2	草鱼苗	7.0~7.5	1.8~2.0	5~8
8	8.0	草鱼苗	7.0~7.5	1.8~2.0	6~8
9	9.2	草鱼苗	7.0~8.0	2.0~3.0	5~8
10	10.2	鳙鱼苗	8.0~8.5	3.0~4.0	5~8
11	11.5	鳙鱼苗	8.0~8.5	3.0~4.0	6~9
12	12.7	鳙鱼苗	8.0~8.5	3.0~4.0	6~9
13	13.6	鲢鱼、鳙鱼	9.0~10.0	4.0~8.0	5~7
14	14.8	鲢鱼、鳙鱼	9.5~10.5	5.0~10.0	5~7
15	15.9	鲢鱼、鳙鱼	10.5~11.5	8.6~16.0	5~7
16	17.0	草鱼、鳙鱼	11.5~14.0	16.0~40.0	5~7

3. 17～27毫米长的鳜鱼苗的适口饵料及日摄食量

该阶段是鳜鱼最难饲养的阶段（夏花鱼种阶段）。17～27毫米长的鳜鱼生长迅速，对饵料鱼在规格、数量上的要求特别高。该阶段的鳜鱼必须每天都能吃饱，否则体质瘦弱，易染病而死。在网箱中培育鳜鱼苗种使用的饵料鱼规格和鳜鱼的日摄食量见表13-3。

表13-3 在网箱中培育鳜鱼苗种使用的饵料鱼规格和鳜鱼的日摄食量

日龄（日）	全长（毫米）	饵料鱼种类	饵料鱼全长（毫米）	饵料鱼体重（毫克）	每尾鱼的日摄食量（尾/日）
16	17.0	草鱼	11.5～14.0	20～40	6～8
17	18.2	草鱼	12.0～14.0	25～40	4～6
18	19.5	草鱼	12.0～14.0	20～40	4～6
19	20.7	草鱼	13.0～16.0	30～60	4～6
20	22.0	草鱼	13.0～16.0	30～60	5～7
21	23.6	草鱼、野杂鱼	14.0～16.0	40～60	4～6
22	25.5	草鱼、野杂鱼	15.0～18.0	50～80	5～6
23	27.4	草鱼、野杂鱼	16.0～20.0	70～140	4～6

4. 27～100毫米长的鳜鱼的适口饵料及日摄食量

该阶段的鱼体已较大，其适口饵料种类很多，各种家鱼种夏花均可作为该阶段鳜鱼的饵料鱼。

(二)夏花苗种的培育

鳜鱼在夏花培养期间，因其个体生长差异很大，弱肉强食，前期宜在微流水中生活。所以鳜鱼的夏花培育应分三个级别的培育：一级培育在孵化桶中进行；二级培育在网箱、水泥池中进行；三级培育在网箱、水泥池或池塘中进行。

1. 一级培育（孵化桶内）

一般容量为200千克的孵化桶，放养8000～10000尾鳜鱼苗较合适，密度不宜过大。在鳜鱼苗培育过程中，应依照日摄食量标准，适时、适口、适量地投喂饵料鱼，其中最为适口的饵料鱼是刚出膜的团头鲂鱼苗。

在日常管理工作中,水质的控制最为重要。鳜鱼为肉食性鱼类,十分贪食。其粪便中有机质多,腥臭,黏度大,不宜在水中溶解,故常见到鳜鱼苗的肛门后拖着一条长长的粪便,如果再黏上水中杂质,沉重的负担可致鳜鱼苗死亡,严重污染孵化桶的水质。因此,应及时清除鳜鱼苗的粪便、死苗和杂质,保持桶内卫生。在整个培育过程中,要注意调节孵化桶的流速,使鳜鱼苗在微流水的环境中摄食、生长。在生活习性上,7毫米以上的鳜鱼苗更适宜在静水中摄食、生长。因此,应及时将鳜鱼苗转移到二级培育池中培育。

2.二级培育(水泥池或网箱内)

由于池塘满足不了该阶段的鳜鱼苗对水质的要求,而且用池塘单独培育鳜鱼苗,常会造成大量浮游生物繁殖,导致水质过肥,不利于鳜鱼苗的摄食、生长,鳜鱼夏花成活率很低。因此,7毫米长的鳜鱼苗不宜在池塘中培育,应该放在水体交换方便、水质清新的小型水泥池内或网箱中进行培育。

(1)水泥池培育。

①水泥池构造。水泥池面积以 15~20 米^2、水深 1 米为宜,水泥池装有进水管和排水管,并且池底向出水口倾斜。

②放养密度。700 尾/米^2,种苗规格均匀。

③日常管理。水体每隔 1~2 天交换 1 次,排水时应尽量将池底的污物排出。最好用空压机,通过气泡向池中充气,保证池中有足够的溶氧。投饵依照日摄食量标准,做到适口、适时、适量。

经过 10~15 天的培育,鳜鱼苗可长到 29 毫米,但个体间差异明显,并且密度渐大,应及时选级分类,这是提高鳜鱼苗成活率的又一项重要措施。

(2)网箱培育。

①网箱结构。规格为 0.8 米(宽)×8 米(长)×0.6 米(深),网目为 60 目。

②放养密度。放养7～8毫米长的鳜鱼苗5 000尾/米²。

③日常管理。除了按照日摄食量标准合理投饵外,还要勤查勤洗网箱。查网箱是否破损,勤洗网箱,以保证网箱内水体流畅。

在饵料鱼适量的情况下,鳜鱼苗培育10～15天,体长可达20毫米,此时必须及时分箱培养。

3.三级培育(水泥池或网箱内)

(1)水泥池培育。水泥池内的三级培育与二级培育基本相同,区别在于三级池内的放养密度为20毫米规格的鳜鱼苗300尾/米²。

(2)网箱培育。用50目的网箱进行三级培育,放养密度一般为1000～1500尾/米²。鳜鱼苗在三级培育池(箱)中的生长速度要比家鱼快,一般经10天左右的培育,就长到33毫米(夏花)的出塘规格。

(三)夏花苗种的运输

由于鳜鱼苗种的耐氧能力不及四大家鱼苗种,故其鱼苗或鱼种的运输密度要比家鱼低。用塑料袋充氧运输鳜鱼苗,塑料袋规格为长0.6米、宽0.4米,每袋装运鳜鱼苗的数量不超过4万尾。在高温季节,用塑料袋转运夏花鱼种时,每袋可装400～500尾,24小时连续运输,成活率可达95%以上。为保证运输的安全,可采取加冰降温等措施。

四、鳜鱼食用鱼的饲养

由于鳜鱼饲养中存在着苗种培育的成活率低、饵料成本高等因素,故鳜鱼食用鱼的养殖尚未广泛开展。

(一)池塘主养鳜鱼

1.池塘条件

鳜鱼饲养池应选择水质良好、进出水方便的地方,面积为0.2公顷左右,池塘水深为1.5～2.0米。池底的淤泥应尽力排除,可以人工挖些穴潭,以满足鳜鱼白天卧穴的需求。面积稍小的家鱼养殖池经清整后,均可作为鳜鱼的主养池塘。

2. 苗种放养

苗种的放养规格一般为10～12厘米长的大规格鱼种,也可直接放养3厘米左右长的小规格鱼种。每亩可放养2～3厘米长的鳜鱼夏花400～700尾;有增氧机的精养池塘,每亩可放养1000～2000尾。

3. 饵料鱼的投放与日常管理

鳜鱼对饵料鱼的种类、规格有严格的要求:一要活,二要适口,三要无硬刺,四要供应及时。

(1)饵料鱼种类。以鲢鱼、鳙鱼、草鱼为好。饵料鱼规格以鳜鱼苗种体长的50%～60%为宜。

(2)日摄食量标准。自3厘米养至500克左右的上市规格,饵料鱼的日摄食量从占其体重的70%开始,逐步减少到8%左右,冬季要少一些。根据池塘的实际接受能力,以3天为一个饵料期,计算每一期的投喂量时,首先预算该时期鳜鱼的成活率和生长速度,然后按照预定的饵料系数(4.5～5.0),计算出该时期需要投喂的饵料量。

(3)为保证饵料鱼的正常供应,可配备2668～3335米^{2}的家鱼池养殖饵料鱼。

(4)日常管理。日常管理主要为水质管理,每周加注2次新水。保证水质清新,溶氧量在3毫克/升以上,透明度保持在40厘米以上,水质的pH控制在7～8。

(二)成鱼池的套养

套养鳜鱼的成鱼池塘,以利用饲养吃食性鱼为主的池塘为宜,池塘的面积一般为3335～6667米^2,水深为2.0～2.5米,并且水质较清新。而以饲养肥水鱼为主的成鱼池,水质较肥,一般少量套养或根本不套养。

鳜鱼苗种的放养方式有2种。一种是在成鱼池内套养夏花鳜鱼苗种,放养时间为6月至7月上旬。如果有较多的野杂鱼,且大小与鳜鱼夏花相近,则可以把鳜鱼夏花直接放入池中;如果野杂鱼数量较少,且规格又大,则应先在成鱼池内引进野杂鱼类或投放家鱼夏花,以保证鳜鱼夏花在放养后有足够的饵料鱼。鳜鱼一般可长到300克左右,成活率约为40%,每亩产商品鳜鱼的重量可达10千克以上。另一种方式是在成鱼池套养1龄鳜鱼,放养时间和家鱼的放养时间大致相同,放养水温以10℃左右为宜,每亩套养量为150~200尾。在成鱼池中套养1龄鳜鱼种,最好还套养部分鲤鱼、鲫鱼种,这样既可供鳜鱼摄食,又可为成鱼池补充饵料鱼。4月份以后,鳜鱼和其他养殖鱼类一样,也进入摄食、生长旺季。因此,要及时了解和掌握池中鳜鱼饵料鱼的大小、数量和增减趋势等,以便补充调整。成鱼池中套养1龄鳜鱼种的成活率较高,一般都在80%以上,商品鳜鱼可以与成鱼一起捕捞上市,平均规格为300~500克/尾,一般亩产量为25~35千克。

第二节 乌鳢养殖

乌鳢(Channa argus)属鲈形目、鳢科、鳢属,俗称"乌鱼""才鱼""黑鱼"等。我国自长江流域以北至黑龙江流域均有分布,长江流域以南也有,但较少见。除乌鳢外,鳢属类中常见的养殖种类还有斑鳢,主要在福建、广东、广西等地养殖。乌鳢的肉味鲜美,骨刺少,营养价值高,为经济价值较高的淡水名贵鱼类,素有"鱼中珍品"之称,一向被视为病后康复和老幼体虚者的滋补珍品。乌鳢的市场需求量大,养殖业发展迅速。当前,乌鳢养殖效益显著,已成为水产养殖的热门之一。

一、生物学特性

1. 形态特征

乌鳢的身体呈长筒状,头尖长,似蛇形,尾圆而扁平。上下颌均具有细齿,犁骨和腭骨上有犬齿,鳃裂大且不与颊部相连,鳃耙粗短且排列稀疏,鳃上腔有发达的鳃上器官,可直接进行气体交换,因此,乌鳢即使离开水2~3天,只要保持鳃和身体的湿润,便不会死亡。乌鳢体被圆鳞,头部和背部呈暗黑色,腹部呈灰白色,体侧有2列大型的不规则黑斑。乌鳢的背鳍与臀鳍很长,背鳍条47~52枚,臀鳍条31~36枚,胸鳍条17枚,腹鳍条1~5枚,脊椎骨52~60根,体长为体高的5.3~6.2倍。

2. 生活习性

乌鳢喜欢生活在江河、湖泊、水库、沟港及低洼沼泽的静水水草区。乌鳢的生存水温为0~41℃,最适宜水温为26~28℃。当冬季水温过低时,乌鳢将身体后半部潜埋在淤泥或草堆里,头露在水中,不吃不动,也能生存下来。乌鳢能耐低氧,在浑浊缺氧的水体中也能生存,主要通过将头斜露出水面,借助鳃上器官,直接呼吸空气中的氧气。即使在少水甚至离水的情况下,乌鳢只要保持鳃部和体表具有一定湿度,仍可存活较长时间。乌鳢善跳易逃,一条0.8~1.0千克的乌鳢可跃离水面1~2米,在多雨季节,当食物不足或其他条件不适时,乌鳢常跃出水面,出现"过道"现象,因此,乌鳢养殖要做好防逃工作。

3. 食性与生长

乌鳢为典型的凶猛肉食性鱼类,主要以小鱼、虾、蛙、蝌蚪、水生昆虫及其他水生动物为食。因鱼体的大小和栖息环境不同,故其摄食的食物种类也不同。鱼苗期主要以桡足类、枝角类和摇蚊幼虫为食,当体长达30毫米以上时,摄食以水生昆虫为主,也吃一些小型鱼虾;当体长达80毫米以上时,则以鱼虾类为主要摄食对象。值得注意的是,随着鱼体的长大,当食物不足或规格大小相差悬殊时,乌鳢有自相残杀的习性。因此,养殖乌鳢要注意放养规格一致,尤其是在苗种培育阶段,应根据其规格大小实行多级分养。在自然条件下,2龄前为乌鳢体长加速生长阶段,生长旺盛;2龄后,进入性成熟阶段,鱼体增长速度减慢。在人工饲养条件下,1龄乌鳢苗可长到200～300克/尾,2龄鱼可长到1.5～2.0千克/尾。

4. 性成熟年龄和繁殖季节

乌鳢的性成熟年龄和繁殖季节随地域不同而稍有差异,长江流域的2冬龄乌鳢,体长在30厘米以上,性腺即成熟,其产卵季节为5～7月份,以6月份产卵最为旺盛。黑龙江流域的2冬龄以上乌鳢,在体长大于35厘米时,性腺才能成熟,其产卵季节为6～8月份,7月份为产卵高峰期。

二、乌鳢的人工繁殖

随着乌鳢养殖的发展,乌鳢苗种的需求量越来越大,单靠捕捞野生苗种来养殖,不仅数量少,供应无保障,而且质量差,规格不整齐。因此,人工繁殖乌鳢苗种已成为必然趋势。

1. 乌鳢亲鱼的选择与培育

(1) 乌鳢亲鱼的来源与选择。乌鳢亲鱼的来源主要有2个方面:一是结合江河、湖泊冬捕,选留亲鱼;二是通过池塘培育来选留亲鱼。选留亲鱼的主要标准是:体质健壮,无病无伤,体重在750克以上,2冬龄,达到性成熟,雌、雄比为1∶1。

(2) 乌鳢亲鱼的培育。亲鱼培育池的面积一般为300～400米^2,不宜过大,水深为1.2～1.5米,土质池底,池堤设0.8～1.0米高的尼龙网,以防乌鳢外逃。放养前,每亩池塘用50～60千克生石灰清塘消毒。亲鱼数量多时,可单养,每100米^{2}水体放8～10组乌鳢亲鱼,并适量搭养鲢鱼和鳙鱼种,以调解水质。喂养乌鳢亲鱼的主要饲料为小鱼、小虾,当水温达18℃以上时,即可投食;当水温为23～

27℃时,食量大增,投喂量为亲鱼体重的10%～15%。投喂的小鱼、小虾要求新鲜、大小适口。加强日常的饲养管理,主要是注意亲鱼产前产后的培育,经常加注微流水,以保持水质清新。另外,亲鱼池中央或四周种植水葫芦或水花生等水生植物,以利于乌鳢隐蔽、吃食和调节水质。

(3)雌、雄亲鱼的鉴别。乌鳢雌、雄个体无明显的第二特征差异,在外形上有时难以鉴别。在生殖季节,雌鱼腹部膨大、松软,生殖孔微红且稍突出,腹部为灰白色;雄鱼腹部较小,不如雌鱼松软,生殖孔略凹。

2. 人工催产

(1)产卵池和鱼巢的准备。乌鳢的产卵池最好是土池,产卵池的面积为20～30米^2,水深为1.2～1.5米。催产前用生石灰彻底清塘消毒,消除野杂鱼、蛙卵等有害生物,并用网围好,防止其他动物进入。乌鳢有筑巢的习性,因此,产卵池可用质地柔软、新鲜无毒的水葫芦、水花生或马来眼子菜等做成鱼窝,待亲鱼注射催产药物后,将其放入产卵池的鱼窝中。

(2)催产药物和方法。催产乌鳢的药物种类繁多,在实际生产应用中,一般常用鲤鱼脑垂体2粒＋HCG 1000～1500IU/千克或DOM＋HCG 1000～1500IU/千克,雄鱼的药物剂量为雌鱼的一半。分两次注射,第一针注射量为药剂总量的1/4～1/3,为促进性腺的进一步成熟,15～20小时以后注射第二针。注射的部位一般为胸鳍基部,体腔注射。

(3)亲鱼的配对与产卵。亲鱼注射催产药物后,将雌、雄亲鱼根据个体大小按照1:1配对放入产卵池,每个产卵池中放1～2对,不宜多放,以防"求偶争斗"现象,影响催产率。当水温为20～25℃时,效应时间为25～30小时,雌亲鱼随后即可产卵。在亲鱼发情产卵时,要保持安静。

3. 受精卵的孵化

亲鱼在产卵池中产卵受精后,即可用鱼盘小捞网将其捞出,集中放入孵化池或其他容器中孵化。一般面盆放 500 粒,塑料大盆放 5000~8000 粒,每平方米小网箱放 1 万~2 万粒。一般受精 2~3 天后即可孵化出鱼苗,形似小蝌蚪,身体呈灰白色,主要以自身卵黄为营养。4~5 天后,卵黄吸收完毕,要立即投喂活水蚤。水蚤的投放量依鱼苗吃食量为准,以少量多次为宜。喂养 5~6 天后,鱼体变黄,全长为 1.5 厘米左右,此时可将鱼苗移到小池塘中培育。

孵化时的注意事项:

(1)随时拣出死卵,控制水霉感染。10 小时后拣出呈白色的卵,此为未受精的卵。

(2)孵化器在放卵前用 0.1 克/米^3 孔雀石绿对池水进行消毒,待 24 小时后使用。

(3)保持水质清洁,经常换水,每天 1 次,防止缺氧。

(4)鱼卵刚孵出后不宜过多换水,以防止温度变化过大。卵孵出的当天,换水量占总水量的 60%~70%,第二到第五天换水量占总水量的 80%,水温变化不宜超过 2℃。孵化水温最好控制在 24~30℃,25~28℃的静水中孵化 33~38 小时即出膜,23~25℃时约 36 小时才能出膜。

三、乌鳢的食性驯化和苗种培育

乌鳢的食性驯化和苗种培育是人工养殖乌鳢中的一大技术难题。各地普遍反映"乌鳢要苗容易,育种难"。苗种发花成活率最高不过 60%,一般为 20%~30%,甚至更低。因此,提高乌鳢苗种的培育成活率,降低生产成本,是目前乌鳢养殖中亟须解决的技术难题。

(一)仔鱼的驯养

刚孵化的仔鱼体质弱,活动能力差,浮于水面或侧卧于水草等附着物上,以自身卵黄为营养来源。随着卵黄囊逐渐被吸收并缩小,幼体发育不断完善,其活动能力增强,可自由游动,并开始主动摄食,行混合性营养,此时是乌鳢苗种死亡的高峰期,必须精心驯养。其驯养方法如下。

1. 适时喂食

当卵黄囊消失,鱼苗开口从外界摄食时,用浮游生物网捞取浮游生物,并用30～40目筛绢过滤,2～3天后不必过滤,将滤液均匀泼洒在孵化池内。若食料仍不能满足鱼苗的需要,则可投喂熟蛋黄,每万尾鱼苗用熟蛋黄1～2个,并用30～40目筛绢过滤,将滤液均匀泼洒在孵化池四周,让其吃饱吃好。

2. 保持水质清新

鱼苗脱膜后,大量的卵膜和油状物漂浮在水体中或沉入水底,故应经常保持一定的微流水,以增加水体中的溶氧,排除卵膜和油状物。

3. 注意防治病害

乌鳢鱼苗期最易患水霉病,一般用0.1～0.2克/米^{3}的专用消毒水消毒。鱼苗经8～10天的驯养,体长可长到10～15毫米,体色转黄。随着个体增大,密度增加,鱼苗对饵料、溶氧等的需求量也随之增加。此时,应及时分池转入苗种培育。

(二)鱼种的培育

1. 土池培育苗种

(1)鱼苗池的要求。乌鳢苗种培育池最好用土池,面积一般为50～100米^2,便于驯食、操作和管理。鱼苗放养前,将池水排干,用生石灰来彻底清塘消毒,并施足基肥,培肥水质,让鱼苗下池就能吃到食物。

(2)鱼苗放养。鱼苗投放前,先放20～30尾试水鱼以观察水体中的药性是否已消失。投放的鱼苗应为同一批次孵出的苗,放养时的水温差不能超过2℃,放养密度视饵料、养殖技术和培育规格而定,一般放养密度为60～80尾/米^2。以后视鱼苗生长情况和培育时间逐步过筛分稀。也有的一次放足 40~50 尾/米², 直接培育成大规格鱼种。

(3)饲料投喂。驯养后的仔鱼在下池时,以浮游动物为食,随着鱼苗长大,摄食量增大,池中的浮游动物逐渐减少。这时,一方面通过继续施肥培育浮游生物,另一方面可增喂豆浆。经 15~20 天的培育,当鱼苗体长达 3 厘米以上时,其食性开始转化,摄食量进一步增大,单靠摄食浮游动物已不能满足其生长需要。这时,可投喂鱼糜于食台上用于驯食,2~3 天后加少量人工配合饲料拌鱼糜投喂,以后逐步增加人工配合饲料的比例,减少鱼糜用量,直至全部用人工配合饲料。

(4)培育管理。

①及时调解水质。在鱼苗培育过程中,粪渣残饵最易败坏水质,因此,乌鳢苗种在培育期间,应每 2~3 天换水 1 次,每次换水量为池水的 1/4~1/3,先排后灌。另外,在鱼苗池中移植一些水花生或水葫芦等水生植物,以净化水质和供鱼苗隐蔽、吃食。

②及时分养。当鱼苗的生长规格出现较大差异时,乌鳢有大吃小的习性,尤其是在食物缺乏的情况下,表现更为突出。因此,乌鳢苗种的培育要及时拉网、过筛、分养,同一池的苗种力求大小一致,以免弱肉强食,影响鱼苗成活率。

③防病防逃。日常注意检查进出口栅栏,雨天防止乌鳢漫池。

2. 网箱培育苗种

(1)网箱的制作和设置。网箱采用 30~40 目的软质尼龙网布缝制,规格为 5 米(长)×1.5 米(宽)×1.2 米(高),长方体,敞口式。网体用木料或竹子作框架,网箱的四角固定在框架上,高出水面约 30 厘米。网底离地 50 厘米以上,用卵石作沉子,使网体充分自由地展开,并随水位的变化而自由升降。箱间行距为 4~5 米,便于箱内外水体的交换,网箱设置的水域要有一定肥度,靠近进水口,离堤岸 3 米以上。

(2) 鱼苗放养。投放的乌鳢鱼苗必须为同一来源，同一批次，大小规格基本一致，一般放养密度为 1000～1500 尾/米^2。

(3) 饵料投喂。经驯养的仔鱼投放于网箱后，第一天停食，第二天开始驯食，将鱼、蚌、螺肉等捣碎成肉泥，投喂于食台上。开始驯食的前几天，每万尾鱼苗投喂 400～500 克肉泥，每天 4～5 次，以后视鱼苗生长和吃食情况，逐渐增加投喂量。也可驯食投喂人工配合饲料，乌鳢的人工配合饲料要求蛋白质含量达 40％以上。其驯食方法为：开始用鱼泥诱食，2～3 天后加入乌鳢的幼鱼粉料，拌和成团状再投喂，以后逐渐增加人工配合饲料量，减少鱼泥量，直至全用人工配合饲料。鱼苗经 15～20 天的饲养，体长一般可达 2.0 厘米以上，这时可根据鱼苗的口径，投喂不同粒径的颗粒料，每天分早、中、晚投喂 3 次，日投喂量为鱼体重量的 8％～10％。投喂方法：1 千克颗粒料加 0.5 千克清水，浸泡约 10 分钟，当颗粒料轻度软化时，即可投喂。值得注意的是，在整个驯食过程中，不得投喂鲜鱼和虾等，否则影响诱食效果。

(4) 饲养管理。

①保持网箱内水质清新。鱼苗下箱后，每天清洗一次网箱，并移动位置，便于箱内外水体的对流交换。同时，网箱内投放占水面面积 1/5 的水生植物，如水葫芦或水浮莲等，以净化水质和供鱼苗隐蔽。

②及时分箱。鱼苗在网箱内经 15～20 天的饲养，其个体大小出现差异，必须过筛分稀，以保持箱内鱼苗规格一致。

③日常管理。主要是勤洗网箱，并检查网箱体是否破损，以防鱼苗外逃。观察鱼苗吃食、活动等情况，及时调整投饲量和防治鱼病。

四、乌鳢成鱼的养殖

乌鳢成鱼的养殖是指在池塘等水体中，将乌鳢苗种养成商品食用鱼的生产过程。其养殖方法多种多样，目前，湖南、湖北、广东、广西、江苏和浙江等地区养殖乌鳢，多采用成鱼池套养和小水体集约化精养。

(一)成鱼池套养

成鱼池套养就是在主养草鱼、鲢鱼、鳙鱼的池中套养少量乌鳢鱼种,以吞食与主养鱼争食、争氧和争水体空间的小型野杂鱼,充分利用水体,减少饲料损耗,增加主养鱼的产量,提高池塘养殖的经济效益。

1. 鱼池要求

水面最好在10亩以下,且淤泥不深,当年能干池,否则乌鳢会存留于塘中,影响翌年主养鱼的生产。

2. 鱼种放养

乌鳢属肉食性凶猛鱼类,有时可吞食相当于自身体长2/3的鱼种,因此,投放乌鳢鱼种的方法很有讲究。一般春节前投放主养鱼种,使其尽早适应环境,1~2个月后再投放乌鳢鱼种,其规格应比主养鱼种小,一般为60~80克/尾的隔年鱼种,每亩放20~30尾。在养殖过程中不另投喂饲料,以池中野杂鱼为食。到年底干池起水时,每尾均重可达1000克。如果投放6~8厘米的鱼种,每亩投放40~50尾,视池塘饵料情况,增投小鱼、虾或人工配合饲料,到年底干池时,每尾均重也可达800克,产乌鳢20~30千克/亩。

3. 饲养管理

成鱼塘套养乌鳢一般不需要其他特殊的饲养管理,但要注意的是,乌鳢善跳易逃,尤其是当饲料不足、遇雷雨天时,有时可跳起1米多高,顺水"过道"逃跑。为此,投放乌鳢鱼种后,要注意进、出水口栅栏,以防乌鳢鱼外逃。在池塘四周的岸边水面上种植一些水生植物,如水花生、水葫芦等,以利于其隐蔽、摄食。

(二)小水体集约化精养

集约化单养是指利用水源丰富、饵料充足的条件进行高密度单养。集约化单养分网箱单养和池塘单养2种方式。现将池塘单养简述如下。

1. 池塘要求

乌鳢精养池最好是土池,便于调节水质,而且不损伤鱼体。要求水面为 100～300 米^2,水深 1.5 米以上,池底有 10～15 厘米厚的淤泥,鱼池四周环境安静,且排灌方便。鱼种下池前,鱼池要彻底排干,并用生石灰清塘消毒,10 天后灌水放鱼。鱼池周围设高 1 米以上的拦网,池塘中央或一角移植水葫芦或水花生等水生植物,占养殖水面的 1/6－1/5,以调节水质和供鱼隐蔽、摄食。

2. 养殖技术

(1)鱼种放养。要求鱼种规格一致,体长在 10 厘米以上(最好体长为 14～20 厘米,体重为 60～100 克),并且无伤无病。当年放养最好在 9 月至 10 月上旬,此时鱼种可摄食并恢复体质,提高越冬成活率。年后放养最好在 3～4 月份。鱼种下塘前必须对池塘进行严格消毒,一般采用 5% 的食盐水浸泡 10～15 分钟或 10 毫克/米^3 的孔雀石绿溶液浸泡 10 分钟。当水深为 1.2～1.5 米,鱼种规格为 50～60 克时,每亩投放 8000～9000 尾;鱼种规格为 80～100 克时,每亩投放 5000～6000 尾;若平均水深降低,则放养量应相应降低。

(2)饲料的投喂。

①饲料投喂的原则。乌鳢为肉食性鱼类,在成鱼的饲养过程中,主要投喂小杂鱼、小虾等鲜活的饵料,也投喂人工配合饲料。鲜活的饵料主要包括小杂鱼、小虾、螺、蚌等。人工投喂鲜活的饵料时,要注意保持饵料的新鲜、洁净,用 2%～3% 的食盐水浸泡 10～15 分钟后投喂,投喂量为鱼体重的 6%～8%,并且每天定时、定位投喂 2～3 次。若鱼、虾的投喂量不足,也可投喂其他动物性下脚料,如畜、禽的内脏,更要注意保持其新鲜、干净,投喂时切碎并消毒。人工配合饲料由 70% 的绞碎杂鱼浆,20% 的黄豆粉、花生麸、鳗饲料,5% 的酵母粉,以及一些添加剂如维生素、抗菌素、必要的微量元素等组成。投喂量为鱼体重的 5%～7%,每天早晚各投喂 1 次。

②投饲要做好"四定"。在乌鳢成鱼饲养的过程中,按"四定"的原则进行投饲。一般要求每天投喂 2 次,即每天上午 8～9 时、下午 3～4 时各 1 次。在夏天气温较高时,下午的投喂时间可推迟到 5 时以后进行;如果遇到闷热和雷雨天气,应推迟或停止投喂。

3. 日常管理

日常管理主要做好以下几个方面工作。

(1) 巡塘。观察鱼的摄食、活动和水质变化,注意有无浮头预兆、有无病鱼等,如果发现问题,应及时处理。

(2) 换水。乌鳢每天摄入含高蛋白的饵料,池水中氨的浓度较高,特别是夏季水温高,水体很容易变坏。为此,需要及时更换水体,一般每周换去 1/3,半个月换去 4/5,具体换水周期根据水质的变化灵活掌握。有条件的地方,最好用微流水养殖,养殖期间水温以不高于 30℃为宜。

(3) 防逃。乌鳢种放养初期,鱼种尚小,跳跃能力较差。随着鱼体逐渐增长,其跳跃能力逐渐增强,尤其是在雨天换水时,乌鳢在清晨跳跃也十分活跃,因此,池埂离水面高度一般应大于 50 厘米,进排水口要安装结实的防逃网,池的四周也要安装防逃网或防逃墙。

(4) 防病。每 15～20 天全池泼洒一次生石灰水调节水质,每星期用 10 克/米^{3}生石灰消毒一次饲料台,一旦发现鱼病,应及时治疗。

第三节 长吻鮠养殖

长吻鮠(*Leiocassis longirostris*)属于鲇形目、鳠科、鮠属,俗称"鮰鱼""江团""鮠老鼠"等。长吻鮠肉味鲜美,无细刺,属优质高价名贵珍品。鳔肥厚,可干制成名贵的鱼肚,特别是产于湖北省石首的鱼肚,质量最好,俗称"笔架鱼肚",享有盛名,而且也有一定的产量。长吻鮠广泛分布于长江流域,是我国特产的名贵淡水鱼之一。目前,在四川、广东等地已进行规模化生产,大多取得了较好的经济效益。

一、生物学特性

(一)形态特征

长吻鮠体长,腹部浑圆,尾部侧扁。吻呈锥形且突出,枕骨突出外露,表面粗糙,眼小,侧上位,有4对须,均较短。口下位,呈新月形,唇肥厚,牙细小,排列成绒毛状,头顶部分或多或少裸露,体表裸露无鳞,侧线平直,鳃孔宽大,鳃盖膜不连峡部。背鳍具有硬棘,后缘有锯齿,胸鳍刺很发达,后缘也具有锯齿,背鳍后方有一脂鳍。臀鳍条14～18枚,无硬刺,尾呈叉形。体粉红色,背部稍带灰色,腹部白色,各鳍均为黑色。

(二)生活习性

长吻鮠生活于江河的底层,觅食时在水体中上层活动,在江河中产卵。冬季多在干流深水处或在乱石的夹缝中越冬,很少进入湖泊。长吻鮠在淡水和咸淡水中均能适应,在闽江、富春江、长江、黄河、海河、辽河中都有分布,故在这些河流的出海口均能捕获长吻鮠。水温为24～28℃时,长吻鮠生长迅速,20℃以下时,其生长缓慢,摄食量减少。如人工控制温度在24～28℃范围内,对长吻鮠进行流水喂养,当年可达到商品鱼规格。

(三)食性

长吻鮠为肉食性鱼类,摄食以小型鱼类、虾、蟹和其他水生动物为主。长吻鮠在仔鱼阶段就能大量吞食其他种类的鱼苗,成鱼能捕食各种小型鱼类,如鳑鲏鱼、罗汉鱼、虾虎鱼等,还能捕食虾蟹类、甲壳类和水生昆虫类。在人工喂养条件下,也摄食人工配合饲料。

(四)生长

长吻鮠生长较快,尤其是1~4龄的个体更为明显,在长江中最大的个体可达10千克左右。长吻鮠在性成熟之前生长特别快,不同性别的个体在性成熟前无明显差异,性成熟以后,生长减慢,从5龄起,雄性的生长速度明显快于雌性。一般情况下,长吻鮠1龄鱼的体重为76克左右,2龄鱼为0.3千克左右,3龄鱼为0.85千克,4龄鱼为2.4千克,5龄鱼为3.3千克左右。

(五)繁殖

长吻鮠性成熟较晚,第一次达到性成熟的年龄一般为3龄,怀卵量在1万余粒至10万余粒不等,平均在5万粒左右。长江中,雌性成鱼的卵巢一般发育到第Ⅲ期越冬,翌年4月份转为第Ⅳ期,5~6月份开始产卵,卵粒分批分期成熟,亦分批分期产出。长吻鮠的受精卵呈黏性,无色透明,吸水后膨胀,变得富有弹性。亲鱼有护卵特性。

二、人工繁殖

1. 亲鱼的选择及催产季节

人工繁殖所用的亲鱼在江河天然产卵场及其邻近的江段渔民捕获的个体中选购,体重在2千克以上,年龄在4龄以上。先将亲鱼蓄养在微流水池中,每2~3米^{2}水池可蓄养1尾3~5千克的亲鱼。池中要定期注入适当的新水,投喂蚯蚓、泥鳅、野杂鱼和虾类等食料。大部分亲鱼的性腺均能发育成熟,时间在5月上旬到6月上旬芒种时节,之后,亲鱼的性腺渐渐退化。

2. 催产亲鱼的选择与配组

一般来说,成熟度好的雌鱼生殖孔红润,腹部膨大,仰腹可见明显的卵巢轮廓,手摸有松软而富有弹性的感觉;成熟度好的雄鱼能挤出少量白色精液,但因长吻鮠雄鱼的精巢构造特殊,绝大多数个体挤不出精液,只要其生殖突的末端呈鲜红色或桃红色,便可选用。若采用人工授精法,雌、雄鱼配组的比例多为3:1~5:1,而自然受精法则多为2:3~1:1。

3. 催产

催产剂有LRH-A和鲤鱼、长吻鮠的脑下垂体(PG)。这两种催产剂不论是单独使用还是混合使用都有效果。催产剂剂量的大小、注射的次数要根据亲鱼的性成熟情况、水温的高低等来定。一般每千克雌鱼用LRH-A 15~60微克、PG 0.5~1.5颗(以体重500克鲤的脑垂体为标准),雄鱼的用量减半。催产剂要分两次注射,第一次注射量为总剂量的1/3,第二次注射余量,两次注射的时间间隔为10~16小时。适合催产的水温为20~28℃,最适水温为23~25℃。

4. 授精与孵化

长吻鮠可以用自然产卵、自然受精、自然孵化的方法获得鱼苗,也可以用人工授精和人工孵化的方法获得鱼苗。但前者的效果很差,故生产上大都采用后者。成熟度较好的雌鱼,到了催情药物的效应时间,其卵子通常很容易挤出来,而雄鱼的大量精液不得不采用"杀雄鱼取其精巢"的办法获得。孵化用水的溶氧量要求在7毫克/升以上,水温为22~25℃,pH为7左右,氨氮在0.03毫克/升以下。孵化时间的长短与水温的高低关系密切。当水温为24.5~27.5℃时,孵化40~50小时的仔鱼就能出膜;当水温为22.5~24℃时,仔鱼需孵化60小时左右出膜;当水温为17~22℃时,则需孵化80~100小时才能见苗。最适孵化水温为24℃±1℃,孵化水温的变化范围超过3℃时,将导致胚胎(鱼苗)的大批量死亡。

5. 仔鱼暂养

刚孵化脱膜的仔鱼呈橙黄色,腹部有一个硕大的孵黄囊,只能卧于水底(箱底),尾部不停地颤动,此时应取走孵化仔鱼,用网箱暂养仔鱼。长吻鮠仔鱼的暂养时间比"四大家鱼"苗长得多,一般需6~7天后才能作为水花鱼苗出售或下池培育。暂养管理的中心是坚持三个"保持",即保持大流量、小流速的水体交换;保持水质清新、水温稳定;保持暂养箱底平整、鱼苗不堆积。从第四天起辅喂少量熟蛋黄浆。同时要加强管理,努力避免人为因素造成死苗的损失。

三、鱼苗、鱼种培育

1. 鱼苗培育

鱼苗培育池的面积为 6～50 米^2,水深为 0.6～1.2 米,形状为圆形、椭圆形或长方形,全长 1.3 厘米、体重 0.1 克的鱼苗每平方米放养 50～500 尾。仔鱼孵出 4 天后可投喂熟蛋黄,5～6 天后投喂部分蚯蚓,7 天后投喂蚯蚓或者配合饲料。每天投喂 3 次,分别在上午、下午和晚上投喂,投喂量为鱼体总重的 5%～10%。

2. 鱼种培育

鱼种培育池可利用鱼苗池,也可用 133～1000 米^2 的土池,每亩放养 1500～3100 尾 5 厘米以上的鱼苗。不定期地往池中注入新水,水位的高低随鱼体增大而逐渐加深,每天投喂 1 次,投喂量按鱼体总重量的 4%～10% 计算。

3. 饲养管理

长吻鮠是具有胃的鱼,日投喂 2 次,日投喂量为鱼种重量的 0.2%～4.0%,并要保证饲料优质适口。根据其夜间摄食强度大的特点,傍晚的投喂量可适当多些。每月用土霉素片等做成药饵喂鱼,连喂 3 天,可预防肠炎等疾病。由于转食期间残饵较多,应勤洗饲料台,不能让饲料台及其周围发臭,否则,长吻鮠不再上台摄食。长吻鮠缺氧时,发生的浮头现象不同于常规家鱼。如果发现池壁有黑压压的鱼群,它们都是头朝上、嘴巴不停地张合着,这是严重浮头的标志。如果发现有鱼独游、体色很黑,这是有病的征兆。如果池鱼几天前吃食一直都很正常,突然剩食很多,这是天气突变或水质恶化(至少是底层水败坏)的先兆。若发现有以上征兆,应立即采取必要的措施。长吻鮠鱼种阶段易患盘钩虫、车轮虫和锚头鳋病,有时也患出血病和烂鳃病。

四、成鱼饲养

养鱼池最好选硬质底的池子,在池底铺设卵石,放养前应清洗鱼池,用生石灰带水消毒,池子应保持微流水,面积为 70 米^2 左右,水流量为每小时 7 米^3,约 12 小时交换 1 次。放养 1 龄或 2 龄鱼种,每平方米可养体长 16 厘米、体重 68 克的鱼种 3 尾。以投喂蚯蚓为主,也可投喂人工培养的水蚯蚓,有时投喂少量的泥鳅,都以鲜体直接投喂,每日 1~2 次,日投喂量为鱼体总重的 2‰~5‰。每月定期排污 1 次,采取防病措施 1 次。实践证明,饲养 1 龄鱼的经济效益比 2 龄鱼的好。

第四节　黄颡鱼养殖

黄颡鱼为底栖的杂食性鱼类,其肉质细嫩、味道鲜美且营养丰富。黄颡鱼的适应温度范围为 0~38℃,在我国绝大部分地区的自然水体中都能生存;对生态环境因素的适应性较强,较耐低氧,抗病能力较强,在常规培育条件下可获得较高的产量和经济效益,适合在我国各地进行推广养殖;食性范围广,可用人工配合饲料饲养,饲料来源较易获得。

一、黄颡鱼的生物学特性

(一)分类

黄颡鱼(*Pelteobagrus fulvidraco*)属于鲇形目、鲿科、黄颡鱼属。本属有 5 个种,分别为黄颡鱼、瓦氏黄颡鱼(江黄颡鱼)、光泽黄颡鱼、岔尾黄颡鱼和中间黄颡鱼。目前养殖的主要对象是黄颡鱼,其次为瓦氏黄颡鱼。

(二)形态特征

黄颡鱼体长,腹面扁平,体后半部稍侧扁,头大且扁平。黄颡鱼的吻圆钝,口裂大,下位,上颌稍长于下颌,上下颌均具有绒毛状细齿。眼小,侧位,眼间隔稍隆起。须4对,鼻须达眼后缘,上颌须最长,伸达胸鳍基部之后。体背部呈黑褐色,体侧呈黄色,并有3块断续的黑色条纹,腹部呈淡黄色,各鳍呈灰黑色。背鳍条6~7枚,臀鳍条19~23枚,鳃耙外侧14~16枚,脊椎骨36~38块。背鳍中的不分支鳍条为硬刺,后缘有锯齿。胸鳍的硬刺较发达,且前后缘均有锯齿,前缘具有30~45枚细锯齿,后缘具有7~17枚粗锯齿。胸鳍较短,这也是它和鲶鱼不同的一点。胸鳍略呈扇形,末端近腹鳍。脂鳍较臀鳍短,末端游离,起点大约与臀鳍相对。

(三)生活习性

黄颡鱼属的鱼类属于底栖性鱼类,白天喜栖息于水体底层,夜间则游到水体上层觅食,对生态环境的适应能力较强。在低氧环境中有较强的适应力。黄颡鱼喜欢集群和在弱光条件下摄食、活动。对生态环境适应性较强,广泛分布于我国淡水水体中,是我国江河、湖泊中的一种重要的经济鱼类,在各干流水域的湖泊、河流、水库中均能形成自然种群。

(四)食性

黄颡鱼为杂食性鱼类,随着个体大小的不同,黄颡鱼的食性有着显著差异。黄颡鱼从鱼卵孵化出膜后第4~5天开始摄食浮游动物,如轮虫、桡足类和枝角类,以及人工投喂蛋黄之类的饲料。黄颡鱼的体长在5~8厘米时,主要的食物有枝角类、桡足类、摇蚊幼虫、水蚯蚓及人工配制的混合饲料(鱼浆与植物性饲料混合剂)等;在体长10厘米以上时,主要食物有螺蛳、小虾、小鱼、摇蚊幼虫、蜉蝣目稚虫、鞘翅目幼虫、昆虫卵、水蜘蛛、苦菜叶、马来眼子菜叶、聚草叶、植物须根和腐屑及其他鱼类产在水生植物和石块上的鱼卵等。在人工饲养条件下，除摄食池塘天然饵料生物外，一般必须投喂人工配制的软性配合饲料。

(五)生殖习性

1. 雌雄的区别、性比例

黄颡鱼在未达到性成熟之前，从外部形态观察雌鱼与雄鱼无显著差异，不易区别。但达到性成熟的亲鱼较易区别，一般成熟雄鱼个体大于雌鱼个体，在臀鳍前和肛门后有一个突出 0.5～0.8 厘米长的生殖突，尖长明显可见，泄殖孔在生殖突的顶端；雌鱼的体型较短粗，腹部膨大而柔软，没有生殖突，生殖孔与泌尿孔分开，生殖孔圆而红肿。一般雌雄比例在 1.0∶1.5 以上，雄鱼要多于雌鱼。

2. 怀卵量和产卵量

黄颡鱼的绝对怀卵量随着体长增长而有所增加，而相对怀卵量在体长达到一定范围后有明显的减少趋势。体重范围为 100～150 克，其绝对怀卵量为 1850～6895 粒，属于分批产卵的鱼类。

3. 繁殖时期和繁殖场的环境条件

黄颡鱼在繁殖季节的水温范围为 21～30℃，最佳水温为 23～28℃，繁殖期为每年的 5 月至 7 月中旬。黄颡鱼在繁殖期间受气候条件的影响较为明显，当气候条件为晴转阴雨天气，并产生降雨时，即可发现黄颡鱼大量产卵。产卵时间通常在夜间 8 时至次日清晨 4 时。黄颡鱼繁殖的环境条件特点：自然水体一般是水质清新的静水的浅水区，水深为 20～60 厘米，有茂盛的水生维管束植物生长，底部为泥底或凹形地段，外部环境安静并且没有风浪。

4. 筑巢和护苗习性

黄颡鱼的雄鱼具有筑巢来保护鱼卵和鱼苗的习性。在生殖期间，雄鱼游至自然水体的沿岸地带，在水生维管束植物茂密的浅水区域的淤泥黏土处(20～60厘米),利用胸鳍在泥底上断断续续地转动,掘成一个小小的泥坑,即为黄颡鱼的鱼巢。雄鱼在筑巢后即留在巢里,等候雌鱼到来,雌鱼在巢里产卵,雄鱼射精进行受精,这样要分几次进行产卵和受精。雌鱼产完卵后,即离开鱼巢觅食。只有雄鱼在巢里或巢的附近守护正在发育的受精卵和刚孵化出膜的仔鱼,直至仔鱼能离巢自由游动。雄鱼在巢中护卵能防止敌害的侵扰,还具有清洁鱼巢的作用。

5. 胚胎和胚后发育

黄颡鱼的卵呈浅黄色,具有沉性,卵球极柔软。卵受精后吸水膨胀,膨胀后的卵直径为1.86～2.26毫米。在胚胎期,当水温为23～24℃时,从受精卵至孵化出膜需56～75小时。刚出膜的仔鱼全长为4.8～5.5毫米,出膜第2天全长为6.0～6.5毫米,出膜第3～5天全长为8.0～9.0毫米,出膜第5～10天全长为9～12.0毫米。

6. 稚鱼发育时期

出膜第11～14天,仔鱼全长为13毫米左右。鱼体背部呈黑色,腹部淡黄透明,可见肠管。出膜第16～25天,鱼全长为17～19毫米,鱼的各器官发育都已完善,鳍褶完全消失,尾鳍呈深叉形。整个鱼体外形、体色均似成鱼。稚鱼期至此结束。

二、黄颡鱼的苗种培育

黄颡鱼的鱼苗、鱼种培育是指从刚孵化出膜的带卵黄囊的仔鱼开始培育,直至能进行商品鱼放养的大规格鱼种为止的整个生产过程。依据黄颡鱼的苗种阶段的生物学特性及其对生态环境条件的要求和生长速度等特点,从仔鱼到大规格鱼种培育分为3个阶段:第1阶段,孵化出膜至混合营养期转向外营养期;第2阶段,从15毫米左右的稚鱼长至2.0～2.5厘米的稚鱼,此阶段的鱼苗体小嫩弱,摄食能力较差,处于食性刚刚转化过程,对生态环境变化的适应能力和敌害侵袭的抵抗力较差,鱼苗有群食的特点,必须在环境条件较适宜的

第十三章 名贵鱼类养殖

水泥池及小型鱼塘中精心培育;第3阶段,从2.5厘米左右开始,经过培育长到3~5克体重的大规格鱼种。

(一)鱼苗的生长速度

由于鱼苗的新陈代谢活动较旺盛,所以,其生长速度一般较快,在饲养条件较好的情况下,黄颡鱼苗从0.65厘米长到3.0厘米需要15~17天,从3厘米长至5厘米需要10~12天。黄颡鱼苗种在培育阶段的生长速度与放养密度、水温、水质、饵料来源、饲养管理的技术水平等都有直接关系。

(二)仔鱼期的暂养

黄颡鱼刚孵化出膜的仔鱼,卵黄囊较大,不能自由游动,而且喜欢集群在水体的底部,需要在无泥浆、无污染的沉淀物的条件下才能进行暂养。待鱼苗发育和不断吸收卵黄囊后能自由游动的情况下,才能在鱼苗池中培育。一般情况下,幼鱼在暂养池中饲养到0.9~1.5厘米后进行培育。

1. 仔鱼暂养设施

一般仔鱼暂养设施为流水水泥池或40~60目网布加工成的网箱等。水泥池形状有方形、圆形或椭圆形,要求底部光滑,有进出水口,出水口要用40目以上的网布拦住。网箱规格为长方形,深度为0.5~0.7米,网箱中必须保持微流水,以便水体交换及排除污物。

2. 暂养方式及管理措施

鱼苗的暂养方式主要有流水水泥池暂养及网箱暂养,这2种方式都较适宜批量生产。

(1)流水水泥池暂养。将流水水泥池清理干净,注水深0.5米,将带卵黄囊的仔鱼放入水泥池中,每平方米放养1.5万~2.0万尾仔鱼,开始2~3天只需不断流水保持充足的溶氧即可。这时的鱼苗全部集群于池底四周,待鱼苗内的营养吸收差不多而开始摄取外界营养,并且鱼苗自由集群游动时,开始投喂鸡蛋黄一天。从第二天开始,以蛋黄与浮游动物结合的方式投喂,浮游动物如轮虫、枝角类、桡足类等活体投喂较好。投喂的方法是少量多次,在培育的过程中,必须保持水体有充足的溶氧,除流水外,采用空压机增加池中的氧气,并且每2~3天清除一次水泥池中的杂物及粪便等。

(2)网箱暂养。用40~60目的网布加工成长方形暂养网箱,网箱暂养的方法是首先将池塘消毒,清除野杂鱼,注水深0.6~0.8米,将池塘水质培肥至有大量的浮游动物出现,水体透明度在40厘米以上时,将网箱用桩固定好,网箱上下全部系牢固,以有风浪时网箱不摇动为宜。网箱上口离水平面为10~12厘米,若进行微流水网箱暂养,每平方米网箱放仔鱼0.8万~1.0万尾;若无流水网箱暂养,每平方米放养仔鱼0.3万~0.5万尾。待鱼苗能自由游动时,开始投喂2天蛋黄浆,到鱼苗活动能力较强、能正常摄取水体中的浮游动物时,将网箱上口沉于距水体表面10~15厘米以下,让鱼苗自动离开网箱到池中。网箱下沉1~2天后,将网箱中未活动离开的鱼苗清理出网箱,放入池塘。必须注意保持池塘水质良好,水体不宜浑浊,以免泥浆黏于鱼苗体表,影响鱼苗的正常活动而导致死亡,并保持池塘水的氧含量在5毫克/升以上。

(三)鱼苗培育

1. 池塘培育

池塘培育与集约化培育鱼苗各有不同的特点,均为有效的鱼苗培育池条件。鱼苗培育要求具有较高的技术水平及严格的管理措施,其生产指标为:成活率为80%~95%,鱼体健壮,无病害,规格整齐。池塘培育黄颡鱼鱼苗借鉴我国传统鱼苗培育方法,即肥水下塘(浮游生物大量繁殖),并与人工配合饲料相结合。

(1)鱼苗培育池的条件。要求培育池的水源充足,水质清新,注排水方便;池形整齐,面积以0.5~1.0亩为宜,水深保持在50~100

厘米,前期浅,后期深;池底平坦,淤泥深10厘米左右,池底、池边无杂草。在出水口处设一个长方形集鱼池,水泥池或土池均可,以利于集中捕捞鱼苗;池堤牢固,不漏水;周围环境良好,向阳,且光照充足;池塘水质浑浊度小,pH为7~8,溶氧量在5毫克/升以上,透明度为30~40厘米;认真做好鱼苗培育池的清理与消毒工作。

(2)鱼苗的放养密度。放养密度依据池塘的基本条件及浮游动物的数量而定。黄颡鱼暂养后的放养密度以每亩放养2.5万~3.0万尾鱼苗为宜,且不宜搭配其他鱼类,尤其是鲤鱼苗和鲫鱼苗,绝对不能混养,一般以单养为宜。另外,放养时,水温温差不能超过2℃,鱼苗池的水体pH在6.8~7.5之间,氨氮浓度低于0.06毫克/升。

(3)培肥池水和及时下塘。有机粪肥,如发酵后的畜、禽、人的粪尿,一般在鱼苗下塘前6~7天施入,每亩施肥300~500千克,视原池塘的肥度情况而有所增减。

(4)饲料及投喂。黄颡鱼鱼苗的体长在0.9~1.0厘米下塘,第一天不投饲或少量投喂混合团状饲料。因为黄颡鱼在体长2厘米以前,主要摄食浮游动物、摇蚊幼虫及无节幼体、昆虫等,同时也摄食人工混合饵料,一般采用粉状配合饲料,用水搅拌成团状,直接投喂到鱼池中即可。配合饵料的参考配方:鲜鱼浆35%、豆饼粉25%、次粉23%、玉米粉15%、黏合剂2%。水温在20~32℃时,每天上午和下午各投喂1次,投喂量占鱼体重的3%~5%。依据黄颡鱼的集群摄食习性,投喂饲料宜采取较集中投喂的方法,投喂面积占池塘面积的6%~10%。

(5)日常管理。

①遮阴。根据黄颡鱼鱼苗有显著的畏光性和集群性的生物学特性,池塘水质需具有一定的肥度,透明度不宜过大,否则,应在池塘深水处设置面积5~10米^{2}的遮盖物(遮阳布、竹席、芦苇、石棉瓦等)。

②分期注水。这是鱼苗培育过程中加快鱼苗生长和提高成活率的有效措施。具体方法为:浅水下塘,即鱼苗下塘时水深为40~60

厘米。以后每隔3~5天加水1次,每次加水8~10厘米。注水时要防止野杂鱼和敌害生物进入池中。

③巡塘管理。每天巡塘时,要注意鱼苗的摄食与分布状况。鱼苗的摄食方式比较特殊,它们常常仰腹游动来摄取水蚤或微粒饲料。在强光照射下,黄颡鱼鱼苗只在池底觅食,光照较弱时,也到水体中上层活动取食,但在饥饿时,即使光照较强,也会游向中层水体争吃刚投下的食物。整个苗种阶段都有集群的特性,光照越强,集群程度越高,有时整池的鱼苗完全集中于1~2团,头向内、尾朝外并不安地向鱼群底部挤钻;在光照适宜、食物充足的环境里,鱼苗大都集合成小团,分布较均匀,受到惊扰时,只是稍微散开一下,接着又安静下来。鱼苗在缺氧时,体色由黑变浅,有时几乎呈灰白色,并失去光泽;在水温较高的浑水中,体色也变浅;突然进入低温水中,鱼苗的体色立即变深,背部近于黑色,随着水温的上升,体色逐渐恢复正常。苗种的耗氧量比传统养殖的"四大家鱼"高出1倍左右。黄颡鱼苗种池的溶氧量一般应保持在5毫克/升以上,否则易发生浮头、泛池事故。苗种的浮头现象也与家鱼有区别,在缺氧时,首先表现为在池底呈离散状分布;如果继续缺氧,散乱的鱼苗停留在水面下3~5厘米处不再攀升,这是中度缺氧浮头的症状;如一直攀升到水面附近,这是严重浮头的标志,需立即开启增氧机或采取边换老水、边注新水等解救措施。此外,还要特别注意防止鱼病的发生,并实施必要的防治措施。

(6)夏花苗种的分塘。鱼苗经过20~25天的培育,长到全长约5厘米时,需要进行苗种分池,以便继续培育大规格鱼种或直接进行成鱼的养殖。黄颡鱼鱼苗的起网率极低,一般采用干池法进行分塘,其方法是:将池水排干,只保留出水口池底深处10~15厘米的深水位,便于鱼苗集中在一起,用抄网将鱼苗捞起。出塘的鱼苗直接进入网箱或流水水泥池中暂养几个小时,目的是增强幼鱼的体质,提高幼鱼的出池和运输的成活率。一般控制在晴天早晚5时左右分池,避免高温作业。黄颡鱼为无鳞鱼,加之胸鳍和背鳍的硬刺易使鱼体相互刺伤,而且鱼体黏液过多地脱掉,易被寄生虫和细菌感染。在放养前须用2%~3%的盐水对鱼体进行严格消毒。

2.集约化培育

黄颡鱼鱼苗的集约化培育一般在流水水泥池或网箱中进行,完全依靠投喂天然饵料和人工配合饲料(粗蛋白含量为40%~42%)。集约化培育具有放养鱼苗密度大、出池率高、培育的鱼种体质健壮、规格整齐及饲养管理和操作方便等特点。其不利之处在于,饲料全靠外界投入,较易带入病原体和敌害生物,所以日常管理特别重要,如管理不当,会造成鱼苗批量死亡。

(1)流水水泥池培育鱼苗的基本条件。水泥池的面积为10~20米^2,深度为0.6~0.8米,水源充足,水质清新,溶氧量高,所用水需经严格过滤且不带其他的敌害生物。排水口能便于将污物及鱼的粪便排出池外,且池底平坦。

(2)放养密度。

黄颡鱼鱼苗的集约化培育的放养密度见表13-4。

表13-4 流水培育鱼苗的放养密度

鱼苗规格	放养密度(尾/米^3)
刚孵化出膜的仔鱼	10000~15000
1~3厘米	6000~8000
3~5厘米	4000~6000

(3)饲料及投喂。在黄颡鱼的不同发育阶段,全部依靠投喂天然饵料(如浮游动物、枝角类、桡足类、摇蚊幼虫、水蚯蚓等)及人工配合微型颗粒饲料。参考配方:鱼粉28%、蚕蛹10%、肉骨粉9%、肠渣粉8%、血粉8%、标准面粉30%、豆油25%、黏合剂1.5%、复合无机盐1%、复合维生素1%。

投喂量根据摄食状况、水温及鱼体大小而定,一般采用少量多次投喂的方式。黄颡鱼有群食的特点,在投喂时,首先将少量饲料投入池中,待鱼苗集中在一起时,开始增加投喂量,通常采用边吃食边投喂的方式,这样不仅不浪费饲料,又能保证所有的鱼摄食到饲料。

(4)日常管理。黄颡鱼鱼苗的集约化培育过程一定要注意水质。保持水质清新,不带浑浊物及污染物质,pH 为 7.0~8.5,溶氧量在 6 毫克/升以上。必须保持 24 小时有不断的微流水,同时用空压机提供氧气。

由于流水水泥池的集约化培育,放养鱼苗数较多,加之投放的天然饲料中常有其他杂质沉于底层,同时人工配合饲料的残料、鱼苗排出的粪便等也沉于池底,这些都不易被流水排出,因此,在饲养过程中必须定期将池底污物清除干净。

坚持"四定"投饲的原则,按照鱼苗的摄食规律设定投饲时间及次数。定点投饲对黄颡鱼来说尤为重要,因为黄颡鱼有群食的特点,投饲料要固定 1~2 个点;定质是指投饲时一定要注意天然和人工混合饲料的质量,不能投带有污染物的天然饲料及人工混合变质的饲料;定量是指投饲要依据鱼的摄食量,切勿时饱时饥。

日常管理是指每天要对流水水泥池的水质进行检查,检查水源是否带有污染物,检查鱼苗是否患有疾病,发现疾病和污染物要及时采取措施。水泥池要用遮盖物盖住,防止太强烈的光照影响鱼苗正常摄食,通常用遮光黑布。

(5)网箱培育鱼苗。其方法与水泥池培育的方法基本相似,其放养密度随网箱内鱼苗的大小、设置网箱中水体溶氧量的高低等有所差异。使用网箱培育鱼苗时,根据鱼苗的不同规格要求网箱的网目也不同,孵化出膜的仔鱼网箱的网目为 60 目,0.9~1.0 厘米的鱼苗网箱网目为 50 目,3~5 厘米的鱼苗网箱网目为 15~20 目。网箱形状为长方形或正方形。网箱的规格根据不同时期的鱼苗大小而定,1 厘米左右幼苗的网箱为 3~5 米^2,2 厘米以上幼苗的网箱为 5~10 米^2,5 厘米左右幼苗的网箱以 10 米^2 为宜。设置网箱时,网箱的上下 4 个角都要牢牢固定在网箱的支撑架上。放养密度随水体水质的好坏而有所差异,水质好、透明度高的水体中网箱的放养密度要大于透明度低的水体中网箱的放养密度。一般每立方米水体放刚孵化出膜仔6000~8000尾,1厘米左右的鱼苗4000~6000尾,2厘米左右的鱼苗3000~4000尾。鱼苗在网箱培育过程中,要注意经常清理网箱或更换网箱,以免附着物及污染物过多而影响网箱内外水体的交换。网箱架上要有遮光物,因为网箱设置的水体一般透明度较大,强烈的光照会影响黄颡鱼的正常摄食和生长。

(四)鱼种培育

1. 池塘培育大规格苗种

鱼种培育是指从2厘米左右的鱼苗培育到5~8厘米的鱼种的过程。此时,鱼种的规格增大,摄食习性基本上与成鱼相似,集群性强,摄食量增大,对生态环境的适应性增强。

(1)池塘条件。池塘面积一般以1~2亩为宜,池塘水深在1.5米左右,池底平整,排水口处约20%的面积较整个池底低20厘米,淤泥较少,保水性能好,周围环境安静,且稍有遮光物。要做好池塘的清野消毒和培肥水质工作。

(2)鱼种放养。一般将鱼种饲养到越冬前后,再放养到成鱼池中进行商品鱼饲养,每亩放养量为1.8万~2.0万尾,待鱼种长到4~6厘米时,再分池饲养商品鱼。

(3)饲料与投喂。生产中多将小杂鱼绞碎后,掺拌部分鱼粉、蚕蛹粉、豆粉、麦麸、次粉及添加剂等,揉成团状饲料投喂在饲料台上,也可将鱼绞碎成浆后,用次粉黏合一下直接投喂。如人工配合饲料配方为:鱼粉23%、蚕蛹粉8%、肉骨粉8%、血粉8%、酵母粉6%、黄豆粉17%、标准面粉23%、植物油3%、黏合剂1.5%、复合无机盐1%、复合维生素1%。

(4)日常管理。饲料投喂要遵守"四定"原则:定时、定位、定量、定质。定期清理食场,并用漂白粉溶液消毒;此时最常见病害为出血性水肿病,除需要定期进行全面消毒杀菌外,饲料中还添加允许使用的抗生素(每千克饲料添加5～20克),每天投喂1次,连续投喂3～5天;每天巡池检查,适时改善水质等。

2.网箱培育鱼种

设置网箱的水体要求水质清新、透明度大和溶氧量充足。网箱规格为长5米、宽2米、高1米。网目为40目(待鱼种长到3厘米以上时,更换为15～20目网箱),网箱底部缝一个2～3米^{2}的饲料台,并在网箱架上加遮盖物遮光。饲料投喂与池塘养殖基本相同。

三、黄颡鱼成鱼的饲养

黄颡鱼成鱼的饲养方法有多种,如池塘主养、池塘套养、网箱饲养、网箱套养、水泥池流水高密度饲养等。本书主要介绍池塘主养的饲养方式。

1.饲养池的选址

(1)池塘的形状。黄颡鱼饲养池的形状,一般选用东西长、南北宽的长方形,长与宽之比为2:1或5:3较为适宜。

(2)水源和水质。水源要求无农药污染、无工业污染和无生活污水污染;水质要求清新,溶氧含量高,溶氧量在3毫克/升以上;池水的pH为7.0～8.5。

(3)面积和水深。在黄颡鱼的饲养过程中,由于鱼体逐渐增长,因此,要求池塘的面积必须相应地扩大,水深也相应加深,这样才能适合黄颡鱼的生长要求。饲养池的适宜面积为2000～3500米^2,水深为1.5～2.0米。

鱼种放养前的准备工作同四大家鱼。在饲养池塘中用药6～7天后,即可将黄颡鱼鱼种下池。为了安全起见,鱼种在下池前,最好用几尾黄颡鱼鱼种试水,证实药物毒性消失后再放鱼。

(4)天然饵料的培育。黄颡鱼鱼种在下池时,其食性在一定程度上还比较依赖于天然饵料。因此,在黄颡鱼鱼种下池前,即施用清塘药物后的 5~6 天,池中要先施一定量的基肥,如猪粪、鸡粪等有机肥料,以培养水中的浮游生物,为刚下池的鱼种提供良好的天然饲料。

2. 鱼种放养的规格和密度

(1)鱼种放养的规格。在黄颡鱼成鱼的饲养阶段,鱼种规格的大小对提高池塘鱼的产量有非常重要的作用。对成鱼进行池塘饲养时,适宜投放鱼种体长为 4~6 厘米。如果投放鱼种的体长大于 6 厘米,则投放鱼种的成活率很高,鱼体的增重比率比体长为 4~6 厘米的鱼种增重比率更高。

(2)鱼种放养的密度。合理的放养密度要根据池塘的条件、人工饲料供应情况以及鱼苗的规格等因素来确定。一般每亩的放养量(体长为 3~6 厘米)为 4000~8000 尾或体重为 15~30 克/尾。在配备有增氧机,注排水方便,及饲料供应充足的精养池塘,每亩的放养量可增加至 10000 尾。

(3)合理搭配其他鱼类。黄颡鱼鱼苗下池 1 周后,搭配投放一些与黄颡鱼在生态位和食性上没有冲突的其他鱼类,可以充分利用池塘的水体空间。具体搭配种类及搭配量为:每亩投放 10~15 厘米白鲢 200 尾;每亩投放 8~10 厘米的花鲢 100 尾;10~15 厘米的草鱼鱼种或 6~8 厘米的鳙鱼鱼种可少量投放。

3. 饲料的投喂

(1)饲料投喂的原则。黄颡鱼的食性为杂食性偏肉食性。在成鱼的饲养过程中,除了在饲养初期要施肥培育天然饵料外,后期在投喂人工配合饲料时,还应辅助投喂鱼肉、螺蚌肉、动物内脏等动物性饲料,补充黄颡鱼对动物性蛋白质的需要。人工饲料的蛋白质含量要求不低于 38%~40%,其中,动物性蛋白质与植物性蛋白质的含量比为 3∶1。人工配合饲料中的脂肪含量为 8.9%,粗纤维含量为 10%。搭配投喂的动物性饲料的种类有多种,如小鱼虾、螺蚌肉、动物屠宰的下脚料、蚕蛹、蚯蚓等,都是黄颡鱼喜食的饲料。

(2)投饲要做好"四定"。黄颡鱼成鱼饲养的过程中按"四定"的原则投饲。一般每天投喂2次,即每天上午8~9时和下午3~4时各1次。夏天气温较高时,下午的投喂时间可推迟到5时以后;如果遇闷热和雷雨天气,应推迟投喂或停止投喂。

(3)投饲量与水温的关系。黄颡鱼的摄食量与常年水温的变化有关。在初春,当水温为15℃时,黄颡鱼开始摄食,其日摄食量占鱼体重的3%~4%;在生长适温范围,即在春末至初秋这段时间内,当水温为20~28℃时,黄颡鱼的摄食量明显增加,日摄食量约占鱼体体重的6%以上;在盛夏高温季节,当水温高于30℃时,或在冬季至初春季节,气温低于10℃时,黄颡鱼很少摄食或基本停止摄食,这时应相应减少日投饲量或停止投饲。

(4)黄颡鱼的驯食。利用黄颡鱼在小规格时具有集群摄食的习性,在黄颡鱼鱼种刚进入成鱼池饲养时,就对鱼种进行驯食,使鱼种养成集群吃食的习惯。由于黄颡鱼是底栖性鱼类,并且人工饲养时投喂的饲料是沉性饲料,故鱼种驯食可以提高人工饲料的利用率和增加黄颡鱼的摄食强度。训练黄颡鱼的集群摄食,还可以使成鱼的捕捞和成鱼饲养过程中的防治鱼病工作更加简便有效,有利于节省成本。引导黄颡鱼到食台上摄食的方法多种多样。一般是在黄颡鱼鱼种下池后,每天黄昏前后,便将鲜活的蚯蚓或剁碎的鱼虾肉、蚌肉等投在搭设的食台上,持续1~2周,可有效地训练黄颡鱼到固定的食台取食。

4.池塘水质调节

水质调节是日常管理的一项重要工作。调节水质的主要目的是改善池水的溶氧条件,调节池水的pH,保持池塘中有丰富适口的天然饲料等。黄颡鱼的食性为杂食性偏肉食性,在成鱼阶段也会摄食部分天然饵料,如桡足类和枝角类等。由于桡足类和枝角类等生活的水体偏向于肥水,因此,饲养黄颡鱼的水体的水质要做到"肥、活、嫩、爽"。通过合理地使用药物,调节池水的pH,并使池水的pH保持在7~8,有利于促进黄颡鱼的生长及池塘中物质的循环,净化池水及预防鱼病的发生。调节池水水质的药物多用生石灰。利用生石灰调节池水的水质时,一般为每半个月左右用 1 次,每次的用量为 15~25 千克/亩。

5. 饲养管理

饲养黄颡鱼的日常管理工作主要有池塘的水质调节、池塘的巡塘、食台和食场的管理、鱼体的检查、鱼病的防治和做好养鱼记录等。

第五节 黄鳝养殖

黄鳝(Monopterus albus)属于合鳃目、合鳃科、黄鳝属,俗称"蛇鱼""鳝鱼""血鳝""长鱼"等。黄鳝分布很广,除了我国西北高原外,各淡水水域均有分布。黄鳝的肉质细嫩,味道鲜美,骨刺少,并含有丰富的蛋白质、多种维生素和矿物质,营养价值甚高,深受国内外消费者的喜爱,已成为重要的名优淡水鱼养殖品种。

一、生物学特性

1. 形态特征

黄鳝的身体细长,前端圆,向后近侧扁,尾部尖细。黄鳝的头部较大,吻端尖;眼小,隐埋于皮肤之下;口大,端位,上颌稍突出,上下唇发达,下唇较上唇厚,两颌的腭骨上有圆锥状细牙,鳃孔小,下位;体上无鳞,富有黏液;无胸鳍和腹鳍,背鳍和臀鳍退化成褶,与尾鳍相连,尾鳍小;体背多为黄褐色,腹部为灰白色;全身有许多不规则的黑色小斑点。黄鳝体长一般为 30~50 厘米,最大可达 80 厘米,体重在 1.5 千克以上。

2. 生活习性

黄鳝属底栖性鱼类,适应能力特别强,昼伏夜出,喜栖于含腐殖质多而偏酸性的水底泥中或堤岸的石缝中,有时选择在松软的水底打洞钻穴。黄鳝生长的适宜水温为 15~30℃,最适水温为 24~

28℃,当水温低于10℃时,黄鳝进入冬眠。黄鳝口腔的内壁表皮能直接从空气中吸取氧气,因此,黄鳝能在溶氧极低的水中生活,出水后只要皮肤保持湿润,就能保持较长时间不死亡。

3. 食性与生长

黄鳝是以动物性食物为主的杂食性鱼类,喜食活饵,能摄食各种水、陆生昆虫及其幼虫,如摇蚊幼虫、飞蛾、蚯蚓等,也摄食大型浮游生物,如枝角类、桡足类、轮虫等,亦觅食蝌蚪、幼蛙、小鱼虾等,兼食有机碎屑与丝状藻类等。黄鳝极耐饥饿,较长时间不摄食也不易死亡;在食物缺乏和极端饥饿的情况下,有时也会互相残杀,相互吞食。

黄鳝的生长发育与水温和饲料有着密切的关系。黄鳝适宜生长的水温为15～30℃,当水温为24～28℃时,黄鳝摄食旺盛,生长最快。野生黄鳝在自然条件下的生长是非常缓慢的,一般5～6月份孵化出的小鳝苗长到年底(吃食到11月份停止),其全长为8～20厘米,体重仅为5～10克;2龄鱼全长为20～30厘米,体重为20～30克;3龄鱼全长为25～40厘米,体重为20～50克;到第四年底体重为100～200克;到第五年底体重为200～300克;到第六年底体重为250～350克;6年以上的黄鳝生长相当缓慢。体重达500克的野生黄鳝一般年龄在12年以上,且极为少见。国内有资料记载的最大的野生黄鳝的体重为3千克左右。人工养殖的黄鳝生长速度较快,5～6月份孵化的鳝苗养到年底,生长较快的单条体重可达50克左右,可基本实现当年养殖当年上市;若第二年继续养殖,个体体重可达350克;第三年可达400克左右,400克以上的个体生长非常缓慢。

4. 繁殖

黄鳝的生命过程中要经历由雌性到雄性的逆转阶段。从胚胎发育开始到性成熟为止的这一阶段内,黄鳝的性别全为雌性,产卵以后雌性体内的卵巢逐渐变成精巢,黄鳝就由雌鳝变为雄鳝,以后就不再变化了。性逆转过程一般在3～5龄时。南方的黄鳝性逆转发生时间较早,北方的较晚。一般来说,体长为20厘米左右的成体黄鳝均为雌性;体长为36~38厘米时,雌雄个体数几乎相等;体长在53厘米以上时,雌性全部变为雄性。

黄鳝每年繁殖1次,繁殖季节较长,5月份开始产卵,7~8月份为盛产期。黄鳝在2~3龄时,性腺成熟,怀卵量为300~800粒,个体较大者,怀卵量可达1000粒以上。黄鳝常在繁殖前先打洞,并在洞口附近的挺水植物、乱石、碎砖瓦间产卵,卵分批产出。产卵时,亲鱼先吐泡沫积成团块,然后产卵于泡沫中。卵呈金黄色,比重略大于水,无黏性,雄性亲鳝有护卵习性,受精卵在水温为30℃时,5~7天内完成孵化,初孵化出的仔鱼全长为11~13毫米。

二、人工繁殖

黄鳝的人工繁殖方法与其他家鱼基本相似。但其怀卵量较少,每尾仅为300~800粒,因此,所需要的亲鱼数量较多。为保证雌雄比例的协调,在选择亲鱼时,要适当地选择个体长度有差别的亲鳝。选择雌鳝时,以体长为30厘米左右、体重为150~250克为宜,雄鳝的体重以200~500克为宜。

催产用促黄体生成素释放激素类似物、绒毛膜促性腺激素、鲤鱼脑垂体,一次注射。催产后要及时进行检查,可捉住亲鳝,用手触摸其腹部,由前往后移动,如感到卵粒游离,表明黄鳝已开始排卵,此时应立即进行人工授精。放卵容器可用玻璃缸或瓷盆,将卵挤入容器后,立即把雄鳝杀死,取出其精巢,用剪刀把精巢剪碎,放入挤出的卵中,充分搅拌,然后加入200毫升任氏溶液,放置5分钟,再加清水,将精巢碎片和血污洗去,放入孵化器中静水孵化。孵化水温以27~30℃为宜。孵化器的水深一般控制在10厘米左右,孵化过程中要注意经常换水,换新水时水温差不要超过5℃。

幼体出膜时间通常在受精后的5~7天,出膜仔鱼的卵黄囊较大。出膜鳝苗体长一般为1.2~2.0厘米,出膜后的幼苗经4~7天培育,卵黄囊基本消失,幼鳝体长为3.0~3.1厘米,此时即可放入幼苗培育池内培育。

三、人工繁殖的鳝苗培育

鳝苗的培育池以小型水泥池为宜,池深为30~40厘米,上沿高出地面20厘米以上,以防止雨水漫池而造成逃苗等现象。水池的面积为10米^{2}左右,池底部加土5厘米厚。每平方米加牛粪或猪粪1千克。如有可能,最好引进丝蚯蚓入池,水面上放入根须较多的水葫芦等水生植物。出膜5~7天后的鳝苗即可放入池内培育,放养密度以100~200尾/米^{2}为宜。可投喂浮游动物和丝蚯蚓,也可投喂碎鱼肉等动物性饲料,放养的个体大小要一致,不宜大小混养在一起,以防止互相残杀。平时注意水质的管理,经常加换新水。饲养1个月左右,幼鳝的体长可达8厘米左右。当年年底每平方米可产幼鱼100尾左右,当每尾鳝苗体重为3克、体长为15厘米时,就可转入成鳝池饲养。

四、黄鳝成鱼的养殖

养殖成鳝,首先要解决的是鳝种的来源问题。当前鳝种的来源主要是野外直接捕捉、市场购买、半人工繁殖苗种(在人工养殖的黄鳝中挑选体质较好的雌、雄黄鳝亲本,集中在富含有机质壤土的池中越冬,待翌年春季时自然产卵繁殖)和全人工繁殖的苗种。

(一)养殖的条件与要求

养殖黄鳝的地点要选在有充足的水源、无污染和有活水的地方。饲养池的面积可大可小,从3~5米^{2}到几百平方米不等,宅前屋后的空地、水沟、坑道等处,均可造池养黄鳝。可以办专业养殖场,也可以作为家庭副业来经营。饲养的方式虽然各种各样,但在鳝鱼放养前都应用10毫克/升的孔雀石绿溶液在水温为24~26℃的条件下浸洗鳝种25~30分钟,或者用浓度为3%~4%的食盐水浸洗消毒4~5

分钟,这对防治水霉病比较有效。同时,还应消除鳝种身上的寄生虫,如寄生的蚂蟥等。消毒后的鳝种即可及时放入饲养池中饲养。

(二)黄鳝养殖池

养殖池用水泥和砖面结构,这样可以防止黄鳝钻洞逃逸,池的四周边缘要向池内有一定的倾斜角度,以免黄鳝用尾巴钩墙外逃。养殖池的深度一般为1.5米左右,池底铺盖含有较多有机质的黏土,厚度大约为20厘米。在池中还可放入较大的石块、瓦块、树干等,以做成人工洞穴,模拟黄鳝的自然生活环境。黄鳝喜爱群居在这种洞穴中,不再在池底钻洞外逃。待到冬季时,揭开这类覆盖物和堆放物,就能发现许多黄鳝群居在一起,也极易捕捉。铺好底泥以后,将新鲜水放入池中,水深保持在10厘米左右,不宜太深,因为黄鳝习惯于身居穴内,头经常伸出洞外觅食或呼吸,这样的水深环境适合黄鳝的生活习性。池中可适当种些水花生、慈姑等水生植物,以改善其水域环境,夏天还可以用来遮阴和降低水温。也可在池中堆放一些烂草堆,黄鳝喜爱栖息其中,草堆中的有机物还能培育出大量的浮游生物,供黄鳝食用。家庭养殖黄鳝时,宜在宅前屋后,选择向阳、通风和水源方便的地方建池。养殖池的大小依养殖规模而定,池形还可与美化环境相结合,圆形、椭圆形、方形、不规则形等均可,也可以利用低洼水坑、废鱼池和废粪坑改建。

(三)鳝苗放养

放苗前,池子必须进行消毒。在放苗前7~10天,用生石灰消毒池子,每平方米池子用0.2千克生石灰,以杀灭有害病菌。放养的黄鳝苗无病无伤,每尾体重为20~30克,这样的黄鳝苗种适应性强、生长快。放养的黄鳝苗种要求规格整齐,大小基本一致,以免为争食而互相残杀。一般情况下,每平方米投放黄鳝苗种50~60尾。

(四)饲料

选择养殖黄鳝用的饲料时,应采取因地制宜的方法。如有沟渠、沼泽和坑洼的地区,可以捕捉天然的小鱼、小虾、蝌蚪、小青蛙等来投喂;山区或丘陵地带,可以捕捉昆虫、蚯蚓等;养蚕的地区,可投喂蚕蛹;在湖泊河流水网地带,可投喂鱼虾类、蚌蚬类水生动物;在禽畜加工厂附近,可购买废弃的动物内脏作饲料。在缺乏动物性饲料来源时,也可投喂植物性饲料,如糠麸、米饭、面类等食物,但投喂植物性饲料的黄鳝生长比较慢。投喂的饲料一定要新鲜,不能投喂腐烂变质的食物,以防引起疾病或导致死亡。

(五)饲养与管理

黄鳝的生长季节在 4~10 月份,摄食和生长旺盛时期在 5~9 月份。饲养与管理工作主要注意以下几点。

1.投饲要"三定"(定时、定量、定点)

黄鳝在 15℃以上时开始明显摄食,25~30℃时摄食旺盛,因此,5~9 月份为摄食盛期,一般投饲量为鱼体重的 3%~5%。在 6~8 月份的生长旺季,每天投饲量可增加到鱼体重的 6%~7%。每天投喂 1~2 次,应做到定时、定量、定点投喂。若投喂过多,则黄鳝会因贪食而胀死;若饲料不足,则影响其生长。黄鳝具有夜间觅食的特点,因此,喂食时间一般定在下午 6~7 时,次日应捞出黄鳝吃剩的食物,以免败坏水质。

最好选择固定的投饲位置,一方面,可以驯化其觅食的习惯;另一方面,更方便捞出剩下的食物。在黄鳝苗种的饲养阶段,宜做好食性的驯化工作。在放养的前几天可以不投饵,随后将蚯蚓和其他饲料混合交叉投喂,使幼鳝从小就养成混合吃食的习惯。否则,黄鳝就会因长期投喂同一种饵料,食性变得难以改变,不利于饲养。

2. 水质要保持新鲜

特别在高温季节，要增加出入水的次数，及时清除掉残饵，以保持水质清新。如有条件，还可在池中种植水生植物，以降低水温、净化水质、减少换水的次数，还可以美化环境。夏天下暴雨时应及时排水，以防黄鳝漫水逃跑；烈日当空时，要搭凉棚遮阴，以保证黄鳝有较好的栖息环境。

3. 要及时分池

在成鳝产卵繁殖前，可以在池内放些油菜秸秆、杨树根须和棕榈皮等卵粒附着物，让雌鳝在上面产卵。幼鳝孵出后要及时捞出，放入另一池中饲养，以避免成鳝吞食幼鳝。成鳝池主要投喂人工饲料，而幼鳝池则主要用肥水培育的浮游生物喂养。

4. 捕捞成鳝

成鳝的起捕时间通常在10～11月份。当水温为10～15℃时，黄鳝已基本停止摄食和生长，这时气温和水温较低，黄鳝活动少，捕捞时不易受伤，并且便于运输。

五、成鳝越冬

进入冬季后，当水温降到10～12℃时，黄鳝便停止摄食，钻入泥内越冬。此时，将达到商品规格的黄鳝捕捞上市，对留种的黄鳝要做好越冬保种工作，主要做法是将池水排干，并保持池土湿润。冬季温度较低的地方，宜在池上覆盖一层稻草，以保温防冻。也可带水越冬，但要适当注意把水灌深些，以免水体结冰冻死黄鳝。

六、黄鳝的捕捞、暂养和运输

(一)捕捞

捕捞黄鳝一般在10月下旬至春节前后，这时气温较低，黄鳝已停止生长，起捕后也便于贮藏运输和鲜活出口。捕捞的方法主要有钓捕、网捕、笼捕和干塘捕。黄鳝的捕捞方法比较简单,少量捕捉时可用鳝笼诱捕;大量捕捉时可用夏花网牵捕。牵捕时可将水生植物和淤泥一起围在网内,起网时先将植物取出,再将淤泥洗净,一般牵捕1~2网,即可将大部分黄鳝捕出。冬季捕捞时,应先将池水放干,待池中淤泥干硬后,再翻耕底泥,将黄鳝翻出拣净。

1. 钓捕

可用黄鳝最喜欢的蚯蚓、螺蚌肉、牛虻等作钓饵。找到黄鳝洞后,将带饵的钩伸到其穴洞内,待黄鳝吞饵后将其迅速钓出,动作要快,拉出水面后立即将黄鳝放入鱼篓内。

2. 网捕

将 2~4 米^2 的网片(或用夏花鱼种网片)置于水中,网片正中放置黄鳝喜食的饵料。随后盖上芦席或草包并将其沉入水底,约 15 分钟后,将网片的四角迅速提起,掀开芦席或草包,便可收捕大量的黄鳝,起捕率高达 90%。

3. 笼捕

用若干个带有倒刺的竹制鳝笼,其内放一些鲜虾、小鱼、猪肝等诱饵,放置在池底,夜晚每隔半小时左右取 1 次。一般起捕率达 80%。

4. 干塘捕

把池水排干,从池的一角开始翻动泥土,注意不要用铁锹翻土,最好用木耙慢慢翻动,再用网捞取。捕大留小,尽量不要让黄鳝受伤。起捕率高达 98%。

(二)暂养

暂养的容器有水缸、木桶、水泥池和网箱等。水温为 23℃~30℃时,水缸和木桶的黄鳝暂养量和加水量以 1:1 为宜,例如一只存水为 80 千克的容器,可放 30 千克黄鳝,加水 30 千克,每隔 3~4 小时用手搅动 1 次,6~8 小时换水 1 次。如暂养的黄鳝数量很大时,可用水泥池或网箱。一个面积为 20 米²、池深为 80 厘米、水深为 20 厘米左右的水泥池，每平方米可放 20 千克鳝鱼，每天换水 1 次，并在池内放少量的泥鳅，使其上下窜动，避免黄鳝互相缠绕。使用网箱暂养时，一般都用加盖网箱，以防止黄鳝逃逸。

（三）运输

黄鳝运输前，应停止喂食，并放入盛有清水的木桶、水缸、水泥池或网箱中暂养，让其体表或体内的污物排出，以免在运输途中败坏水质。暂养时，为防止黄鳝相互缠绕成团，使团内温度过高而造成"烧缸"等现象，应经常换水，每隔 3～5 小时应上下翻动黄鳝，并换水 1 次，经 1 天左右的暂养即可起运。黄鳝运输有干运、水运和尼龙袋充氧运输 3 种方式。

1. 干运

干运的运输工具有木箱、木桶、麻袋和编织袋等。运输时，先在容器底部铺上一层湿草或湿蒲包，再将黄鳝用水洗净，装入木箱或袋内，装载量不能过大，以防闷死或压死黄鳝。木箱和桶盖的四周需打几个孔，便于通风换气。在运输途中，每隔 3～4 小时淋水 1 次。夏季运输时，要避免阳光直射，并采取降温措施。

2. 水运

最可靠的水运工具是活水船。运输前将船舱洗刷干净，黄鳝和水的比例约为 1:1。在运输途中，要经常观察鳝鱼的活动情况，适时更换新水。

3. 尼龙袋充氧运输

尼龙袋充氧运输适用于飞机、火车等长距离装运。尼龙袋规格为 30 厘米×28 厘米×65 厘米，使用双层袋，每袋装鳝鱼和水各 10 千克。运输时若水温过高，装袋前需采用三级降温法将鳝鱼体温和水温降到 10℃ 左右。具体做法是将鳝鱼从水温在 25℃ 以上的暂养池中捕出，放在 18～20℃ 的水中暂养 20～30 分钟，然后将鳝鱼捞出，转放到 14～15℃ 的水中,暂养 10～15 分钟,即可装袋、充氧和封口,并将尼龙袋放入纸板箱内,每箱装 2 袋,纸板箱规格为 32 厘米×35 厘米×65 厘米。为了防止运输途中温度上升,可在纸箱四角放置 4 只小冰袋;为了防止尼龙袋漏水,箱内应配尼龙衬袋 1 只,冰袋和鳝袋之间还需垫衬板,然后打包待运。

第六节　泥鳅养殖

泥鳅在鱼类分类上属于鲤形目、鳅科、泥鳅属。泥鳅被称为"水中之参",泥鳅的肉质细嫩,蛋白质含量较高,深受消费者喜爱。泥鳅的适应性较强,已成为我国优质的淡水鱼养殖品种。

一、泥鳅的生物学特性

(一)形态特征

泥鳅的个体较小且细长,前面部分呈圆筒形,腹部圆形,后端侧扁,头尖,吻端向前突出;口小,下位,略呈马蹄形;有须 5 对,眼小;鳞片细小,圆形,隐埋于皮下;侧线鳞 150 片左右,头部无鳞;背鳍无硬棘,腹鳍小,尾鳍呈圆形,体色呈深灰色,腹部色较浅,全身有许多黑色的小斑点,体表黏液丰富。

(二)生活习性

泥鳅广泛分布于中国、越南、朝鲜与日本等地。我国除西部高原地区外,各大江河流域均有分布。泥鳅常见于底泥较深的湖边、池塘、稻田和水沟等浅水水域,特别喜欢栖息于含有丰富腐烂植物的淤泥的底泥表面。泥鳅是一种温水性底层鱼类。生活水温为 10～30℃,适宜水温为 20～30℃,可忍受 35～36℃ 的高温。水温在 30℃ 以上时,泥鳅白天钻入泥土栖息;冬天水温降到 5℃ 以下时,泥鳅又钻入泥中 20~30 厘米深处造一个洞穴,卷曲着身体冬眠,待翌年水温升到 10℃以上时才出来活动。泥鳅对低氧环境的适应力较强,这是因为泥鳅不仅能利用鳃进行呼吸,还能利用肠和皮肤进行呼吸。当天气闷热、水中氧气不足时,泥鳅浮到水面进行呼吸,并将废气通过肛门排出体外。泥鳅的触须发达,味觉敏锐,视力很差,体表富含黏液,皮肤润滑,有利于钻泥活动,还能澄清水质。

(三)食性和生长

泥鳅是杂食性鱼类,摄食范围广。幼鱼期间摄食动物性饵料,如小型甲壳动物、昆虫及其幼虫、水蚯蚓等。当其体长约 8 厘米时,逐渐转为杂食性,除了摄食小型甲壳类、摇蚊幼虫、丝蚯蚓、水生昆虫的幼虫、蚬子、幼螺、蚯蚓外,还摄食丝状藻以及植物的根、茎、叶碎片和种子等,有时也摄食池底泥渣中的腐殖质。当泥鳅体长大于 10 厘米时,则以摄食植物性饵料为主,兼食部分适口的动物性饵料。

泥鳅的摄食强度与水温密切相关。水温为 10℃时,泥鳅开始摄食;水温为 15℃时,其摄食量增加;水温为 25~27℃时,其食欲旺盛;水温超过 30℃时,泥鳅的食欲减退,直至停食。

一般刚孵化出的泥鳅,体长约为 0.3 厘米,生长 1 个月后体长可达 3 厘米左右,再生长 1 个月可达 5.5 厘米左右。当年的泥鳅可以长到 10 厘米,体重在 9.6 克以上,达到性成熟。性成熟以后的泥鳅,其生长速度自然就会减慢。因此,泥鳅的养殖周期为 1 年,第二年的生长速度较第一年的慢得多,体长可长到 13 厘米以上,体重为 50 克左右。据报道,泥鳅的最大个体长达 20 厘米,体重在 100 克左右。

(四)繁殖

泥鳅为多次性产卵的鱼类。在自然条件下,4 月份上旬开始繁殖,5~6 月份是产卵盛期,一直延续到 9 月份。繁殖的水温为 18~30℃,最适水温为 22~28℃。雌鳅性成熟的时间较雄鳅迟,体长为 5

厘米时,雌鳅体内有1对卵巢,体长为8厘米时,2个卵巢愈合在一起,成为1个卵巢,并由前端向后端延伸,这时整个卵巢发育开始成熟。

2~3龄的泥鳅的性腺已成熟,即可产卵繁衍后代。当水温达到18℃以上时,泥鳅开始繁殖,水温25℃左右为繁殖的最佳温度。长江流域的泥鳅从4月下旬开始产卵,一般可延续到9月上旬,5~6月份为盛产期。雌鱼的怀卵量与其个体大小有关。体长为8厘米的雌泥鳅,怀卵量约为2000粒;体长为10厘米的雌泥鳅,怀卵量约为7000粒;体长为12厘米时能怀卵12000~14000粒;体长为15厘米的雌泥鳅,怀卵量为15000~18000粒;体长为20厘米的雌泥鳅则怀卵24000粒。卵为黄色,半透明,直径为1.3毫米,略呈黏性,黏附在水草或其他附着物上。泥鳅常在雨后、夜间或凌晨产卵,分批地完成产卵。泥鳅产卵、受精有其特点,发情时,在水面游动的数尾雄鳅共同追逐1尾雌鳅,发情高潮时,雄鳅本能地将身体蜷曲、纽缠住雌鳅身躯,此刻雌鳅产卵,雄鳅排精。这样的产卵和排精动作一般要反复进行10~12次,个体较大的泥鳅产卵或排精次数可能更多。

二、人工繁殖

泥鳅性成熟后,雌雄个性呈现出较明显的副性征。雄性个体较细长,胸鳍长而尖,第二鳍条较粗长;生殖期的鳍条上有追星;轻挤压腹部有乳白色精液流出。雌性胸鳍较宽,末端圆;腹部膨大且柔软,富有弹性,生殖孔红肿;产过卵的雌鱼腹鳍前上方的两侧体上有一白斑。

泥鳅的产卵期为4~9月份,5~7月份为产卵盛期。一般情况下,2龄鱼便可达性成熟。产卵前,亲鱼在水表层游动频繁,雄鱼不断追逐雌鱼,并用头部、胸鳍摩擦雌鱼腹部,雌鱼经常被数尾雄鱼追逐。当发情进入高潮时,雌鱼向上,腹部上翻,雄鱼紧卷住雌鱼,并压其腹部,促使卵向外排出,与此同时,雄鱼排出精液,进行体外受精。

每尾雌鱼要反复进行 6~8 次才能完成产卵活动,每次产卵活动时间为 10~20 分钟。产卵池中可放置稗草、水浮莲等水生植物,或棕榈皮、杨树根制成的人工鱼巢。产卵池每亩放 600~800 尾亲鱼,雌雄比例为 1:1 或 1:2,并让其自行产卵。每次产卵 200~300 粒,需反复多次才能产完,每尾雌鱼的产卵量为 3000~5000 粒。水温 20℃左右时,受精卵经 40~50 小时才能孵化。

人工催产可提高产卵率和孵化率。催情用鲤脑垂体,每尾 0.5 个,或用 HCG 100~150IU,雄鱼剂量减半,稀释于 0.1 毫升注射液中,在鱼的背部肌肉或腹部中线的胸腹鳍之间进行注射,然后将亲鱼放入产卵网箱内进行产卵,箱内挂置鱼巢,并密封箱盖。当水温在 20℃以上时,注射催产剂 12~20 小时后即可产卵。产卵后将有卵附着的鱼巢和掉下的受精卵移入孵化箱内孵化,使水流控制在能翻动未附于鱼巢上的受精卵即可。从受精到孵化鱼苗,水温在 25℃时,需 24 小时。刚孵出的鱼苗附着在鱼巢上,约经 85 小时后才能自由游动。仔苗孵出后第三天,即可进行鱼苗培育。

三、苗种培育

(一)鱼苗培育

刚孵出的鱼苗体长约为 0.3 厘米,沉于水底,3 天后开始摄食。可利用孵化池或水泥池作为培育池。培育池水深为 30 厘米,每平方米放养 2000~3000 尾幼苗,每 10 万尾幼苗每天投喂 1 个熟蛋黄,也可喂水蚤、轮虫及豆饼浆等,每天投喂数次。通过 1 个月的培育,鱼苗长到 3 厘米左右时,应及时进行疏养。

(二)鱼种培育

培育池的面积约为 50 米^2,水深为 0.3~0.4 米,每平方米放养 1000 尾左右的泥鳅苗。放养前进行清塘消毒,并施足基肥,以繁殖饵料生物。人工饲料可投米糠、豆渣、豆饼、酒糟、麦麸、蚕蛹粉等。日投饲量为鱼总体重的3％～8％,分3～4次投放。稻田培育鱼种时,每平方米放养100尾左右。最好在稻田进出水口处挖深为0.3～0.4米的鱼溜,严防有毒农药和浓度高的化肥水流入稻田内。在鱼种培育的前一天,培育池每100米^{2}施基肥50千克,放养后在傍晚注水时投7～10千克饲料。每周进行1次投喂,直至秋冬季捕捞。当年泥鳅鱼种可长到5～6厘米,个别大的达8厘米。

四、成鱼饲养

泥鳅的成鱼饲养是指将越冬后的鱼种,从体长为5～6厘米养到体重在10克以上的商品鳅。

(一)池塘饲养

成鱼塘的面积以667～2000米^{2}为宜,水深为0.5～0.6米。放养前用生石灰清塘消毒,并施足基肥。每100米^{2}水面施用50千克粪肥和其他有机肥,用以培养饵料生物。鱼种放养量为每平方米放养5～6厘米的鱼种40～50尾,并混养少量鲢鱼和鳙鱼,以控制浮游生物的过度繁殖。放养次日即开始投饵,日投饵量为鱼总体重的5％。饲料包括米糠、豆饼、蚕蛹粉、菜饼粉以及颗粒饲料等,每天投饲2次,以后随着鱼的生长,要适当加深池水。夏季高温时,可在池边搭设遮阴棚。同时,要加强饲养管理,当泥鳅频繁地出现在水面呼吸时,说明水中缺氧,要适量减少施肥量,并加注清水,有条件时设置增氧机。暴雨时,要注意巡视出水口,防止泥鳅逃逸。到年底,当泥鳅体重长到10克以上时,即可捕捞出售。

(二)稻田饲养

利用稻田养泥鳅是经济效益较高的方法。秋季水稻收割以后,田埂必须夯实、加固,在田中挖一个面积为4～6米^2、深为0.3～0.5

米的鱼溜,以备翌年稻田养泥鳅。放养前将田水排干,晒 3~4 天,每 100 米² 稻田施 50 千克有机肥,再施 20~25 千克米糠作基施,然后蓄水繁殖饵料生物。每 100 米² 稻田放养 5~6 厘米的泥鳅种 5.0~7.5 千克。放种后向稻田中投放米糠和蚕蛹粉混合饲料,每 3~4 天投放 1 次,过 1 个月后再施加 50 千克有机肥,先后共施 3~4 次追肥。养到秋季,当每尾泥鳅长到 10 克左右时,即可捕捞出售。在刈稻之前收获时,把稻田水放干,泥鳅就聚集到鱼溜中,可用抄网捕捞。钻入泥底中的泥鳅,要用铁铲将其挖出。

五、日常管理

泥鳅在养殖过程中,要保证较高的成活率和产量,必须认真做好防逃、防缺氧和防敌害等日常管理工作。

(一)防逃

泥鳅在暴风雨季节、池基或田埂薄弱的池塘或稻田中最易逃逸。因此,在放养前,要将池基田埂加固打实,有裂缝之处要及时填补。在暴风雨季节要加强巡视,及时排出内涝水,以防泥鳅逃跑。

(二)防缺氧

泥鳅虽具有耐缺氧的特性,但在夏季高温或气压低的天气,高度密养的池塘或稻田也常发生鱼类因缺氧而浮头的现象。因此,池塘和稻田要经常注入清新河水,有条件的最好在池塘安装增氧机。

(三)防敌害

泥鳅常见的敌害有水蛇、水獭、虎纹蛙、黑龙虱幼虫(俗称"水蜈蚣")以及各种野鱼、杂鱼等。特别在泥鳅苗种培育期间,各种敌害的危害极大,若不采取防御措施,育苗成活率就会显著降低。首先,池塘要用生石灰进行彻底清塘,将各种野鱼和敌害杀灭后才能放养泥鳅鱼苗。池塘放养苗种后，注、排水口要铺设滤网，防止野杂鱼钻入。池塘四周要用胶丝或相应工具防止水蛇及水獭钻入。若水蜈蚣等有害水生昆虫在鳅鱼池大量繁殖时，可用密网围捕，使有害水生昆虫聚集在一起，并用煤油毒杀。虎纹蛙常产卵在池塘水面，卵为浮性卵，每天早晨用网捞走蛙卵，以免孵出蝌蚪危害鳅苗。总之，做好池塘的敌害防除工作，是提高泥鳅成活率的有效保证。

六、收获与暂养

（一）收获

泥鳅具有钻泥入土的习性，收获时捕捞比较困难。因此，在收获时一般采取如下方法。

1. 干塘捕捞

干塘捕捞是一种捕捞较彻底的方法，多在年终收获时实行。先将池水抽干，在池底挖1~2个集鱼坑或排水沟，待池水抽干后，大部分泥鳅便集中在集鱼坑或排水沟中，然后再用手网捕捉。尚有少数泥鳅钻入池泥内，要发动人力逐块检查捕捉。

2. 注水诱捕

泥鳅具有溯水逃逸的习性。捕捉时，在注水口附近的集鱼坑内铺设网片，然后，从进水口缓慢注水，在新鲜水的刺激下，泥鳅经常聚集在注水口附近，并落在集鱼坑内，可定时缓慢地抬起网片，捕捉泥鳅。

3. 香饵诱捕

泥鳅喜食带有香味的饲料。捕捞时，将炒米糠、蚕蛹粉、玉米鱼粉混合料、炒黄粉、花生麸（豆麸）粉等具有浓郁香味的饲料放在鳅笼或网袋内进行诱捕，可捕到池中的部分泥鳅。

(二)暂养

泥鳅捕捞后,最好放在流动的河水中暂养1~2天,以便排去鱼粪,恢复体力,适应远途运输并能消除泥土味,提高食用价值。在河水中暂养时,因河水含氧量高,可适当密养。若不靠近河流,可用水泥池的微流水暂养,并安装增氧泵,防止泥鳅缺氧浮头。在暂养期间,要加强值班巡视,防止水蛇、食鱼鸟等钻入网箱捕食泥鳅。

第七节 虹鳟养殖

虹鳟在鱼类分类上属于鲱形目、鲑科,又名"瀑布鱼""七色鱼"。虹鳟鱼原产于美洲北部的太平洋沿岸、加利福尼亚州的溪流中。虹鳟是世界上重要的养殖鱼类之一,是一种珍贵的冷水性鱼类,在国际市场上被列为高档商品鱼。它具有肉味鲜美、肉质细嫩、刺少肉多、营养丰富、饲料利用率高、成长迅速、容易捕捞等特点。虹鳟可在流水中饲养,一年四季都能生长,单位面积产量很高,如以色列每平方米水面年产188千克,日本每平方米水面年产150千克。

一、生物学特性

(一)形态特征

虹鳟体长,呈纺锤形,背部在背鳍后有一个小脂鳍,背鳍较短,无硬棘,头较小,口较大,端位,斜裂。两颌上有细的呈圆锥状的尖齿,体被细小的圆鳞。背部颜色为深灰色,腹部为灰白色。体表、背鳍、胸鳍、尾鳍上分布有许多黑色的小点,沿侧线有一条鲜艳似虹的美丽色带,虹鳟的名字因此而来。该色带在虹鳟幼小时期还不太明显,到了成熟阶段则呈现出来,在产卵期时,变得特别鲜艳美丽。

(二)生活习性

虹鳟在自然水域中喜爱栖息在水质清澈,水流、水量充足,具有沙砾底质的冷水溪流中,能够忍受的最低水温和最高水温极限是0℃和30℃,由此说明它是一种冷水性鱼类。人工饲养中,从鱼种阶段到成鱼阶段的适宜水温为7~20℃,最适水温为15~18℃。

虹鳟对氧气的要求较高,耗氧量较大。在人工养殖条件下,水中的溶氧量在10毫克/升以上时,虹鳟的食欲旺盛,生长较快;溶氧量低于5毫克/升时,呼吸出现困难;溶氧量低于3毫克/升时,出现窒息、死亡等现象。虹鳟性喜逆流水,要求水质溶氧高、透明度大。丰富的水流量对虹鳟极为重要,水流的刺激能够引起虹鳟正常的运动,增加其食欲,加快其生长。虹鳟的适宜流速为2~30厘米/秒,最适的pH范围为6.5~6.8。虹鳟对盐度有较强的适应能力,而且随个体的成长而增强,稚鱼能适应的盐度为5‰~8‰;当年鱼能适应的盐度为12‰~14‰;1龄鱼能适应的盐度为20‰~25‰;成鱼能适应的盐度为35‰。

(三)生长

虹鳟在人工饲养条件下,由于水温、环境条件、饲料投喂的不同而有较大的差异。一般在水温为14℃的条件下,1周龄的虹鳟体重为100~200克;2周龄的虹鳟体重为400~1000克;3周龄的虹鳟体重为1.0~2.0千克。在天然水体中,10周龄的虹鳟体重可达25千克左右。

(四)食性

虹鳟为肉食性鱼类,在自然界,喜食各种水生昆虫及其幼虫、小鱼、小虾、鱼卵等,也觅食水生植物。在人工饲养条件下,成鱼和幼鱼都能被驯化为杂食性鱼类,能摄食人工配合饲料。在投喂配合饲料时,动物性成分的百分比一般以40%~60%为宜。

（五）繁殖

2～3龄虹鳟达性成熟，6～7龄时性腺就开始退化。在自然水域中，虹鳟喜爱在水温13℃以下、水质清澈、水流湍急、沙砾底质的溪流中产卵。卵粒的颜色为橙红色或黄赤色，具有沉性，怀卵量为1000～10000粒。虹鳟产卵的时间因地域和水温而异，温度较高的地区，产卵期较早；高寒低温地区，产卵期较晚。在我国北京、山西等地，产卵期为12月份至翌年1月份；在黑龙江，产卵期为1～3月份。受精卵的最适孵化水温为8～11℃。受精卵需28～33天孵化出膜。

二、人工繁殖

人工繁殖的效果取决于亲鱼的培育，要取得较好的人工繁殖效果，需要有足够数量的健壮亲鱼。

1. 亲鱼培育

亲鱼的怀卵量及其卵径大小依鱼体的大小而定，与年龄无关，通常与体重成正比。卵径大小则决定孵出仔鱼个体的大小。所以亲鱼个体的大小与怀卵量有一定的关系，体重在4千克以下的亲鱼，每千克体重的怀卵量一般为2000粒左右。雌鱼和雄鱼培育的比例一般为4:1左右。亲鱼培育的适宜水温为4～13℃，培育池的适宜密度为5～10千克/米^2。用于亲鱼培育的全价饲料，其蛋白质的含量应在38%以上，粗脂肪应低于6%，碳水化合物低于12%。饲料配方中还需添加一定数量的胡萝卜素和多种维生素。投喂的饲料也可选用新鲜的小杂鱼、鱼粉、蚕蛹等动物性饲料和豆饼、麸皮、米糠、菜类等植物性饲料。添加一些酵母粉和虾、蟹壳粉等，有助于提高卵质。一般应按鱼体重的1%计算出每日给饵量的基数，以此基数为准，产卵期的日投喂量为基数的30%，产卵前1个月和结束后的1个月的投喂量为基数的50%，其余时间为基数的70%。初产鱼不需要限制投饵,否则会减少亲鱼的怀卵量。亲鱼培育中要保持水流的畅通及溶氧丰富。注水量应保持在30～50升/秒,溶氧量在7毫克/升以上。

2. 人工授精

凡是性成熟的亲鱼,就可以进行人工授精。性成熟的雌鱼腹部膨大、柔软,生殖孔红肿外突,提起尾柄时,两侧卵巢下垂的轮廓可以明显看出。手摸腹部有卵子分离感,轻压腹部,卵粒外流。性成熟的雄鱼,轻压其腹部后缘,有乳白色精液流出,精液入水后慢慢地散开。

对雄鱼采精可以用挤压法,把精液直接挤于卵子上。一般每5～7尾雌鱼卵用2～3尾雄鱼的精液。为节省精液,也可预先把精液贮于烧杯中,使用时按上述比例处理。个体较大的亲鱼,为防止其挣扎而难以操作,可先将其麻醉,麻醉剂为300毫克/米^{3}乙二醇苯醚,用麻醉剂处理3～8分钟。把卵挤于多孔采卵盆中(该盆的孔径应以漏水而不漏卵为准),使用等渗液(90.4克氯化钠、2.4克氯化钾、2.6克氯化钙,依次溶于10升水中,温度在4℃以上)淋洗后倒入不带孔的授精盆中。每1万粒卵用10毫升精液,搅拌,使卵、精充分均匀地接触,再加入少量上述的等渗液或者清水,均匀而快速地搅拌1～2分钟,换水再搅拌1～2次,并冲洗除去过量的精液、卵皮等。受精卵在水中再经过30分钟到1小时浸泡,让其吸水膨胀后,即可进行孵化。要注意,采出的卵粒不可以遇水,而且每次采卵、授精的时间不要超过2分钟。

3. 孵化

从受精时开始至孵出鱼苗所需的日数,因水温高低而有差异,当平均水温为7.5℃时,孵出需46日。孵化的适温范围为7～13℃,最适水温为9℃。孵化用水的溶氧量必须高于6.5毫克/升。

三、苗种饲养

虹鳟在不同的发育阶段的称呼与四大家鱼不同。从孵出的幼苗到能上浮为仔鱼;从能上浮到能摄饵为上浮稚鱼;从能摄食到 5 个月龄左右,体重达到 10 克时为稚鱼;从 5 个月龄到 1 周年,即 12 个月龄为当年鱼;从 1 周年龄到 2 周年龄为 1 龄鱼。

1. 上浮稚鱼(从上浮到能摄食)的饲养

上浮稚鱼的全长为 18～28 毫米,体重为 70～250 毫克,可直接放进稚鱼池中饲养。稚鱼池设置在上流,规格为宽 2～3 米、长 15～30 米,并联排列,以保证注入的新水一次利用。如果上浮稚鱼数量较多而稚鱼池较少时,也可直接移入成鱼池中饲养,池水深度应控制在 20 厘米左右。上浮稚鱼的饲养密度为每平方米 5000 尾,其适宜注水量为每 10 万尾 1 升/秒。上浮稚鱼开食的前 1 个月内是虹鳟养殖中难度较高、技术性较强的时期,虹鳟在这一阶段的成长快慢将直接影响日后的成长。在其卵黄囊完全吸收之后,有一短暂的消瘦期,此后肥满度增大,接着生长加速。所以这一时期是虹鳟成活和成长的关键时期,而且开食 15～20 天内,稚鱼分散于全池,索饵能力较差,又不集群,故更应精心饲养,认真、细致地给饵,使全部稚鱼都能获得足够的饵料。这时的饲料最好采用粒状全价配合饲料。在饲养期内,要做好虹鳟的防逃和管理工作。

2. 稚鱼和当年鱼(从能摄食到 12 月龄)的饲养

在水温略低的条件下饲养稚鱼,通常不易得病,且成活率也高。在 10℃ 的水温下经 2 个半月的饲养,虹鳟的平均体重可达到 1 克左右,继续再养 20～30 天可以达到 2 克左右。随着稚鱼的成长和游泳能力的增强,应考虑给予尽可能多的水量。虹鳟稚鱼用的是全价饲料,其营养成分为:粗蛋白质占 46%～50%,粗脂肪占 4%～15%,粗纤维占 1%～3%,粗灰分占 10%～16%,水分占 8%～12%。在饲养期间,由于摄食能力的差异,虹鳟的长势不均是一种普遍现象,因此,在稚鱼长到 2 克时,需按个体大小不同进行一次筛选,分开饲养。否则,健壮、个体大的稚鱼吃食更多,会增加其差异,甚至出现大鱼吃小鱼的相互残害现象。由于稚鱼的饲养密度较高，代谢旺盛，单位体重的耗氧量大，因此，在饲料上一定要满足其营养需要，保证饲料的鲜度和质量，而且投喂要定时和适量。在管理工作上要供给足够的水量，保持池水流畅，认真做好进出水口的清洁、防逃和防病等工作。

四、成鱼饲养

虹鳟在其生活的适温范围内，水温越高，生长速度越快。从开食起，经7～8个月培育可达100克。虹鳟的生长直接受饲料质量和摄食量的影响。但是，即使是量足、质优的饲料，也要受到摄食量和其他各种饲养条件的影响，如溶氧量不高而饲养密度过高，虹鳟的生长就会受到抑制。如能达到生长快、养成周期短的目的，则有利于加速周转和提高经济效益。影响虹鳟成活率的因素较多，如苗种本身的优劣、疾病、饲养管理、灾害、逃逸等。其中，最重要的环节是防病、防逃。在管理方面，换水率和供水量也是关键。换水率差，污物堆积，易发生外部寄生虫病，水流不足、水质污染也是致病的因素。因此，在管理工作中要注意改善不良的饲养环境，及早发现，及早处理。在饲养中，用于虹鳟成鱼的配合饲料的效率大多为60%～80%。饲养虹鳟成鱼时，为得到较高的收益，要设法在有限的面积和水量内获得最大的产量，因此，需要在全部的鱼池里，经常保持最大的饲养密度、良好的饲料效率，使虹鳟能正常、健康地成长。而这些要求都会受到水量、温度、氧气三大因素的制约，在管理中要特别注意。

虹鳟成鱼的饲养采用的是高密度的饲养方式，对饲养鱼池的结构、放养密度、饲料、饲养管理等都有特定的要求。

(1)鱼池的结构。要求鱼池是长方形的池子，长为40米，宽为4米，水深为70厘米。池水的平均流速应控制在2～16厘米/秒。并联池或两池串联均可获得高产。要尽量加大排水闸门过水的断面面积。排水闸设置为底部排水，这样有利于底部沉淀物的排放，并且应设置三道闸门:拦鱼栅、底部排水闸和水位控制闸。

(2)放养要求高密度放养,即要求放养足够数量、体质健壮、大小规格整齐的鱼种。一般在1年的生长期中,虹鳟成鱼的年生产量是放养量的3～5倍,即放养量必须达到该目标的20%～30%。

(3)饲料是虹鳟成鱼高密度养殖成败的关键。在密养的条件下,养殖鱼的营养依赖于其所摄取的质量好的人工饲料。在饲料配方上,要把重点放在蛋白质及其补充饲料上。虹鳟对饲料蛋白质的需要量往往依所摄取的蛋白源的不同而异。如果与低价蛋白质相比,只要少量的高价蛋白质就能满足其需要。虹鳟鱼种和成鱼用的全价饲料的营养成分为:粗蛋白质为40%～45%,粗脂肪为6%～16%,粗纤维为2%～5%,粗灰分为5%～13%,水分为8%～12%,磷为0.8%,钙为0.2%,镁为0.1%,锌为150毫克/升。

精心、科学的饲养管理是高密度养殖虹鳟的关键。池水的溶氧状况是密养条件下控制水质的重要指标。水量充足时,无需增氧即可获得高产。

第八节　翘嘴红鲌养殖

翘嘴红鲌（*Erythroculter ilishaeformis*）在分类上隶属于鲤形目、鲤科、红鲌属,俗称"白条""和顺""太湖白鱼""翘嘴巴""翘鲌子""鱼翘壳"等,是远近闻名的"太湖三白"之一。翘嘴红鲌的个体大、生长快、肉质洁白、肉味细嫩又鲜美,为鱼中上品,鲜食或腌食都十分可口,具有很高的经济价值。目前,湖泊和水库的翘嘴红鲌资源日益减少,不能满足市场需要。因此,开展翘嘴红鲌的生物学特征、人工繁殖、胚胎发育、池塘养殖技术、网箱成鱼养殖技术及用药注意要点的研究,对于农业产业结构调整、新品种开发利用、保护天然野生翘嘴红鲌资源都十分有益。

一、生物学特性

(一)形态特征

翘嘴红鲌的身体细长,侧扁,呈柳叶形。头背面平直,头后背部隆起。口上位,下颌坚厚,急剧上翘,竖于口前,使口裂垂直。眼大而圆。鳞小,侧线明显,前部略向上弯曲,后部横贯于体侧中部略下方。侧线鳞80～93片。腹鳍基部至肛门有腹棱。背鳍有强大而光滑的硬棘,第二棘最硬。胸鳍末端直达腹鳍基部。臀鳍长大后,不分支鳍有3条,分支鳍条有21～25枚。尾鳍呈深叉形。体背为浅棕色,体侧为银灰色,腹面为银白色,背鳍、尾鳍呈淡红色。

(二)生活习性

翘嘴红鲌属中上层大型的淡水经济鱼类,行动迅猛,善于跳跃,性情暴躁,容易受惊,拉网时,可"飞"越1米多高的屏障。野生捕获的成鱼很难存活,多以冰鲜鱼状态运销。野生成鱼经驯养培育为成熟亲鱼后,人工繁殖出来的子一代的原种鱼苗,野性大减,成鱼完全能以活鱼的状态进入酒楼饭店的水族箱。

翘嘴红鲌为广温性鱼类,生存水温为0～38℃,摄食水温为3～36℃,最适水温为15～32℃,最佳生长水温为18～30℃,繁殖水温为20～32℃。翘嘴红鲌的适应性与抗病力极强,生存的水体能大能小,从数十万亩的湖泊和水库至数平方米的水泥池或网箱,都可以将鱼苗饲养为成鱼甚至是成熟亲鱼;翘嘴红鲌的抗逆性强,病害较少且能耐低氧,同一池塘的四大家鱼即使缺氧浮死,翘嘴红鲌也不一定浮死。水体溶氧高,能提高饵料的利用率,加快翘嘴红鲌的生长速度,增加其养殖密度以及增强抗病能力。一般要求水深为0.5～10米,水质清新,透明度在30厘米以上,pH为6.5～8.5。

（三）生长特性

翘嘴红鲌生长迅速，粗生粗养，体型较大，最大者可达15千克。常见野生个体体重为50克至3千克，人工养殖的鱼苗一年可长到0.6~1.0千克，两年可长到2.0~3.0千克。一般而言，苗期至体重为100克期间的翘嘴红鲌生长较慢，100~200克的生长稍快，200~300克的生长较快，300~2500克的生长最快，3000克以上的生长速度逐渐降低。同一批翘嘴红鲌苗，其生长速度相对一致，雌、雄鱼常年摄食（含严冬季节），个体差别不大，雌鱼在繁殖季节也照常摄食，其生长速度不会因繁殖而减慢。

（四）食性

野生翘嘴红鲌是以活鱼为主食的凶猛肉食性鱼类，苗期以浮游生物及水生昆虫为主食，50克以上的野生翘嘴红鲌主要吞食小鱼、小虾，也吞食少量幼嫩植物。人工繁殖出来的原种鱼苗，从内营养时期转向外营养时期开始，一直至商品鱼出售，全过程均可投喂人工饲料，如豆浆、黄粉、鳗料、蚕蛹粉、花生麸、黄豆饼或鱼糜、鱼浆、鱼粒等。3~4厘米以上的可投喂全人工配合饲料，最好是浮性料，以及水生植物如青萍、红萍、嫩草、嫩菜等。当然，经重新驯化，翘嘴红鲌也可重新吃活鱼。投喂优质的人工饲料与投喂活鱼的翘嘴红鲌生长速度无太大差别。

（五）生殖特征

翘嘴红鲌具有明显的溯河产卵习性。每年5月中旬开始，逐渐进入性成熟阶段，6月中旬至7月中旬（农历芒种后10天至小暑后10天）为生殖盛期，8月上旬结束。雄鱼在2冬龄时达性成熟，雌鱼在3冬龄时达性成熟，雌鱼在2冬龄时达性成熟较为少见。雌鱼的怀卵量为15万~20万粒/千克。

产卵场多数在水库上游和湖泊上风近岸带,由于水温、水位、流水等条件的不同,产卵时间会提前或推迟。产卵的水温为20~30℃,适宜产卵的水温为25℃。适宜产卵的水流速度为0.1~1.5米/秒。每次发情产卵持续时间为2小时左右,产黏性卵,卵呈浅黄灰色,卵径为0.7~1.1毫米。卵在湖泊近岸浅滩的水生植物、砾石、硬泥上发育,约经48小时孵出仔鱼。

二、苗种培育

1. 池塘准备

池塘面积以2~5亩为宜,水深为1.5~2.0米,底泥较少,有良好的进排水设施,配备增氧机0.3~0.5千瓦/亩。鱼种放养前15天,排干池水,用100~150千克/亩生石灰兑水化浆后泼洒消毒,1周后注池水1.2米,适当用肥水培育天然饵料。

2. 水质调节

6月份水位要保持在1.0~1.2米,这样有利于提高水温。高温季节的水深控制在1.5米左右。每天注换水10厘米,下午1~3时增氧2小时。

3. 鱼种放养

避开高温天气,用氧气袋运输,运输到塘口后,把氧气袋放入池中,浮于水面20分钟,待内外水温接近后,再轻轻地把翘嘴鲌鱼苗倒入池中。放养密度为0.8万~1.0万尾/亩,有利于育成规格在15厘米以上的冬片鱼种。

4. 饲养管理

(1)鱼种培育期间的水质始终要保持一定的肥度,7~8月份水体的透明度超过30厘米时,要补施肥料。

(2)鱼种放养后次日开始投饲,常用粉碎的常规鱼种作饲料。投喂量:体长为3厘米时,每万尾250克;体长为5厘米时,每万尾500克;体长为6厘米时,每万尾1000克;体长为7~8厘米时,每万尾

1500克。当鱼种体长达8厘米时,投饲由粉状饲料过渡到粒径为1毫米的膨化颗粒饲料,过渡期为2~3天;体长达到10厘米时,投喂粒径为2毫米的膨化饲料。投喂量以水面漂浮的膨化饲料的减少情况来确定,并以1小时吃完为标准。投喂次数为每天2~3次。提早投喂膨化饲料是保证鲌鱼获得充足的营养、培育大规格鱼种的重要措施。

三、成鱼养殖

(一)池塘条件

选择养殖池塘要求采光良好,通风,四周无遮蔽物,进、出水方便,配备增氧机0.3~0.5千瓦/亩。土质以黑色壤土为宜,pH为7~8,面积以5~6亩为宜,池塘的底部平坦,无污泥,塘埂坚固且不漏水,池塘深度不低于2.5米。

(二)鱼种选择

池塘主养翘嘴红鲌,鱼种放养时的规格要求整齐,规格偏差最大不超过3厘米,否则,养殖时的规格差异更大,投喂饲料的数量就难以掌握。翘嘴红鲌在0.4千克/尾以上即可上市,上市的翘嘴红鲌的规格一般在1千克/尾以上,售价较高。翘嘴红鲌的具体放养量见表13-5,同时,每亩可投放4~10尾/千克的鳙鱼20~30尾和20~30尾/千克的异育银鲫50~80尾。搭配套养鱼种可起到清理食场、吞食沉淀食物、调节和改善水质等作用。

鱼苗最好是隔冬投放,最迟不能超过3月底,年前放苗时温度较低,可提高鱼种的成活率。翘嘴红鲌的最大弱点是鳞片比较松软,人工操作时稍有不慎,容易使翘嘴红鲌的鳞片松动脱落而导致其伤亡。

表 13-5　不同规格鱼种的放养情况

规格 (尾/千克)	水深 (米)	放养量 (尾/亩)	出塘时间 (月份)	出塘规格 (尾/千克)	亩产量 (千克)
200	1.5以上	1200	12	0.4~0.6	500
	0.8~1.5	800	12	0.4~0.5	350
100	1.5以上	1000	12	0.5~0.6	500
	0.8~1.5	700	12	0.5~0.7	350
50	1.5以上	1000	9	0.5~0.6	500
			12	0.8~1.0	800
	0.8~1.5	700	9	0.5~0.6	350
			12	0.8~1.0	600
20	1.5以上	800	7	0.5~0.6	400
			9	0.8~1.0	700
	0.8~1.5	600	7	0.5~0.6	300
			9	0.8~1.0	500
5~10	1.5以上	800	6	0.5~0.6	400
			9	1.0~1.2	800
	0.8~1.5	600	6	0.5~0.6	300
			9	1.0~1.2	600

(三) 饲料与投饵

1. 饲料

翘嘴红鲌成鱼的饲料主要有天然饵料和人工浮性配合饲料。天然饵料主要有小杂鱼、虾、水陆生昆虫和底栖动物等。人工浮性配合饲料主要有动物原料和植物原料。动物原料包括鱼粉、蚕蛹、肉骨粉、羽毛粉、血粉、菌体蛋白粉、酵母粉等；植物原料有黄豆饼、棉籽饼、玉米和小麦等。人工浮性配合饲料的营养需求标准为粗蛋白 42%~44%、粗脂肪 7%~9%、碳水化合物 20%~23%、纤维素 5%~6%。

2. 投饵

科学合理的投饵是保证养殖翘嘴红鲌丰收的主要环节。鱼种入塘后，对新水体有一个适应过程，即有半个月的适应期，过后可投入少量的开口料,随后即可进行正常的投饲。饲料应选择对口的浮性饲料,每 50 千克吃食鱼每天投饵量为 1500~2500 克,投喂时间应根据吃食鱼的吃食食物情况、气候、水质等因素灵活掌握。一般投饲方法如下:3~5 月份为每日投喂 4 次,早上 6 时至下午 6 时,每次间隔 3 小时;6~7 月份为每日投喂 3 次,早上 6 时至下午 6 时,间隔时间灵活掌握;8~9 月份为每日 2 次,早上 8 时至下午 5 时,早晚各 1 次;10~11 月份为每日 2 次,早上 8 时至下午 4 时,并进行等时距投喂;12 月份后基本停食。

(四)池水管理

池水管理应根据吃食鱼的生长阶段和气温而定,放苗时适宜水深为 1 米,高温天气时水深为 1.5 米。因深水与水表的温差较大,翘嘴红鲌不适应水表的强光和高温,懒于上浮摄食,故要尽量缩小水体上下温差,为吃食鱼提供近距离的摄食条件;秋季水深为 2 米,上下温差相接近,有利于吃食鱼上浮并能自如摄食。

正常情况下,鱼塘不需经常换水,一旦发现剩饵过多或水质老化,可注入新水,排放老水。进、出水口应装有坚固的拦鱼栅,换水量通常为池水量的 1/2,池水透明度控制在 35 厘米。如池水肥度不够,可增施水产专用肥料(如生物肥料,用有机肥作原料),用量可参照使用说明或池水肥瘦而定。

(五)病害防治

池塘新养殖的翘嘴红鲌一般不会发生鱼病,但正常的防病消毒、除害灭菌等工作不可忽视。

鱼种入塘前,塘水用硫酸铜消毒 2 次,每亩水面每米水深用药 250 克。主要作用为使鳞片变得结实,增强自我保护能力,兼顾杀虫灭菌。

鱼种入塘后,由于运输途中可能造成鳞片松动或脱落,故容易使鱼体发生水霉病。因此可用高锰酸钾进行防治,每亩水面每米水深用药750~1000克,气温低于15℃时,则应酌情减量。

加强巡塘检查,发现敌害后,及时采用对口药物进行彻底清除。红虫导致鱼塘经常发生虫害,可用神力药物进行防治,用量为每亩每米水深用药30克,稀释后全池泼洒,一次即可。可用硫酸铜杀灭绿藻,用量为每亩水面每米水深为350~400克,稀释后全池泼洒,一次即可。青苔的防治可选用硫酸铜或青苔净,可单用或合用,经过稀释后全池泼洒。单用时,每亩水面每米水深用500克硫酸铜,每亩水面每米水深用500克青苔净;合用时,每亩每米水深用150~250克硫酸铜和500克青苔净,稀释拌匀后泼洒,效果更佳。

使用以上药物也可参照使用说明书,均能一次杀灭;多次使用,无副作用,不影响鱼类的正常生长。

注意事项:

(1)防止水体缺氧,需配备增氧机,根据气象预报和鱼类活动、吃食情况,启闭增氧机,确保池水溶氧量在5毫克/升以上;及时清除塘边杂物和水中残饵。

(2)翘嘴红鲌对药物十分敏感,用药须慎重,切勿过量、错用。用药后食欲减退1~2天属正常现象,不必惊慌。

(3)养殖水面面积不宜少于1亩,面积过小不利于浮性饲料的漂浮,不利于设置食台,食台大小以150~180厘米^{2}为宜。

第十四章 无公害水产品的生产技术、质量要求及申报、认证

水产品的质量安全问题已成为我国现阶段水产业必须解决的一个问题。随着人们生活水平的提高和保健意识的增强,人们对水产品的质量提出更高要求,不但讲究其营养性、价格、大小和适口性,而且越来越关注水产品的安全卫生性。同时,全球经济一体化和我国加入WTO对我国水产品质量提出了更高的要求,无污染、无公害的优质水产品将成为进入国际市场的首选产品。

第一节 无公害水产品的质量标准

无公害水产品是指产地环境、生产过程和产品质量都符合国家有关规范和标准的要求,经认证合格而获得认证证书,并有无公害农产品标志的水产品及其加工品。目前,我国已发布实施的无公害水产品标准共有68项,关于无公害水产品质量标准的有34项,其中3项是通用的无公害水产品的质量标准,其余为各品种的无公害水产品标准。

所谓"通用标准",是指所有无公害水产品都应遵照执行的标准,分别为《农产品安全质量:无公害水产品安全要求》(GB18406.4—2001)、《无公害食品:水产品中渔药残留限量》(NY5070—2002)和

《无公害食品:水产品中有毒有害物质限量》(NY5073—2006)。

一、《农产品安全质量:无公害水产品安全要求》的主要技术要求和技术指标

本标准规定的水产品是指供食用的鱼类、甲壳类、贝类(包括头足类)、爬行类、两栖类等的鲜活和冷冻品等。安全要求包括水产品的感官要求、鲜度要求和微生物指标等。

1. 感官要求

水产品的感官要求见表14-1。

表14-1 水产品的感官要求

水产品种类		项目要求		
		外观	气味	组织
鱼类:海水鱼、淡水鱼		体表:鳞片、鳍完整或较完整,鳞片不易脱落,体表黏液透明,呈固有色泽;鳃:鳃丝鲜红或暗红,黏液不浑浊;眼球:眼球饱满,黑白分明,或稍变红	呈相应水产品固有的气味,无异味	肌肉紧密、有弹性,内脏清晰可辨,无腐烂
贝类	有壳类	外壳或厣紧闭或微张,足及水管伸缩灵活,受惊时闭合,外壳呈活体固有的色泽		肌肉紧密、有弹性
	头足类	背部及腹部呈青白色或微红色,鱿鱼可有紫色点		去皮后肌肉呈白色,鱿鱼允许有微红色,肌肉紧密、有弹性
甲壳类:虾、蟹		外壳亮泽完好,眼睛黑亮、透明;活体反应敏捷,活动自如;鳃丝清晰,呈白色或微褐色;蟹脐上部无胃印		肌肉纹理清晰、紧密、有弹性,呈玉白色
爬行类:龟、鳖		体表完整,无溃烂,爬动自如,呈活体固有体色,体表光滑、有黏液,腹部白色或灰白色		肌肉紧密、有弹性
两栖类:养殖蛙等		弹跳自如,具有活体固有的体色		

2. 鲜度要求

水产品的鲜度要求见表 14-2。

表 14-2 水产品的鲜度要求

水产品种类			项目要求	
			挥发性盐基氮 (毫克/100 克)	组胺 (毫克/100 克)
鱼类	海水鱼	鲭科鱼类(鲐鱼、蓝圆鲹等)	≤30	≤50
		其他鱼类		≤30
	淡水鱼		≤20	
甲壳类	虾	海虾	≤30	
		淡水虾	≤20	
	海水蟹		≤25	

注：本表规定指标不包括活体水产品。

3. 微生物指标

水产品的微生物指标要求见表 14-3。

表 14-3 水产品的微生物指标要求

项目	指标
细菌总数(个/克)	≤10^6
大肠菌群(个/100 克)	≤30
致病菌(沙门氏菌、李斯特菌、副溶血性弧菌)	不得检出

4. 致病寄生虫卵(曼氏双槽蚴、阔节裂头蚴、颚口蚴)

致病寄生虫卵(曼氏双槽蚴、阔节裂头蚴、颚口蚴)不得检出。

二、《无公害食品：水产品中渔药残留限量》的主要技术指标

《无公害食品：水产品中渔药残留限量》的主要技术指标见表 14-4。

表 14-4　水产品的渔药残留限量

药物类别		药物名称	指标(毫克/千克)
抗生素类	四环素类	金霉素	100
		土霉素	100
		四环素	100
	氯霉素类	氯霉素	不得检出
磺胺类及增效剂		磺胺甲基嘧啶	
		磺胺二甲基嘧啶	
		磺胺甲恶唑	
		甲氧苄啶	100(以总量计)
		恶喹酸	50
喹诺酮		硝基呋喃类	300
硝基呋喃类		呋喃唑酮	不得检出
其他		己烯雌酚	不得检出
		喹乙醇	不得检出

三、《无公害食品:水产品中有毒有害物质限量》的主要技术指标

《无公害食品:水产品中有毒有害物质限量》的主要技术指标见表 14-5。

表 14-5　水产品中有毒有害物质限量

序号	项　目	指　标
1	总汞(以 Hg 计,毫克/千克)	≤0.3,其中甲基汞≤0.2
2	砷(以 As 计,毫克/千克)	≤0.5(淡水鱼)
3	铅(以 Pb 计,毫克/千克)	≤0.5
4	铜(以 Cu 计,毫克/千克)	≤50
5	镉(以 Cd 计,毫克/千克)	≤0.1
6	铬(以 Cr 计,毫克/千克)	≤2.0
7	硒(以 Se 计,毫克/千克)	≤1.0
8	氟(淡水鱼)(以 F 计,毫克/千克)	≤2.0
9	六六六(毫克/千克)	≤2.0
10	滴滴涕(毫克/千克)	≤1.0

续表

序号	项 目	指 标
11	土霉素(毫克/千克)	≤0.1(肌肉)
13	甲醛	不得检出
14	磺胺类(单种)(毫克/千克)	≤0.1
15	恶喹酸(鳗鱼)(毫克/千克)	≤0.3(肌肉+皮)
16	呋喃唑酮	不得检出
17	己烯雌酚	不得检出
18	多氯联苯(海产品)(毫克/千克)	≤0.2
19	二氧化硫(冻鱼、冻虾类)(毫克/千克)	≤100
20	苯并芘(毫克/100克)	≤5
21	腹泻性贝类毒素(DSP)(皮克/100克)	≤60
22	麻痹性贝类毒素(PSP)(皮克/100克)	≤80

第二节 无公害水产品的申报、认证

一、无公害渔业产品(养殖)一体化认证申报材料要求

(一)《无公害农产品产地认定与产品认证申请书》

(二)国家法律法规规定申请者必须具备的资质证明文件(复印件)

(1)企业单位需提供企业营业执照复印件。

(2)事业单位需提供事业单位法人登记证书。

(3)社团组织需提供社会团体登记证书。

(4)个人需提供身份证复印件。

(5)乡镇人民政府应当出具证明并加盖乡镇人民政府公章,负责人签字确认。

(6)提供养殖证。

(三) 无公害农产品生产质量控制措施

无公害农产品生产质量控制措施包括企业在农产品质量控制的组织管理、基础设施的维护与保养、场区卫生控制、投入品控制、病害防治以及捕捞与运输等方面的相关文件和制度。

(四) 无公害农产品生产操作规程

申报企业编制的、适合本企业生产某产品的生产技术操作规程。

(五) 产地环境检验报告和产地环境现状评价报告或者产地环境调查报告

(1) 产地环境调查报告。依据《产地环境调查规范》(NY/T5335—2006)，在产地环境检测之前应开展产地环境调查，如果符合条件，就不需要产地环境检测和评价。

(2) 符合规定要求的"产地环境检验报告"和"产地环境现状评价报告"。

(六) 产品检验报告

由农业部农产品质量安全中心委托的检测机构依据标准抽样或委托检测出具产品检验报告(原件)。

(七) 无公害农产品认证现场检查报告

由有资质的检查员按照"无公害农产品认证现场检查规范"进行现场检查，填写"无公害农产品认证现场检查报告"，在总体评价栏中就生产过程记录是否符合规定要求作为一项重要内容加以说明。

(八) 规定提交的其他相应材料

(1) "公司＋农户"或"协会＋农户"形式需提供公司和农户签订

的购销合同范本,及公司对农户的管理措施。

①购销合同应含有对农户产品的质量安全要求的内容,以及对生产不合格产品的处理办法。

②农户名单,即与公司有购销合同关系的农户花名册。

③公司对农户产品质量安全的管理措施,包括公司对农户生产过程进行监督管理的人员分工、技术措施和奖惩措施等内容。

(2)有商标注册证书的,需提供商标证书的复印件。

二、无公害水产品的认证

无公害水产品的认证完全遵照无公害农产品认证的办法,由各级农业行政主管部门组织开展。2003年,国家成立了农业部农产品质量安全中心,下设种植业产品、畜牧业产品和渔业产品3个分中心,负责全国无公害农产品的认证工作。

认证标准强调从田头到餐桌的全过程进行质量控制,检查和检测并重,注重产品质量。运行方式是行政性运作和公益性认证,认证标志、程序、产品目录等由政府统一发布,采取产地认定和产品认证相结合的方式。认证应遵循农业部和国家质检总局联合发布的《无公害农产品管理办法》、农业部和国家认监委联合公告的《无公害农产品标志管理办法》和《无公害农产品产地认定及产品认证程序》。认证采用相关国家标准和农业行业标准,其中产品标准、环境标准和生产资料使用准则为强制性标准,生产操作规程为推荐性标准。《无公害农产品管理办法》规定,国家适时推行强制性无公害农产品认证制度,由政府推动并实行产地认定和产品认证的工作模式,同时,国家鼓励生产单位和个人申请无公害农产品产地认定和产品认证。对认证合格者颁发"认证证书"和"认证标志"。

1. 无公害水产品产地认定程序

各省、自治区、直辖市和计划单列市人民政府的农业行政主管部门负责本辖区内的产地认定工作。无公害农产品产地认定的申请应当符合3点基本要求:第一,产地环境符合无公害农产品产地环境的标准要求;第二,地区范围明确;第三,具备一定的生产规模。生产管理应当具备以下3个条件:第一,生产过程符合无公害农产品生产技术的标准要求;第二,具备相应的专业技术和管理人员;第三,有完善的质量控制措施,并有完整的生产和销售记录档案。申请产地认定的单位和个人应当向产地所在地县级人民政府农业行政主管部门提出申请,并提交详实的申报材料,其内容包括《无公害农产品产地认定申请书》、产地地区范围、生产规模和产地环境状况说明,无公害农产品生产计划,无公害农产品质量控制措施,专业技术人员的资质证明,保证执行无公害农产品标准和规范的声明以及申报要求提交的其他有关材料。产地认定过程包括材料审查、当场检查和检验、专家评审、认定和公告等。对通过认定者颁发《无公害农产品产地认定证书》,有效期为3年,期满后需要继续使用的,持证人应当在有效期满前90日内按本程序重新办理。

2. 无公害水产品认证程序

凡生产《实施无公害农产品认证的产品目录》内的产品,并获得无公害农产品产地认定证书的单位和个人,均可申请产品认证,可通过省级农业行政主管部门或直接向农业部的农产品质量安全中心申请,并提交详实的申报材料。其内容包括《无公害农产品认证申请书》、《无公害农产品产地认定证书》、产地《环境检验报告》和《环境评价报告》、产地地区范围、生产规模,无公害农产品的生产计划,无公害农产品质量控制措施,无公害农产品生产操作规程,专业技术人员的资质证明,保证执行无公害农产品标准和规范的声明,无公害农产品生产技术的培训情况和计划,申请认证产品的生产过程记录档案,"公司加农户"形式的申请人还应当提供公司和农户签订的购销合同范本、农户名单、管理措施,以及要求提交的其他材料。认证过程包括材料审查、当场检查、抽样检验、评审和发证。签发的《无公害农产品认证证书》有效期为3年,期满后需继续使用的,持证人应当在有效期满前90日内按本程序重新办理。

农产品质量安全检查的中期,当生产过程发生变化,产品达不到无公害农产品标准要求,经检查、检验、鉴定不符合标准要求时,应暂停产品认证证书的使用,并责令限期改正。对获得产品认证证书者,如若发生擅自扩大标志使用范围、转让、买卖产品认证证书和标志,产地认定证书被撤销、被暂停产品认证证书使用而未在规定期限内改正等情况的,农产品质量安全中心应当撤销其产品认证证书。

《无公害农产品产地认定及产品认证程序》详见中华人民共和国农业部、国家认证认可监督管理委员会于2003年4月23日发布的第264号公告。

第三节 无公害水产品的生产技术

无公害水产品的生产技术应涵盖整个水产品生产的全过程,包括水产品的产前、产中、产后等一系列环节,这是一个有机联系的整体。主要技术及要求包括以下3部分。

一、无公害水产品产地生态环境的质量要求

无公害水产品产地环境的优化选择技术是无公害水产品生产的前提。产地环境质量要求包括无公害水产品渔业用水质量、大气环境质量及渔业水域土壤环境质量等要求。

淡水渔业水源水质要求包括水质的感官标准,如色、嗅、味等(不得使鱼、虾、贝、藻类带有异色、异臭、异味);卫生指标应符合水产行业标准《无公害食品:淡水养殖水质标准(SC1050—2001)》的规定;海水水质的各项指标应符合《无公害食品:海水养殖水质(SC/T2008—2001)的规定》。

无公害水产品的生产对大气中环境质量规定了4种污染物的浓度限值,即总悬浮颗粒物(TSP)、二氧化硫(SO_2)、氮氧化物(NO_X)和

氟化物(F)的浓度应符合《环境空气质量标准(GB3095－1996)》的规定。

无公害水产品生产对渔业水域的土壤环境质量规定了汞、镉、铅、砷、铬(六价)、铜、锌及六六六、滴滴涕的含量限值,其残留量应符合《土地环境质量标准(GB15618－1995)》的规定。

二、无公害水产品生产技术规范

无公害水产品生产技术规范包括优质、健康苗种生产技术、无公害水产品养殖及加工技术等。在整个无公害水产品的生产过程中,应充分引用HACCP体系,即对水产品生产过程进行危害分析并找出其关键控制点,以便对水产品的生产全过程进行有效的质量控制,从而使水产品符合安全无公害的标准。

1. 优质、健康苗种生产技术

(1)优良亲本培育技术。用于繁殖的亲本应来源于原种场和良种场,质量符合相关标准;亲本在培育过程中应投喂优质的、营养全面的饲料;不同种鱼类的亲本应在不同的池中进行饲养管理;人工繁殖后应及时对亲鱼建立档案,以供来年参考利用。

(2)规范的苗种繁育技术。亲鱼的催产应把握好最佳的催产时间,并使用符合规定的催产药物,催产药物用量应适量;鱼苗孵化时应控制好水温、水质;鱼苗出膜后应投喂足量、适口的开口饵料;同时进行病害防治,防治用药应符合渔用药物使用准则。

(3)主要养殖品种的良种选育技术。水产苗种质量应符合水产原种和良种的有关标准,选育必须经过专业技术人员检验合格;水产苗种应加强产地检验检疫,检验合格方可出售或用于生产。

2. 无公害水产品养殖及规范

无公害水产品生产技术规范包括渔药、饲料、农药、肥料等的使用。

(1)渔药使用准则。无公害水生动物养殖过程中对病、虫、敌害生物的防治,要坚持"全面预防,积极治疗"的方针,强调"防重于治,防治结合"的原则,提倡生态综合防治和使用生物制剂、中草药对病虫害进行防治;推广健康养殖技术,改善养殖水体的生态环境,科学合理地混养和密养,使用高效、低残留渔药;渔药的使用必须严格按照国务院和农业部的有关规定,严禁使用未经取得生产许可证、批准文号、产品执行标准的渔药;禁止使用硝酸亚汞、孔雀石绿、五氯酚钠和氯霉素。外用泼洒药及内服药具体用法及用量应符合水产行业标准《无公害食品渔用药物使用准则(NY5071—2002)》的规定。

(2)饲料使用准则。饲料中使用的促生长剂、维生素、氨基酸、蜕壳素、矿物质、抗氧化剂和防腐剂等添加剂种类及用量应符合有关规定;饲料中不得添加国家禁止的药物(如己烯雌酚、喹乙醇)用于防治疾病或促进生长。其他药物的使用应符合水产行业标准《无公害食品渔用药物使用准则(NY5071—2002)》的规定;不得在饲料中添加未经农业部批准的用于饲料添加剂的兽药。

无公害水产品养殖使用的饲料卫生指标及限量应符合水产行业标准《无公害食品渔用饲料安全限量(NY5071—2002)》的规定。

(3)农药使用准则。稻田养殖无公害水产品过程中对病、虫、草、鼠等有害生物的防治,要坚持"预防为主、综合防治"的原则,严格控制使用化学农药。应选用高效、低毒、低残留农药,主要有扑虱灵、甲胺磷、稻瘟灵、叶枯灵、多菌灵和井冈霉素,禁止使用除草剂及高毒、高残留和三致(致畸、致癌、致突变)农药。具体使用应符合《无公害食品稻田养鱼技术规范(SC/T1054—2001)》的规定。

稻田养殖使用农药前,应提高稻田水位,采取分片、隔日喷雾的施药方法,尽量减少药液(粉)落入水中,如出现养殖对象中毒征兆,应及时换水抢救。

(4)肥料使用准则。养殖水体施用肥料是补充水体无机和营养盐类、提高水体生产力的重要技术手段,但施用不当(指过量)又可造成养殖水体恶化并污染环境,造成天然水体的富营养化。施肥主要用于池塘养殖，养殖对象主要为鲢鱼、鳙鱼、鲤鱼、鲫鱼、罗非鱼等。

肥料的种类包括有机肥和无机肥。允许使用的有机肥有堆肥、沤肥、厩肥、绿肥、沼气肥、发酵粪等；允许使用的无机肥有尿素、硫酸铵、碳酸氢铵、氯化氨、重过磷酸钙、过磷酸钙、磷酸二铵、磷酸一铵、石灰、碳酸钙和一些复合无机肥料。肥料的使用方法及施用量可参照《中国池塘养鱼技术规范长江下游地区食用鱼饲养技术(SC/T1016.5—1995)》的要求进行。

三、加工过程中质量控制准则

无公害水产品加工原料应来自无公害水产品基地，品质新鲜，各项理化指标符合相应无公害水产品的品质要求；原料在运输过程中应采取保鲜、保活措施；运输工具、存放容器、储藏场地必须做到清洁卫生。

无公害水产品加工工厂、冷库、仓库的环境卫生，加工流程卫生，包装卫生，储运安全卫生和卫生检验管理应符合《肉类加工厂卫生规范(GB12694—90)》及《水产品加工质量管理规范(SC/T3009—1999)》的规定。接触原料的刀具、操作台应使用不锈钢材料。存放容器应使用无毒、无气味、不吸水、耐腐蚀并能经得起反复冲洗与消毒的材料制成，要求表面光滑，无凹坑或裂缝。

无公害水产品加工用水应符合《生活饮用水标准(GB5749—2006)》的要求；所用海水应符合《海水水质量标准(GB3077—1997)》规定的第1类；生产过程中使用的冰应符合《人造冰(GB4600—1984)》的要求。

无公害水产品加工过程中不得使用任何未经许可的食品添加剂，如果生产过程中需要加入添加剂，其添加剂总类、数量、加入方法等必须符合《食品添加剂使用卫生标准(GB2760—1996)》的规定，不得使用国家明令禁止的色素、防腐剂、品质改良剂等添加剂。

四、包装要求

包装材料必须是国家批准的可用于食品的材料,所用材料必须保持清洁卫生,在干燥通风的专用库内存放。内外包装材料需分开存放,直接接触水产品的包装材料必须符合食品卫生要求,不能对内容物造成直接的和间接的污染。

主要参考文献

[1] 王武. 鱼类增养殖学[M]. 北京:中国农业出版社,2000

[2] 宋憬愚,于明泉,周峥. 池塘养鱼与鱼病防治[M]. 北京:金盾出版社,2002

[3] 申德林,汪留全,万全. 淡水养殖技术[M]. 合肥:安徽大学出版社,2002

[4] 丁雷. 淡水养殖技术[M]. 北京:中国农业大学出版社,2003

[5] 王玉堂. 淡水水产新品种养殖技术[M]. 北京:中国农业出版社,2003

[6] 陈昌福,徐桂珍. 淡水鱼的集约化养殖[M]. 合肥:安徽科学技术出版社,2004

[7] 雷慧僧,薛镇宇,王武. 池塘养鱼新技术[M]. 北京:金盾出版社,2004

[8] 张列士,薛镇宇. 淡水养鱼高产新技术[M]. 北京:金盾出版社,2005

[9] 黄琪琰. 淡水鱼病防治实用技术大全[M]. 北京:中国农业出版社,2005

[10] 黄权,王艳国. 淡水养殖技术[M]. 北京:中国农业出版社,2005

[11] 廖朝兴. 无公害水产品高效生产技术[M]. 北京:金盾出版社,2005

[12] 张从义,龚珞军,李圣华. 无公害名特优鱼类高效养殖技术[M]. 北京:海洋出版社,2006

[13] 马荣棣,张开登,孙栋. 无公害高效淡水养殖技术[M]. 济南:山东科学技术出版社,2006

[14] 高明,张耀红. 淡水鱼[M]. 北京:中国农业大学出版社,2006

[15] 赵子明. 池塘养鱼(第2版)[M]. 北京:中国农业出版社,2007

[16] 彭仁海,张丽霞,张国强. 淡水名特优水产良种养殖新技术[M]. 北京:中国农业科学技术出版社,2007

[17] 申玉春. 鱼类增养殖学[M]. 北京:中国农业出版社,2008

[18] 王军,陈明茹,谢仰杰. 鱼类学[M]. 厦门:厦门大学出版社,2008

[19] 占家智,羊茜. 翘嘴红鲌实用养殖技术[M]. 北京:金盾出版社,2009

[20] 魏文志,钱刚仪,王秀英. 淡水鱼健康高效养殖[M]. 北京:金盾出版社,2009

[21] 周文宗. 特种水产养殖[M]. 北京:化学工业出版社,2011

[22] 叶元土,蔡春芳. 鱼类营养与饲料配制[M]. 北京:化学工业出版社,2013

[23] 汪建国. 淡水鱼高效养殖与疾病防治技术[M]. 北京:化学工业出版社,2014